钢筋工程岗位技能培训教材

钢筋工程施工实用技术

高爱军　主编

中国建材工业出版社

图书在版编目(CIP)数据

钢筋工程施工实用技术/高爱军主编 . —北京：
中国建材工业出版社，2014.1
钢筋工程岗位技能培训教材
ISBN 978-7-5160-0631-3

Ⅰ.①钢…　Ⅱ.①高…　Ⅲ.①配筋工程—工程施工—
岗位培训—教材　Ⅳ.①TU755.3

中国版本图书馆 CIP 数据核字(2013)第 265582 号

内 容 提 要

　　本书共分为八章：钢筋的基础知识、钢筋的配料与代换、钢筋的加工技术、钢筋的
连接施工技术、钢筋的冷加工施工技术、钢筋的冬期施工技术、预应力钢筋工程施工
技术及钢筋的质量验收评定标准。

　　本书简明扼要、通俗易懂，具有很强的实用性，可作为钢筋工工程现场施工的指
导用书，也可以作为钢筋工建筑职业技能岗位培训机构以及技工学校、职业高中等技
能学校的专业教材。

钢筋工程岗位技能培训教材

钢筋工程施工实用技术

高爱军　主编

出版发行:中国建材工业出版社
地　　址:北京市西城区车公庄大街 6 号
邮　　编:100044
经　　销:全国各地新华书店
印　　刷:北京雁林吉兆印刷有限公司
开　　本:787mm×1092mm　1/16
印　　张:16
字　　数:396 千字
版　　次:2014 年 1 月第 1 版
印　　次:2014 年 1 月第 1 次
定　　价:49.00 元

本社网址:www.jccbs.com.cn
本书如出现印装质量问题，由我社发行部负责调换。联系电话:(010)88386906

编委会

前　言

钢筋工程可以说是建筑工程中价格最高的工程，是建筑工程的核心，稍有不慎就可能酿造严重事故，后果不堪设想。为了加强读者对钢筋工程的理解和掌握，同时为了普及最实用、最高效、最简洁、最权威、最新型、最全面的钢筋工程技术，我们编写人员经过不懈努力，终于编写完成了"钢筋工程岗位技能培训教材"系列丛书。

在当前国内建筑行业中，能够熟练运用平法制图、识图，准确对钢筋计算并下料的人为数不多。本套丛书从钢筋工程识图、钢筋工程计算、钢筋工程施工三个重点也是难点入手，由浅及深、循序渐进的诠释了钢筋工程技术。

本套丛书有如下几个特点：

1. 内容好。目前由于我国建筑工程正处在与国际不断交流的过程中，而且新颁布的标准、规范、规程如雨后春笋，因此很多书籍的内容不能够与时俱进。本书动用大量人力查阅并反映最新规范、规程的内容，综合编写而成。

2. 资料全。截止到目前，建筑工程中钢筋工程相关的规范、规程已有数百部，相应的可借鉴的经验更是不计其数。本书编委会成员集中思想，多管齐下，分类编制，坚决杜绝漏编、错编、重复的情况。

3. 表述新。为了适应年轻化的教学理念，本书在内容的表达上标新立异，编写方式具有新时代特征。从现代学生的思维习惯、学习方式入手，保证内容的新颖独特，避免以往枯燥无趣的平淡叙述，可以有效的调动学生的学习热情。

4. 主线明。总所周知，钢筋工程大大小小的分支多如牛毛，内容繁杂而且涉及面广。在有限的时间内，很难做到面面俱到、有条不紊。因此，本书编委会成员通过探讨决定，以工程进度为依据，从不同阶段，例如设计、施工等逐一介绍。

5. 条理清。本书内容在条理上，保持了高度的清晰、简明，对难以理解的地方着重做出解释，同时又严格避免喋喋不休的平淡叙述，杜绝重复繁琐的情况。

对于在本书编写过程中，给予我们大量帮助的单位和部门，我们致以真诚的感谢。

由于钢筋工程体系庞大、复杂、涉及面广，加之编者缺乏经验，书中难免有不足之处，恳请广大读者朋友提出宝贵意见，我们会虚心接受，并期待为读者提供更好的服务。

编者
2013 年 10 月

目　录

第一章　钢筋的基础知识…………………………………………………（1）

第一节　钢筋的品种………………………………………………（1）

第二节　钢筋的技术性能…………………………………………（13）

第二章　钢筋的配料与代换………………………………………………（16）

第一节　钢筋的配料………………………………………………（16）

第二节　钢筋的代换………………………………………………（36）

第三章　钢筋加工施工技术………………………………………………（45）

第一节　钢筋的切断与弯曲成型…………………………………（45）

第二节　钢筋的调直与除锈………………………………………（59）

第四章　钢筋连接施工技术………………………………………………（64）

第一节　钢筋绑扎连接……………………………………………（64）

第二节　钢筋焊接连接……………………………………………（82）

第三节　钢筋机械连接……………………………………………（114）

第五章　钢筋的冷加工施工技术…………………………………………（135）

第一节　钢筋冷拉…………………………………………………（135）

第二节　钢筋冷拔…………………………………………………（144）

第三节　钢筋冷轧…………………………………………………（150）

第六章　钢筋的冬期施工技术……………………………………………（156）

第一节　钢筋冬期施工的基本要求………………………………（156）

第二节　钢筋冬期施工工艺………………………………………（160）

第七章　预应力钢筋工程施工技术………………………………………（172）

第一节　构造要求…………………………………………………（172）

第二节 张拉和放张 ·· (189)

第三节 灌浆及封锚 ·· (204)

第四节 制作与安装 ·· (209)

第五节 体外预应力施工 ·· (225)

第六节 拉索预应力施工 ·· (227)

第八章 钢筋的质量验收评定标准 ·································· (232)

第一节 钢筋工程质量验收评定标准 ·································· (232)

第二节 预应力工程质量验收评定标准 ································ (243)

参 考 文 献 ·· (249)

第一章

钢筋的基础知识

第一节　钢筋的品种

一、热轧钢筋

热轧钢筋的分类,见表 1-1。

表 1-1　热轧钢筋的分类

项目	内　　容
HRB500 级热轧钢筋	HRB500 级热轧钢筋是强度级别为 500 N/mm² 的普通热轧带肋钢筋,用 HRB500 钢筋代替 HRB335 钢筋,可节约钢筋用量 28％以上,代替 HRB400 可节约 14％以上。 HRB500 级热轧钢筋的技术性能应符合现行国家标准《钢筋混凝土用钢第 2 部分　热轧带肋钢筋》国家标准第 1 号修改单(GB 1499.2—2007/XG1—2009)中的规定
HRBF400 级热轧钢筋	HRBF400 级热轧钢筋是强度级别为 400 N/mm² 的细晶粒带肋钢筋,细晶粒带肋钢筋是一种在热轧过程中通过控轧和控冷工艺形成的细晶粒钢筋。细晶粒带肋钢筋的金相组织主要是铁素体和珠光体,不得有影响使用性能的其他组织存在,晶粗度不粗于 9 级。这种钢筋与混凝土的粘结强度(握裹力)较大,主要用于大中型钢筋混凝土结构构件的受力钢筋和构造钢筋,是我国目前钢筋混凝土结构钢筋用材最主要的品种之一
HRR400 级热轧钢筋	HRR400 级热轧钢筋是强度级别为 400 N/mm² 的余热处理带肋钢筋,其原材料与原来的 HRB335 相同,都是 20 MnSi。其强度的提高并保留一定的塑性是通过热轧后淬火、再利用芯部余热回火获得的。因此,这种钢筋在焊接时,有可能因受热回火而使强度降低,并且其高强部分集中在钢筋的表层,因此疲劳性能、冷弯性能可能受到影响,故应用范围受到一定的限制

项　目	内　　容
HPR300 级 热轧钢筋	HPR300 级热轧钢筋是强度级别为 300 N/mm² 的热轧光圆钢筋,这是一种低碳钢。此类钢筋塑性、可焊接性较好,易加工成型,但强度比较低,与混凝土的粘结强度(握裹力)也较低。主要用于钢筋混凝土板和小型构件的受力钢筋以及各种构件的构造钢筋。 　　HPR300 级热轧钢筋是由低合金钢(20 MnSi)经热轧后快速冷却,再利用其余热进行回火而成的变形钢筋。这种钢筋含碳量高,强度也高,但塑性和可焊接性能稍差,一般经冷拉后作为预应力钢筋使用
HRB400E 级 热轧钢筋	HRB400E 级热轧钢筋是强度级别为 400 N/mm²,且具有较高抗震性能要求的普通热轧带肋钢筋。HRB400E 级热轧钢筋应满足以下要求: 　(1)钢筋实测抗拉强度与实测屈服强度之比应大于或等于 1.25; 　(2)钢筋实测屈服强度与屈服强度特征值之比应小于或等于 1.30; 　(3)钢筋最大拉力总伸长率应大于或等于 9.0%

二、热处理钢筋

　　热处理钢筋按其螺纹外形不同,分为有纵肋热处理钢筋和无纵肋热处理钢筋两种,如图 1-1 所示。我国生产的热处理钢筋,公称直径为 6.0 mm 和 8.2 mm 的盘内径不小于 1.7 m,公称直径 10 mm 的盘内径不小于 2.0 m。

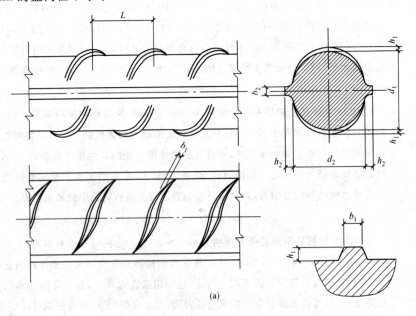

(a)

图 1-1　热处理钢筋的外形(一)

(a)有纵肋热处理钢筋

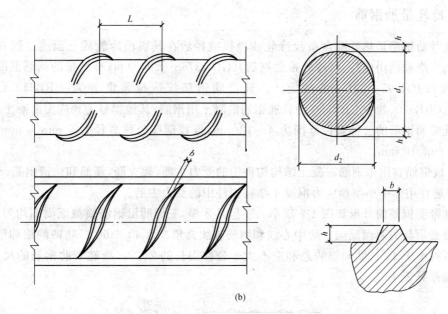

(b)

图 1-1　热处理钢筋的外形(二)

(b)无纵肋热处理钢筋

　　热处理是一种按照一定规则加热、保温和冷却,以改变钢材组织(不改变形状尺寸),从而获得需要性能的工艺过程。常用的热处理方法见表 1-2。

表 1-2　常用的热处理方法

项　目	内　　容
淬火处理	将钢材加热到 727℃以上,保温一定时间,使组织完全转变,即投入冷却介质(水或机油)中急冷,得到的针状组织为碳在 α-Fe 中的过饱和固溶体,硬度极高,脆性大而塑性低
回火处理	淬火后的钢,经重新加热至组织转变温度(150℃～650℃内选定)以下,保温后按一定速度冷却至室温,这一过程称为回火。回火的目的是促进组织的转变并消除淬火引起的内应力,提高钢材韧性
退火处理	退火分低温退火和完全退火。低温退火的加热不引起铁素体等基本组织转变,仅使原子活跃,以减少加工中产生的缺陷和晶格畸变,使内应力基本消除。完全退火加热温度为 800℃～850℃,保温后全部组织转变,然后在炉内或炉灰内缓慢冷却,此时所形成的组织均匀,晶粒较细,韧性提高,硬度降低,加工性能得到改善,可消除加工及焊接时所产生的内应力,保证焊接质量
正火处理	钢在空气中冷却,得到均匀细小的珠光体组织等,这个过程称为正火。与退火相比,经正火处理的钢材强度和硬度更高,而塑性减小。建筑用的钢材,一般由钢厂正火处理后才供应市场

三、冷轧带肋钢筋

冷轧带肋钢筋是热轧圆盘条经冷轧或冷拔减径后在其表面冷轧成三面或二面有肋的钢筋。它的生产和使用应符合《冷轧带肋钢筋》(GB 13788—2008)和《冷轧带肋钢筋混凝土结构技术规程》(JGJ 95—2011)的规定。冷轧带肋钢筋按抗拉强度分为：CRB550、CRB650、CRB800、CRB970，其中 CRB550 为普通钢筋混凝土用钢筋，其他牌号为预应力混凝土用钢筋。

冷轧带肋钢筋的公称直径范围为 4～12 mm，推荐钢筋公称直径为 5 mm、6 mm、7 mm、8 mm、9 mm、10 mm。

550 级钢筋宜用作钢筋混凝土结构构件中的受力主筋、架立筋、箍筋和构造钢筋；650 级和 800 级钢筋宜用作中小型预应力混凝土结构构件中的受力主筋。

冷轧带肋钢筋的外形如图 1-2 所示。肋呈月牙型，三面肋沿钢筋横截面周围均匀分布，其中有一面必须与另两面反向。肋中心线和钢筋轴线夹角 β 为 40°～60°。肋两侧面和钢筋表面斜角 α 不得小于 45°。肋间隙的总和应不大于公称周长的 20%。冷轧带肋钢筋的尺寸、重量及允许偏差见表 1-3。

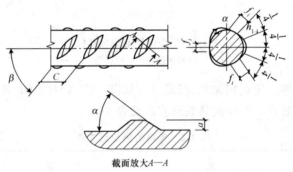

截面放大 A—A

图 1-2　冷轧带肋钢筋表面及截面形状

表 1-3　冷轧带肋钢筋的直径、横截面面积和重量

公称直径 d(mm)	公称横截面面积 A(mm²)	理论重量 G(kg·m⁻¹)
4	12.6	0.099
5	19.6	0.154
6	28.3	0.222
7	38.5	0.302
8	50.3	0.395
9	63.6	0.499
10	78.5	0.617
12	113.1	0.888

注：重量允许偏差±4%。

四、冷轧扭钢筋

冷轧扭钢筋是由含碳量低于 0.25% 的低碳钢筋经冷轧扭工艺制成,其表面呈连续螺旋形,如图 1-3 所示。这种钢筋具有较高的强度,而且有足够的塑性,与混凝土粘结性能优异,代替 HPB235 级钢筋可节约钢材约 30%。该钢筋外观呈连续均匀的螺旋状,表面光滑无裂痕,性能与其母材相比,极限抗拉强度与混凝土的握裹力分别提高了 1.67 倍和 1.59 倍。

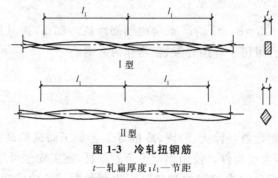

图 1-3 冷轧扭钢筋

t—轧扁厚度;l_1—节距

冷轧扭钢筋适用于一般房屋和一般构筑物的冷轧扭钢筋混凝土结构设计与施工,尤其适用于现浇楼板。冷轧扭钢筋混凝土结构构件以板类及中小型梁类受弯构件为主。

冷轧扭钢筋应符合行业标准《冷轧扭钢筋》(JG 190—2006)的规定。冷轧扭钢筋规格见表 1-4。

表 1-4 冷轧扭钢筋规格

类型	标准直径 d(mm)	公称截面面积 A(mm²)	轧扁厚度 t(mm) 不小于	节距 l_1(mm) 不大于	公称重量 G (kg·m⁻¹)
Ⅰ型矩形	6.5	29.5	3.7	75	0.232
	8.0	45.3	4.2	95	0.356
	10.0	68.3	5.3	110	0.536
	12.0	98.3	6.2	150	0.733
	14.0	132.7	8.0	170	1.042
Ⅱ型菱形	12.0	97.8	8.0	145	0.768

注:实际重量和公称重量的负偏差不应小于 5%。

五、冷拉钢筋和冷拔钢筋

为了提高钢筋的强度,达到节约钢材的目的,通常采用冷拉或冷拔等加工工艺。冷拉是在常温条件下,用强力拉伸超过钢筋的屈服点,以提高钢筋的屈服极限、强度极限和疲劳极限的一种加工工艺。但经过冷拉后的钢筋,其延伸率、冷弯性能和冲击韧性会降低。由于预应力混凝土结构所用的钢筋,主要是要求具有高的屈服极限、强度极限和变形极限等强度性能,而对延伸率、冲击韧性和冷弯性能要求不高。因此,为钢筋采用冷加工工艺提供了可能性。

对于低碳钢和低合金高强度钢,在保证要求的延伸率和冷弯指标的条件下,进行较小程度的冷加工后，既可以提高屈服极限和强度极限，又可以满足塑性的要求。需要注意的是，钢筋须在焊接后进行冷拉，否则冷拉硬化效果会在焊接时因高温影响而消失。

冷拉后的钢筋经过一段时间后，钢筋的屈服极限和强度极限将随时间的推进而提高，这个过程称为钢筋的冷拉时效，它分为人工时效和自然时效两种。

由于自然时效效果较差、时间较长，所以预应力钢筋多采用人工时效方法，即用蒸气或者电热方法加速时效的发展。冷拉钢筋是用热轧钢筋进行冷拉后制得，Ⅱ、Ⅲ和Ⅳ级钢筋可作为预应力筋。

冷拔钢丝是用直径 6.5～8 mm 的碳素结构钢筋冷拔后制得，按其用途不同分为甲、乙两级，甲级用于预应力筋，乙级用于焊接骨架、箍筋和构造钢筋。

六、预应力钢筋

1. 预应力钢丝

预应力钢丝是高碳钢盘条经淬火、酸洗、冷拔等工艺加工而成的高强钢丝。具有强度高、柔性好等优点，可适用于大型构件。使用钢丝可节省钢材，施工安全可靠，但成本较高。

该种钢丝按加工状态分为冷拉钢丝和消除应力钢丝两类。消除应力钢丝按松弛性能不同，又可分为低松弛级钢丝和普通松弛级钢丝。

预应力钢丝又称为高强圆形钢丝，是用优质碳素结构钢制成，又可分为消除应力冷拉钢丝（WCD）、消除应力螺旋肋钢丝（SH）、消除应力光圆钢丝（SP）和消除应力刻痕钢丝（SI）四种，按应力松弛程度不同又分为Ⅰ级松弛和Ⅱ级松弛，其抗拉强度可达 1 470～1 770 MPa。

钢丝按外形不同，可分为光圆、螺旋肋和刻痕三种，其代号分别为 P（光圆钢丝）、H（螺旋肋钢丝）、I（刻痕钢丝）。经低温回火消除应力后钢丝的塑性比冷拉钢丝要高，刻痕钢丝是经压痕轧制而成，刻痕后与混凝土的粘结强度（握裹力）增大，这样可以有效减少混凝土裂缝。预应力混凝土用钢丝的外形如图 1-4 所示。

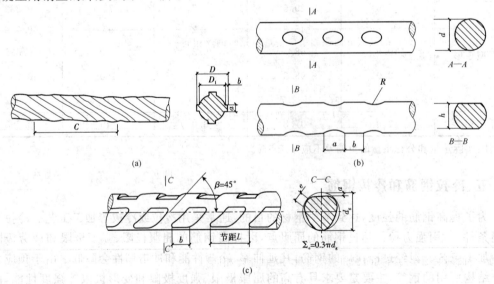

图 1-4　预应力混凝土用钢丝的外形图

(a)螺旋肋钢丝外形图；(b)两面刻痕钢丝外形图；(c)三面刻痕钢丝外形图

（1）光面钢丝的尺寸及允许偏差见表1-5。

表1-5　光面钢丝的尺寸及允许偏差

钢丝公称直径（mm）	直径允许偏差值（mm）	横截面面积（mm²）	每米理论重量（kg/m）
3.00	±0.04	7.07	0.055
4.00		12.57	0.099
5.00		19.63	0.154
6.00	±0.05	28.27	0.222
7.00		38.48	0.302
8.00		50.26	0.394
9.00		63.62	0.499

（2）两面刻痕钢丝的尺寸及允许偏差见表1-6。

表1-6　两面刻痕钢丝的尺寸及允许偏差　　（单位：mm）

	d		h		a		b		R	
钢丝公称直径	允许偏差	公称尺寸	允许偏差	公称尺寸	允许偏差	公称尺寸	允许偏差	公称尺寸	允许偏差
5.00	±0.05	4.60	0.10	3.50	±0.50	3.00	±0.50	4.50	±0.50
7.00		6.60							

注：(1)两面刻痕钢丝的横截面面积和单位重量与光面钢丝相同；

　　(2)两面刻痕允许任意错位，错位后一面压痕公称深度为0.2mm。

（3）三面刻痕钢丝的尺寸及允许偏差见表1-7。

表1-7　三面刻痕钢丝的尺寸及允许偏差　　（单位：mm）

钢丝公称直径 d（mm）	公称刻痕尺寸		
	深度 a	长度 b≥	节距 L≥
≤5.00	0.12±005	3.5	5.5
>5.00	0.15±0.05	5.0	8.0

注：三面刻痕钢丝的横截面积和单位重量与光面钢丝相同。

(4)螺旋肋钢丝的尺寸及允许偏差见表1-8。

表1-8　螺旋肋钢丝的尺寸及允许偏差　　　　　　　　　　　（单位：mm）

钢丝公称直径（mm）	螺旋肋数量（条）	螺旋肋公称尺寸				
		基圆直径 D_1（mm）	外轮廓直径 D（mm）	单肋尺寸		螺旋肋导程 $e>$（mm/360°）
				宽度 a（mm）	高度 b（mm）	
4.00	3	3.85±0.05	4.25±0.05	1.00～1.50	0.20±0.05	32.00～36.00
5.00	4	3.85±0.05	5.40±0.10	1.20～1.80	0.25±0.05	34.00～40.00
6.00	4	3.85±0.05	6.50±0.10	1.30～2.00	0.35±0.05	38.00～45.00
7.00	4	3.85±0.05	7.50±0.10	1.80～2.20	0.40±0.05	35.00～56.00
8.00	4	3.85±0.05	8.60±0.10	1.80～2.40	0.45±0.05	55.00～65.00

2. 预应力混凝土用钢绞线

建筑工程中预应力混凝土用钢绞线是由2根、3根、7根高强度钢丝扭结而成的一种高强预应力钢材，其构造如图1-5所示。

 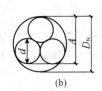 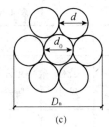

（a）　　　　　　　　（b）　　　　　　　　　（c）

图1-5　钢绞线构造示意图

（a）1×2结构钢绞线；（b）1×3结构钢绞线；（c）1×7结构钢绞线

A—1×3结构钢绞线测量尺寸（mm）；D_N—钢绞线直径（mm）；

d_0—中心钢丝直径（mm）；d—外层钢丝直径（mm）

在建筑工程中应用最多的是1×7结构钢绞线，这种钢绞线由7根2.5～5.0 mm的高强碳素钢丝在绞线机上以一根为中心，其余6根围绕中心钢丝进行螺旋状绞捻，然后再经过低温回火消除内应力而制成。芯丝的直径一般比外围钢丝的直径大5%～7%，使各根钢丝紧密接触，钢丝的扭矩一般为12～16d。

预应力混凝土用1×7结构钢绞线具有强度高、与混凝土粘结性能好、断面积大、根数少、在结构中易于布置、柔性好、锚固性能优等特点，主要用于大跨度、重荷载（如后张预应力屋架等）、曲线配筋的预应力混凝土结构。这种预应力钢绞线既可以在先张法预应力混凝土中使用，也可以适用于后张有粘结和无粘结工艺。

根据《预应力混凝土用钢绞线》（GB/T 5224—2003/XG 1—2008）的规定，其外形尺寸与允许偏差见表1-9～表1-11，1×7结构钢绞线的机械性能应符合表1-12的相关要求。

表 1-9 1×2 结构钢绞线尺寸及允许偏差

钢绞线结构	公称直径(mm)		钢绞线直径允许偏差(mm)	钢绞线公称截面积(mm²)	每1 000 m钢绞线理论重量(kg)
	钢绞线	钢丝			
1×2	5.00	2.50	+0.20 −0.10	9.81	77.0
	5.80	2.90		13.20	104.0
	8.00	4.00	+0.30 +0.15	25.30	199.0
	10.00	5.00	+0.30 −0.15	39.50	310.0
	12.00	6.00		56.90	447.0

表 1-10 1×3 结构钢绞线尺寸及允许偏差

钢绞线结构	公称直径(mm)		钢绞线测量尺寸(mm)	钢绞线测量尺寸允许偏差(mm)	钢绞线公称截面积(mm²)	每1 000 m钢绞线理论重量(kg)
	钢绞线	钢丝				
1×3	6.20	2.90	5.41	+0.20 −0.10	19.80	77.0
	6.50	3.00	5.60		21.30	104.0
	8.60	4.00	7.45	+0.30 −0.15	37.40	199.0
	8.74	4.05	7.56		38.60	306.0
	10.80	5.00	9.33	+0.30 −0.15	59.30	465.0
	12.90	6.00	11.20		85.40	671.0

表 1-11 1×7 结构钢绞线尺寸及允许偏差

钢绞线结构	公称直径(mm)	直径允许偏差(mm)	钢绞线公称截面积(mm²)	每1 000 m钢绞线理论重量(kg)	中心钢丝直径加大范围不小于(%)
1×7 标准型	9.50	+0.30 −0.15	54.8	432	2.0
	11.10		74.2	580	
	12.70		98.7	774	
	15.20	+0.40 −0.20	139.0	1 101	
1×7 模拔型	12.70		112.0	890	
	15.20		165.0	1 295	

表 1-12　预应力混凝土用 1×7 结构钢绞线尺寸及拉伸性能

钢绞线结构	钢绞线公称直径（mm）	强度级别（MPa）	整根钢绞线的最大负荷（kN）	屈服负荷（kN）	伸长率（%）	1 000 h 松弛率、（%）不大于			
						Ⅰ级松弛		Ⅱ级松弛	
						初始负荷			
			不小于			70%公称最大负荷	80%公称最大负荷	70%公称最大负荷	80%公称最大负荷
1×7	9.5	1 860	102	86.6	3.5	8.0	12	2.5	4.5
	11.10		138	117					
	12.70	1 720	184	156					
	15.20	1 860	239	230					
			259	220					
	12.70	1 820	209	178					
	15.20		300	255					

（标准型对应 9.5、11.10、12.70、15.20；模拔型对应 12.70、15.20）

七、钢筋焊接网

钢筋焊接网是由纵向钢筋和横向钢筋分别以一定间距排列且互成直角、全部交叉点均用电阻点焊在一起的网片，如图 1-6 所示。

（1）钢筋焊接网应采用《冷轧带肋钢筋》（GB 13788—2008）规定的牌号 CRB550 级冷轧带肋钢筋和符合《钢筋混凝土用钢 第 2 部分热轧带肋钢筋》国家标准第 1 号修改单（GB 1499.2—2007/XG 1—2009）规定的热轧带肋钢筋。采用热轧带肋钢筋时，宜采用无纵肋的钢筋。

（2）钢筋焊接网应采用公称直径 5～18 mm 的钢筋。经供需双方协议，也可采用其他公称直径的钢筋。

（3）钢筋焊接网两个方向均为单根钢筋时，较细钢筋的公称直径不小于较粗钢筋公称直径的 0.6 倍。当纵向钢筋采用并筋时，纵向钢筋的公称直径不小于横向钢筋公称直径的 0.7 倍，也不大于横向钢筋公称直径的 1.25 倍。

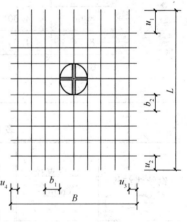

图 1-6　钢筋焊接网形状

（4）钢筋焊接网的制作应符合下列要求：

1）钢筋焊接网应采用机械制造，两个方向钢筋的交叉点以电阻焊焊接。

2）钢筋焊接网焊点开焊数量不应超过整张网片交叉点总数的 1%，并且任一根钢筋上开焊点不应超过该支钢筋上交叉点总数的一半。钢筋焊接网最外边钢筋上的交叉点不应开焊。

（5）钢筋焊接网的尺寸及允许偏差。

1）钢筋焊接网纵向钢筋间距宜为 50 mm 的整倍数，横向钢筋间距宜为 25 mm 的整倍数，最小间距宜采用 100 mm，间距的允许偏差取±10 mm 和规定间距的±5% 的较大值。

2）钢筋的伸出长度不宜小于 25 mm。

3）网片长度和宽度的允许偏差取±25 mm 和规定长度的±0.5% 的较大值。

(6)钢筋焊接网的重量及允许偏差。

1)钢筋焊接网宜按实际重量交货,也可按理论重量交货。

2)钢筋焊接网的理论重量按组成钢筋公称直径和规定尺寸计算,计算时钢的密度采用 7.85 g/cm³。

3)钢筋焊接网实际重量与理论重量的允许偏差为±4%。

(7)钢筋焊接网的性能要求。

焊接网钢筋的力学与工艺性能应分别符合相应标准中对相应牌号钢筋的规定。对于公称直径不小于 6 mm 的焊接网用冷轧带肋钢筋,冷轧带肋钢筋的最大力总伸长率(A_{gt})应不小于 2.5%,钢筋的强屈比 $R_m/R_{p0.2}$ 应不小于 1.05。钢筋焊接网焊点的抗剪力应不小于试样受拉钢筋规定屈服力值的 0.3 倍。定型钢筋焊接网型号应符合表 1-13。

表 1-13 定型钢筋焊接网型号

钢筋焊接网型号	纵向钢筋			横向钢筋			重量（kg/m²）
	公称直径（mm）	间距（mm）	每延米面积（mm²/m）	公称直径（mm）	间距（mm）	每延米面积（mm²/m）	
A18	18	200	1273	12	200	566	14.43
A16	16		1 006	12		566	12.34
A14	14		770	12		566	10.49
A12	12		566	12		566	8.88
A11	11		475	11		475	7.46
A10	10		393	10		393	6.16
A9	9		318	9		318	4.99
A8	8		252	8		252	3.95
A7	7		193	7		193	3.02
A6	6		142	6		142	2.22
A5	5		98	5		98	1.54
B18	18	100	2 545	12	200	566	24.42
B16	16		2 011	10		393	18.89
B14	14		1 539	10		393	15.19
B12	12		1 131	8		252	10.90
B11	11		950	8		252	9.43
B10	10		785	8		252	8.14
B9	9		635	8		252	6.97
B8	8		503	8		252	5.93
B7	7		385	7		193	4.53
B6	6		283	7		193	3.73
B5	5		196	7		193	3.05

（续表）

钢筋焊接网型号	纵向钢筋			横向钢筋			重量（kg/m²）
	公称直径（mm）	间距（mm）	每延米面积（mm²/m）	公称直径（mm）	间距（mm）	每延米面积（mm²/m）	
C18	18		1 697	12		566	17.77
C16	16		1 341	12		566	14.98
C14	14		1 027	12		566	12.51
C12	12		754	12		566	10.36
C11	11		634	11		475	8.70
C10	10	150	523	10	200	393	7.19
C9	9		423	9		318	5.82
C8	8		335	8		252	4.61
C7	7		257	7		193	3.53
C6	6		189	6		142	2.60
C5	5		131	5		98	1.80
D18	18		2 545	12		1 131	28.86
D16	16		2 011	12		1 131	24.68
D14	14		1 539	12		1 131	20.98
D12	12		1 131	12		1 131	17.75
D11	11		950	11		950	14.92
D10	10	100	785	10	100	785	12.33
D9	9		635	9		635	9.98
D8	8		503	8		503	7.90
D7	7		385	7		385	6.04
D6	6		283	6		283	4.44
D5	5		196	5		196	3.08
E18	18		1 697	12		1 131	19.25
E16	16		1 341	12		754	16.46
E14	14		1 027	12		754	18.89
E12	12		754	12		754	11.84
E11	11		634	11		634	9.95
E10	10	150	523	10	150	523	8.22
E9	9		423	9		423	6.66
E8	8		335	8		335	5.26
E7	7		257	7		257	4.03
E6	6		189	6		189	2.96
E5	5		131	5		131	2.05

（续表）

钢筋焊接网型号	纵向钢筋			横向钢筋			重量（kg/m²）
	公称直径（mm）	间距（mm）	每延米面积（mm²/m）	公称直径（mm）	间距（mm）	每延米面积（mm²/m）	
F18	18		2 545	12		754	25.90
F16	16		2 011	12		754	21.70
F14	14		1 539	12		754	18.00
F12	12		1 131	12		754	14.80
F11	11		950	12		634	12.43
F10	10	100	785	10	150	523	10.28
F9	9		635	9		423	8.32
F8	8		503	8		335	6.58
F7	7		385	7		257	5.03
F6	6		283	6		189	3.70
F5	5		196	5		131	2.57

第二节　钢筋的技术性能

一、钢筋冷加工的时效处理

常温下对钢材进行冷拉、冷拔或冷轧，使其产生塑性变形，从而提高屈服点，这个过程称为冷加工强化处理。

冷加工强化的原理是钢材在塑性变形中晶格的缺陷增多，而缺陷的晶格严重畸变，对晶格进一步滑移将起到阻碍作用，故钢材的屈服点提高。

施工工地或混凝土预制构件厂利用这一原理，对钢筋或低碳钢盘条按一定制度进行冷拉，或通过使截面逐渐减小的拔丝模孔拔出（冷拔）。

经过冷拉处理的钢筋，屈服点提高，长度增加，极限抗拉强度基本不变，而塑性和韧性有所下降。由于塑性变形中产生的内应力短时间难以消除，所以弹性模量有所降低。

经过冷拉的钢筋，常温下存放 15～20 天，或加热到 100℃～200℃并保持一定时间，这个过程称为时效处理，前者为自然时效，后者为人工时效。

经冷拉以后再经时效处理的钢筋，其屈服点进一步提高，抗拉强度有所增长，塑性和韧性进一步下移。由于时效过程中内应力的消减，故弹性模量可基本恢复到冷拉前的数值。

经冷拉、时效处理后，钢筋的应力—应变变化关系如图 1-7 所示。

图 1-7 中，O、B、C、D 为未经冷拉和时效处理试件的受拉应力—应变曲线。将试件拉至超过屈服点的任意一点 K，然后卸去全部荷载，在卸除荷载过程中，由于试件已产生塑性变形，故

曲线沿 KO' 下降,恢复部分弹性变形,保留下塑性变形 OO' 。如立即重新受拉,钢筋的应力与应变沿 $O'K$ 发展,屈服点提高到 K_1 点,以后的应力-应变与原来的曲线 KCD 相似。这表明:钢筋经冷拉后,屈服点将提高。若 K 点卸掉荷载后,不立即进行拉伸,而是将试件进行自然时效或人工时效,然后再拉伸,则其屈服点升高至 K_1 点,抗拉强度升高至 C_1 点,曲线将沿 $K_1C_1D_1$ 发展,钢材的屈服点和抗拉强度都有显著提高,但塑性和韧性则相应降低。

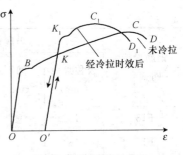

图 1-7 钢筋冷拉时效后应力一应变变化

冷加工强化的原理有以下几点。

(1)时效强化原理。溶于铁素体(α-Fe)中的碳、氮、氧原子,有向晶格缺陷处移动、富集,甚至呈碳化物或氧化物析出的倾向。当钢材在冷加工产生塑性变形以后,或在使用中受到反复振动以后,这些原子的移动、集中(富集)加快,使缺陷处的晶格畸变加剧,受力时晶粒间的滑移阻力进一步增大,因而强度增大。

(2)冷拉的控制方法。分为单控(只控制冷拉率)和双控(同时控制冷拉应力和冷拉率)两种。一般地,冷拉率大,强度增长也大。若冷拉率过大,则其韧性降低过多会出现脆性断裂。冷拉及冷拔还兼有调直和除锈作用。

(3)时效处理措施。通常情况下,Ⅰ级钢筋采取自然时效处理,效果较好。对Ⅱ、Ⅲ、Ⅳ级钢筋常用人工时效处理,自然时效的效果不大。

冷拉和时效处理后的钢筋,在冷拉的同时还被调直和除锈,从而简化了施工工序。但对于受动荷载或经常处于低(负)温条件下工作的钢结构,如桥梁、吊车梁、钢轨等结构用钢,应避免过大的脆性,防止出现突然断裂,应采用时效敏感性小的钢材。

二、钢筋材料的质量问题与防治

1. 钢筋中的化学成分不符合要求

(1)质量问题

施工单位采购的钢筋的化学成分不符合国家标准《钢筋混凝土用钢 第2部分 热轧带肋钢筋》国家标准第1号修改单(GB 1499.2—2007/XG 1—2009)、《钢筋混凝土用钢 第1部分 热轧光圆钢筋》(GB 1499.1—2008)、《钢筋混凝土用余热处理钢筋》(GB 13014—1991)等中的规定。尤其是一些有害化学成分超过现行规范中的数值,会产生一系列的严重质量问题。

钢筋中如果含碳量过高,会使钢筋的塑性和韧性降低,耐腐蚀性和可焊性变差,冷脆性和时效敏感性增大,钢筋加工弯折时会产生脆断;钢筋中如果含硫量过高,不仅会使钢筋在热加工中内部产生裂痕,出现钢筋断裂,形成热脆现象,而且还会导致钢筋的冲击韧性、可焊性及耐腐蚀性降低;钢筋中如果含磷量过高,不仅会使钢筋的塑性和韧性显著降低、可焊性能变差,而且还使其在低温下的冲击韧性下降更为突出。

(2)产生原因

1)产生钢筋中化学成分不符合要求的主要原因,是在钢材生产的过程中未严格按国家标准控制,结果造成钢材中的某些化学成分超过现行标准中的规定。

2)在钢筋混凝土结构构件的设计中,未根据工程的使用环境提出化学成分含量的要求,从而造成采购的钢筋与实际需要的钢筋不符,钢筋中的某些化学成分过量。

3)钢筋进场后,材料管理人员未按照有关规定进行验收,特别是未对钢筋的化学成分进行化验分析,结果造成钢筋中的化学成分不符合设计要求。

(3)防治措施

1)对于钢筋中的化学成分含量问题,首先应在冶炼钢材时严格按国家标准生产。如《碳素结构钢》(GB/T 700—2006)中规定:Q235 钢材中的含碳量控制在 0.18%~0.28%,含硫量不得超过 0.045%~0.050%,含磷量不得超过 0.045%,含硅量不得超过 0.30%。

2)在进行钢筋混凝土结构构件设计时,要认真分析建筑的使用环境和腐蚀介质,特别是对重要结构构件的材料选用,对所用钢筋的化学成分要提出明确要求,采购人员和施工人员应严格按设计要求选用钢筋。

3)钢筋进场后,材料管理人员要对钢筋进行严格检查验收,当所用钢筋对化学成分有规定时,必须按照有关规定取样进行化验,不符合要求的钢筋不得用于工程,应会同供货方进行技术处理,决定是否退货或改作其他用途。

2. 钢筋的冷弯性能不足

(1)质量问题

在钢筋正式加工之前,按照规定的方法进行冷弯试验,即在每批钢筋中任选两根钢筋,切取两个试件做冷弯试验,其结果有一个试样不合格即为存在质量问题。

(2)原因分析

1)在冶炼钢材的过程中使钢筋的含碳量过高,或者所含的其他化学成分(如磷、硫等)的含量不合适,引起钢筋塑性性能偏低,脆性较大。

2)钢筋轧制有缺陷,例如表面有裂缝、结疤或折叠等质量问题,在钢筋采购和进场后也未进行认真检查验收。

(3)预防措施

1)通过出厂证明书或试验报告单以及钢筋外观检查,一般无法预先发现钢筋冷弯性能的优劣,因此,只有通过冷弯试验证明该性能是否合格,才能确定钢筋冷弯性能是否不良。在这种情况下,应通过供料单位告知钢筋生产厂家,以引起重视。

2)在钢筋采购时,有关人员应当重视这个质量问题,严格把好质量关;在钢筋进场后,立即按有关规定对钢筋进行检验,要做到不合格的钢筋不入库,更不能用于工程。

(4)处理方法

从检验的这批钢筋中另取双倍数量的试件再做冷弯试验,如果试验结果合格,钢筋可以正常使用;如果仍有一个试样的试验结果不合格,按规定判断该批钢筋不合格,不予进行验收,不能用于工程,可以作退货处理或降级使用。

第二章

钢筋的配料与代换

第一节 钢筋的配料

一、钢筋下料长度的计算基础

1. 钢筋所需长度的计算

钢筋混凝土结构施工图中所标注的钢筋长度是指受力钢筋外边缘至外边缘之间的长度,即外包尺寸。

外包尺寸是钢筋施工中量度钢筋长度的基本依据,其大小是根据构件尺寸、钢筋形状及保护层厚度确定的。

2. 保护层厚度的计算

混凝土保护层厚度是指受力钢筋外边缘至混凝土构件表面的距离,其功能主要是使混凝土结构中的钢筋免于大气的锈蚀作用,从而提高钢筋混凝土结构构件的耐久性。混凝土保护层厚度应当符合设计规定,当设计中无具体要求时,纵向受力钢筋的混凝土保护层最小厚度如表 2-1 所示。

表 2-1　纵向受力钢筋的混凝土保护层最小厚度　　　　　（单位：mm）

环境类别	板、墙、壳	梁、柱、杆
一	15	20
二 a	20	25
二 b	25	35
三 a	30	40
三 b	40	50

注：1. 混凝土强度等级不大于 C25 时,表中保护层厚度数值应增加 5 mm;

2. 钢筋混凝土基础宜设置混凝土垫层,基础中钢筋的混凝土保护层厚度应从垫层顶面算起,且不应小于 40 mm。

3. 钢筋量度差值的计算

钢筋在弯曲的过程中,其外边缘伸长,内边缘缩短,钢筋的中轴线则保持弯曲前的长度不变。在钢筋施工图中习惯标注的是外包尺寸,同时弯曲处又成圆弧形,因此弯曲钢筋的量度尺寸大于下料尺寸,弯曲后的钢筋,外包尺寸与钢筋中轴线长度之间存在一个差值,这个差值称为钢筋的量度差值。

在计算钢筋下料长度时,必须从外包尺寸中扣除这个量度差值,才能确保按钢筋的中轴线实际长度准确下料。钢筋弯曲处的量度差值,随着弯曲角度和钢筋级别的增大而增加。钢筋弯曲调整值的计算如图 2-1 所示。

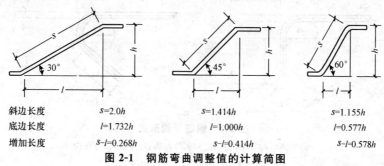

斜边长度	$s=2.0h$	$s=1.414h$	$s=1.155h$
底边长度	$l=1.732h$	$l=1.000h$	$l=0.577h$
增加长度	$s-l=0.268h$	$s-l=0.414h$	$s-l=0.578h$

图 2-1　钢筋弯曲调整值的计算简图

钢筋弯曲 90°和 135°时的弯曲调整值见表 2-2,钢筋一次弯折和弯起 30°、45°和 60°时的弯曲调整值见表 2-3。

表 2-2　钢筋弯曲 90°和 135°时的弯曲调整值

弯折角度 (°)	钢筋级别	弯曲调整值	
		计算公式	取值
90°	HPB235		1.75d
	HRB335	$\Delta=0.215D+1.215d$	2.08d
	HRB400		2.29d
135°	HPB235		0.38d
	HRB335	$\Delta=0.822D-0.178d$	0.11d
	HRB400		0.07d

注:HPB235 级的弯曲直径为 2.5d,HRB335 级的弯曲直径为 4.0d,HRB400 级的弯曲直径为 5.0d。

表 2-3　钢筋一次弯折和弯起 30°、45°和 60°的弯曲调整值

弯折弯起 角度	钢筋一次弯折的弯曲调整值		弯起钢筋的弯曲调整值	
	计算公式	$D=5d$	计算公式	$D=5d$
30°	$\Delta=0.006D+0.274d$	0.30d	$\Delta=0.012D+0.280d$	0.34d
45°	$\Delta=0.022D+0.436d$	0.55d	$\Delta=0.043D+0.457d$	0.67d
60°	$\Delta=0.054D+0.631d$	0.90d	$\Delta=0.108D+0.685d$	1.23d

4. 弯钩增加长度的计算

钢筋弯钩有半圆弯钩、直弯钩和斜弯钩三种形式,如图 2-2 所示。

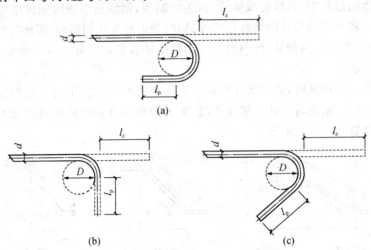

(a)

(b)　　　　　　　　　　(c)

图 2-2　钢筋弯钩形式

(a)半圆(180°)弯钩;(b)直(90°)弯钩;(c)斜(135°)弯钩

半圆弯钩(或称 180°弯钩),HPB235 级钢筋末端需要作 180°弯钩,其圆弧弯曲直径(D)应不小于钢筋直径(d)的 2 倍,平直部分长度不宜小于钢筋直径的 3 倍;用于轻集料混凝土结构时,其圆弧弯曲直径(D)不应小于钢筋直径(d)的 3.5 倍。直弯钩(或称 90°弯钩)和斜弯钩(或称 135°弯钩)弯折时,弯曲直径(D)对 HPB235 级钢筋不宜小于 2.5d;对 HRB335 级钢筋不宜小于 4d;对 HRB400 级钢筋不宜小于 5d。

若采用 HPB235 级钢筋,圆弧弯曲直径为 $D=2.5d$,l_p 按 3d 考虑,半圆弯钩增加长度应为 6.25d;直弯钩 l_p 按 5d 考虑,增加长度应为 5.5d;斜弯钩 l_p 按 10d 考虑,增加长度为 12d。三种弯钩形式下各种规格钢筋弯钩增加长度参见表 2-4。如果圆弧弯曲直径偏大(一般在实际加工时,较细的钢筋常采用偏大的圆弧弯曲直径),取用不等于 3d、5d、10d 的平直部分长度,根据相应公式进行计算。

表 2-4　各种规格钢筋弯钩增加长度参考表

钢筋直径 d(mm)	半圆弯钩(mm)		半圆弯钩(mm)（不带平直部分）		直弯钩(mm)		斜弯钩(mm)	
	1 个钩长	2 个钩长	1 个钩长	2 个钩长	1 个钩长	2 个钩长	1 个钩长	2 个钩长
6	40	75	20	40	35	70	75	150
8	50	100	25	50	45	90	95	190
9	60	115	30	60	50	100	110	220
10	65	125	35	70	55	110	120	240
12	75	150	40	80	65	130	145	290
14	90	175	45	90	75	150	170	340
16	100	200	50	100	—	—	—	—

（续表）

钢筋直径 d(mm)	半圆弯钩(mm)		半圆弯钩(mm)（不带平直部分）		直弯钩(mm)		斜弯钩(mm)	
	1个钩长	2个钩长	1个钩长	2个钩长	1个钩长	2个钩长	1个钩长	2个钩长
18	115	225	60	120				
20	125	250	65	130				
22	140	275	70	140				
25	160	315	80	160	—	—	—	—
28	175	350	85	190				
32	200	400	105	210				
36	225	450	115	230				

注:(1)半圆弯钩计算长度为 $6.25d$;半圆弯钩不带平直部分为 $3.25d$;直弯钩计算长度为 $5.5d$;斜弯钩计算长度为 $12d$。

(2)半圆弯钩取 $l_p=3d$;直弯钩取 $l_p=5d$;斜弯钩取 $l_p=10d$;直弯钩在楼板中使用时,其长度取决于楼板厚度。

(3)本表为 HPB235 级钢筋、弯曲直径为 $2.5d$、取尾数为 5 或 0 的弯钩增加长度。

5. 弯起钢筋斜长的计算

梁、板类构件常配置一定数量的弯起钢筋,弯起角度有 30°、45°和 60°几种(图 2-3)。

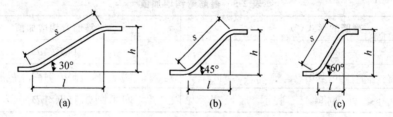

图 2-3 弯起钢筋斜长计算简图

(a)弯起 30°角;(b)弯起 45°角;(c)弯起 60°角

弯起钢筋斜长增加的长度 l_s 可按下面各式计算:

(1)弯起 30°: $s=2.0h$; $l=1.732h$。

$$l_s=s-l=0.268h \tag{2-1}$$

(2)弯起 45°: $s=1.414h$; $l=1.000h$。

$$l_s=s-l=0.414h \tag{2-2}$$

(3)弯起 60°: $s=1.155h$; $l=0.577h$。

$$l_s=s-l=0.578h \tag{2-3}$$

6. 箍筋的下料长度的计算

除焊接封闭环式箍筋外,箍筋的末端应设置弯钩,弯钩的形式应符合设计要求;当设计无具体要求时,应符合规定。

(1)箍筋弯钩的弯弧内直径,除应满足受力钢筋的弯钩和弯折的规定外,还应不小于受力钢筋的直径。

（2）箍筋弯钩的弯折角度，对于一般结构，不应小于 90°，对有抗震等要求的结构，应为 135°。

（3）箍筋弯后平直部分的长度，对于一般结构，不宜小于箍筋直径的 5 倍，对有抗震等要求的结构，不应小于箍筋直径的 10 倍。

（4）箍筋的弯钩形式，如设计无要求时，可按图 2-4(b)、(c)加工；有抗震要求的结构，应按图 2-4(a)加工。

图 2-4　箍筋示意图

(a)135°/135°；(b)90°/180°；(c)90°/90°

箍筋弯钩的增加值，可以按表 2-5 中的数值选用，也可以将箍筋弯钩增加长度和弯折量度差值并为一项箍筋调整值，见表 2-6。计算时，将箍筋外包尺寸或内皮尺寸加上相应的箍筋调整值即为箍筋下料长度。

表 2-5　箍筋弯钩增加值

箍筋的形式(°)	箍筋弯钩增加值
135/135	14d(24d)
90/180	14d(24d)
90/90	11d(21d)

注：表中括号里的数据为抗震要求时的增加值；d 为箍筋直径。

表 2-6　箍筋下料调整值

箍筋量度方法	箍筋直径(mm)			
	4～5	6	8	10～12
量外包尺寸	40	50	60	70
量内皮尺寸	80	100	120	150～170

7．特殊形状钢筋下料长度的计算

（1）变截面构件的箍筋

一些悬挑构件，例如阳台挑梁，其截面宽度相同而高度不同，相邻箍筋高度差 Δh 可按相似三角形推导出(图 2-5)。

$$\Delta h = \frac{h_n - h_1}{n - 1}$$

(2-4)

式中，h_n——最大箍筋高度(mm)；

    h_1——最小箍筋高度(mm)；

    n——箍筋根数，$n=l/s-1$；

    l——最长箍筋和最短箍筋之间的总距离(mm)；

    s——箍筋间距(mm)。

图 2-5 变截面构件箍筋

(2)圆形构件的钢筋

圆形构件一般有圆形水池、圆形柱、桩等。

1)按弦长布置。先根据下列公式计算出钢筋所在处的弦长，再减去两端保护层厚度，即得钢筋长度。

当配筋为单数间距(偶数筋)时，弦长[图 2-6(a)]为

$$l_i = a\sqrt{(n+1)^2+(2i-1)^2} \tag{2-5}$$

当配筋为偶数间距(奇数筋)时，弦长[图 2-6(b)]为

$$l_i = a\sqrt{(n+1)^2-(2i)^2} \tag{2-6}$$

式中，l_i——第 i 根(从圆心向两边计数)钢筋所在的弦长(mm)；

    a——钢筋间距(mm)；

    n——钢筋根数，$n=\dfrac{D}{a}-1$(D 为圆的直径)；

    i——从圆心向两边计数的序号数。

2)按圆形布置。先用比例方法求出每根钢筋的圆直径，再乘圆周率算得钢筋长度，如图 2-7 所示。

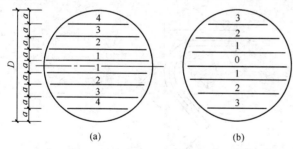

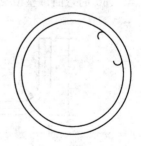

图 2-6 按弦长布置的钢筋

(a)单数间距；(b)偶数间距

图 2-7 按圆形布置的钢筋

(3)曲线构件的钢筋

1)圆所在的曲线钢筋长度。可用圆心角 θ 与圆半径 R 计算出：

$$L = 2\pi R\frac{\theta}{360} \tag{2-7}$$

2)抛物线状钢筋长度。抛物线状钢筋长度 L 可按下式计算：

$$L = \left(1+\frac{8h^2}{3l^2}\right)l \tag{2-8}$$

式中，l——抛物线的水平投影长度(mm)(图 2-8)；

    h——抛物线的矢高(mm)。

3)外形复杂的构件钢筋。对于一些外形比较复杂的构件,用数学的方法计算钢筋长度比较困难,可以采用放足尺(1∶1)或放小样(1∶5)的办法计算钢筋长度。

8. 弯曲调整值的计算

钢筋弯曲后的特点:一是在弯曲处内皮收缩、外皮延伸、轴线长度不变;二是在弯曲处形成圆弧。钢筋的量度方法是沿直线量外包尺寸,如图 2-9 所示。因此,弯起钢筋的量度尺寸大于下料尺寸,两者之间的差值称为弯曲调整值。弯曲调整值根据理论推算并结合实践经验确定,见表 2-7。

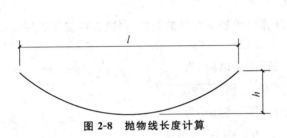

图 2-8 抛物线长度计算

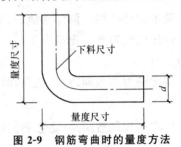

图 2-9 钢筋弯曲时的量度方法

表 2-7 钢筋弯曲调整值

钢筋弯曲角度	30°	45°	60°	90°	135°
钢筋弯曲调整值	0.35d	0.5d	0.85d	2d	2.5d

注:d 为钢筋直径。

不同级别钢筋弯折 90°和 135°时[图 2-10(a)、(c)]的弯曲调整值参见表 2-2;一次弯折钢筋[图 2-10(b)]和弯起钢筋[图 2-10(d)]的弯曲直径 D 不应小于钢筋直径 d 的 5 倍,其弯折角度为 30°、45°、60°的弯曲调整值见表 2-3。

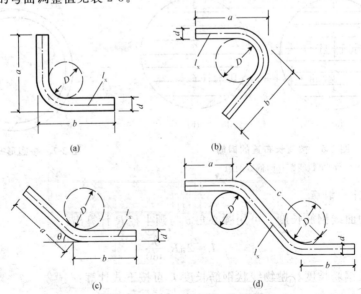

图 2-10 钢筋弯曲调整值计算简图

(a)钢筋弯折 90°;(b)钢筋第一次弯折;(c)钢筋弯折 135°;(d)钢筋弯折 30°、45°、60°

a,b——量度尺寸;c——下料长度

9. 箍筋调整值的计算

箍筋调整值是弯钩增加长度和弯曲调整值两项之差或和，根据箍筋量外包尺寸或量内皮尺寸确定，如图 2-11 及表 2-6 所示。

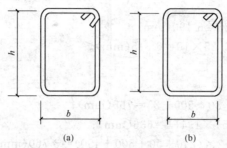

图 2-11 箍筋量度方法

(a)量外包尺寸;(b)量内皮尺寸

10. 钢筋理论重量的计算

不同直径的钢筋重量＝钢筋长度×相应直径钢筋每米长的理论重量。钢筋每米长的理论重量见表 2-8。

表 2-8 钢筋每米长的理论重量

规格	重量(kg)	规格	重量(kg)	规格	重量(kg)
$\phi4$	0.099	$\phi12$	0.888	$\phi20$	2.470
$\phi5$	0.154	$\phi14$	1.210	$\phi22$	2.984
$\phi6$	0.222	$\phi16$	1.587	$\phi25$	3.853
$\phi10$	0.617	$\phi18$	1.998	$\phi32$	6.313

二、钢筋配料计算实例

(一)实例一 钢筋下料长度的基本计算

某建筑物有 5 根钢筋混凝土梁 L_1，配筋如图 2-12 所示，③、④号钢筋为 45°弯折，⑤号箍筋按抗震结构要求弯折，试计算各号钢筋下料长度并填写钢筋配料单。

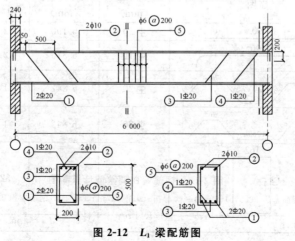

图 2-12 L_1 梁配筋图

钢筋下料长度的计算分析：

钢筋保护层厚度取 25 mm。

①号钢筋下料长度：$6\ 240-2\times25=6\ 190$(mm)。

②号钢筋：

外包尺寸：$6\ 240-2\times25=6\ 190$(mm)；

下料长度：$6\ 190+2\times6.25\times10=6\ 315$(mm)。

③号弯折钢筋：

外包尺寸分段计算。

端部平直段长度：$240+50+500-25=765$(mm)；

斜段长度：$(500-2\times25)\times1.414=636$(mm)；

中间直段长度：$6\ 240-2\times(240+50+500+450)=3\ 760$(mm)；

端部竖直外包长度：$200\times2=400$(mm)；

下料长度：下料长度＝外包尺寸－量度差值

$$=2\times(765+636)+3\ 760+400-2\times2d-4\times0.5d$$
$$=6\ 562+400-2\times2\times20-4\times0.5\times20$$
$$=6\ 842\ \text{(mm)}。$$

同理可算得④号钢筋下料长度亦为 6 842 mm。

⑤号箍筋：

外包尺寸：

宽度：$200-2\times25+2\times6=162$(mm)；

高度：$500-2\times25+2\times6=462$(mm)；

箍筋形式取 135°/135°形式，D 取 25 mm，弯钩平直段取 10d，则两个 135°弯钩增长值为：

$$\left[\frac{3}{8}\pi(D+d)-\left(\frac{D}{2}+d\right)+10d\right]\times2=\left[\frac{3}{8}\pi(25+6)-\left(\frac{25}{2}+6\right)+10\times6\right]\times2=156\ \text{(mm)}；$$

箍筋有三处 90°弯折，量度差值为：$3\times2d=3\times2\times6=36$(mm)；

⑤号箍筋的下料长度为：$2\times(162+462)+156-36=1\ 368$(mm)。

钢筋下料通知单见表 2-9。

表 2-9　钢筋下料通知单

构件名称	编号	简图	钢号与直径 (mm)	下料长度 (mm)	单位根数	合计根数	质量(kg)
L_1 共 5 根	①	6 190	Φ 20	6 190	2	10	153
	②	6 190	ϕ 10	6 315	2	10	39
	③	200　765　636　3 760　636　765　200	Φ 20	6 842	1	5	84
	④	200　265　636　4 760　636　265　200	Φ 20	6 842	1	5	84
	⑤	162　462	ϕ 6	1 368	32	160	49
合计				409			

(二)实例二 圆形构件钢筋下料长度的计算

钢筋混凝土圆板,直径 2.4 m,钢筋沿圆直径等间距布置如图 2-13 所示,两端保护层厚度共为 50 mm,试求每根钢筋的长度,并拟定表达格式。

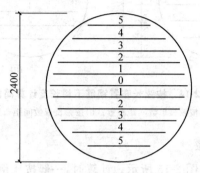

图 2-13 圆板钢筋布置

1. 圆形构件钢筋下料长度计算的基础知识

(1)按弦长布置的直线形钢筋

先根据弦长计算公式算出每根钢筋所在处的弦长,再减去两端保护层厚度,即得该处钢筋下料长度。

当钢筋间距为单数时[图 2-14(a)],配筋有相同的两组,弦长可按下式计算:

$$l_i = \sqrt{D^2 - \left[(2i-1)a\right]^2} \tag{2-9}$$

或
$$l_i = a\sqrt{(n+1)^2 - (2i-1)^2} \tag{2-10}$$

或
$$l_i = \frac{D}{n+1}\sqrt{(n+1)^2 - (2i-1)^2} \tag{2-11}$$

当钢筋间距为双数时[图 2-14(b)],最中间的一根钢筋所在位置的弦长即为该圆的直径,另有相同的两组配筋,弦长可按下式计算:

$$l_i = \sqrt{D^2 - (2ia)^2} \tag{2-12}$$

或
$$l_i = a\sqrt{(n+1)^2 - (2i)^2} \tag{2-13}$$

或
$$l_i = \frac{D}{n+1}\sqrt{(n+1)^2 - (2i)^2} \tag{2-14}$$

其中

$$n = \frac{D}{d} - 1 \tag{2-15}$$

式中,l_i——从圆心向两边计数的第 i 根钢筋所在位置的弦长;

D——圆形构件的直径;

a——钢筋间距;

n——钢筋根数;

i——从圆心向两边计数的序号数。

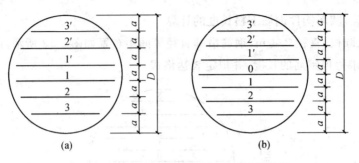

图 2-14　按弦长布置钢筋下料长度计算简图

(a)按弦长单数间距布置;(b)按弦长双数间距布置

(2)按圆周布置的圆形钢筋

按圆周布置的缩尺配筋如图 2-15 所示。计算时,一般按比例方法先求出每根钢筋的圆直径,再乘以圆周率,即为圆形钢筋的下料长度。

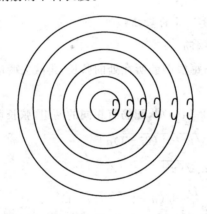

图 2-15　按圆周布置钢筋下料长度计算简图

2. 圆形构件钢筋下料长度的计算分析

由图知配筋间距为双数,$n=11$。

0 号钢筋长度:$l_0 = 2\,400 - 50 = 2\,350$(mm)。

1 号至 5 号钢筋长度可由式(2-13)求得。计算如下:

1 号钢筋长度:

$$l_1 = a\sqrt{(n+1)^2 - (2i)^2} - 50$$
$$= \frac{2\,400}{11+1} \times \sqrt{(11+1)^2 - (2\times1)^2} - 50$$
$$= 2\,316\,(\text{mm})$$

2 号钢筋长度:

$$l_2 = 200 \times \sqrt{(11+1)^2 - (2\times2)^2} - 50$$
$$= 2\,213\,(\text{mm})$$

3 号钢筋长度:

$$l_3 = 200 \times \sqrt{(11+1)^2 - (2\times3)^2} - 50$$
$$= 2\,028\,(\text{mm})$$

4 号钢筋长度:

$$l_4 = 200 \times \sqrt{(11+1)^2 - (2\times4)^2} - 50$$
$$= 1\,739\,(\text{mm})$$

5 号钢筋长度：

$$l_5 = 200 \times \sqrt{(11+1)^2 - (2\times 5)^2} - 50$$
$$= 1\ 277 (\text{mm})$$

材料表中的表达格式：画两个直径式样，其中一个写上长度 2 350 mm，根数为 1 根；另一个写上长度 1 277~2 316 mm，根数为 2×5。0 号钢筋为一个编号；1 至 5 号钢筋合编为一个编号。

(三)实例三　圆形切块缩尺配筋下料长度计算

钢筋混凝土圆形切块板，直径为 2.50 m，钢筋布置如图 2-16 所示，两端保护层厚度共为 50 mm，试求每根钢筋的长度，并拟定表达格式。

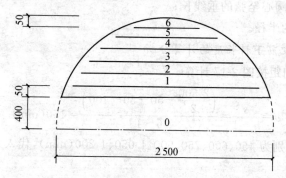

图 2-16　圆形切块板钢筋布置

1. 圆形切块缩尺配筋下料长度计算的基础知识

圆形切块的形状常见的有图 2-17 所示几种，缩尺钢筋是按等距均匀布置成直线形，计算方法与圆形构件直线形配筋相同，先确定每根钢筋所在位置的弦与圆心间的距离（即弦心距）C，弦长即可按下式计算：

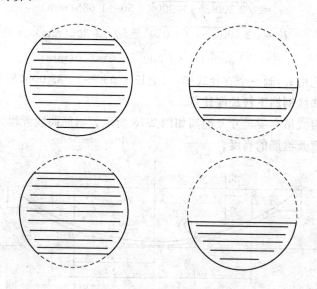

图 2-17　圆形切块的形状

$$l_0 = \sqrt{D^2 - 4C^2} \tag{2-16}$$

或

$$l_0 = 2\sqrt{R^2 - C^2} \tag{2-17}$$

$$l_0 = 2\sqrt{(R+C)(R-C)} \tag{2-18}$$

弦长减去两端保护层厚度 d，即可求得钢筋长度 l_i：

$$l_i = \sqrt{D^2 - 4C^2} - 2d \tag{2-19}$$

式中，l_i——圆形切块的弦长；

D——圆形切块的直径；

C——弦心距，即圆心至弦的垂线长；

R——圆形切块的半径。

2. 圆形切块缩尺配筋下料长度的计算分析

每根钢筋之间的间距按图 2-17 计算。

$$a = \frac{s}{n-1} = \frac{\left(\dfrac{2\,500}{2} - 50 - 50 - 400\right)}{6-1} = 150(\text{mm}) \tag{2-20}$$

故 C_1、C_2、C_3、$\cdots$、C_6 分别为 450、600、750、900、1 050、1 200（mm），代入式（2-19），得各根钢筋的长度为：

$$l_1 = \sqrt{D^2 - 4C^2} - 50$$
$$= \sqrt{2\,500^2 - 4 \times 450^2} - 2 \times 25$$
$$= 2\,282(\text{mm})$$

$$l_2 = \sqrt{2\,500^2 - 4 \times 600^2} - 50 = 2\,143(\text{mm})$$

$$l_3 = \sqrt{2\,500^2 - 4 \times 750^2} - 50 = 1\,950(\text{mm})$$

$$l_4 = \sqrt{2\,500^2 - 4 \times 900^2} - 50 = 1\,685(\text{mm})$$

$$l_5 = \sqrt{2\,500^2 - 4 \times 1\,050^2} - 50 = 1\,306(\text{mm})$$

$$l_6 = \sqrt{2\,500^2 - 4 \times 1\,200^2} - 50 = 650(\text{mm})$$

材料表中的表达格式：画一个直径式样，写上长度 650~2 282 mm，根数为 6 根。

(四)实例四 曲线钢筋下料长度计算

钢筋混凝土鱼腹式吊车梁尺寸及配筋如图 2-18 所示。钢筋曲线方程为 $y = 0.000\,1x^2$，试求曲线钢筋下料长度及箍筋的高度。

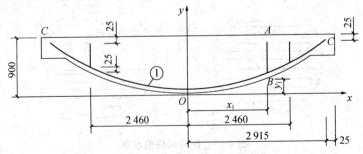

图 2-18 鱼腹式吊车梁尺寸及配筋

1. 曲线钢筋下料长度的计算基础

(1)曲线钢筋下料长度计算

曲线钢筋下料长度采用分段按直线计算的方法。计算时,根据曲线方程 $y = f(x)$,沿水平方向分段,分段愈细,计算出的结果愈准确。每段长度 $l = x_i - x_{i-1}$,一般取 $300 \sim 500$ mm,然后求已知 x 值时的相应 $y(y_i, y_{i-1})$ 值,再用勾股弦定理计算每段的斜长(三角形的斜边),如图 2-19 所示,最后再将斜长(直线段)按下式叠加,即得曲线钢筋的下料长度(近似值)。

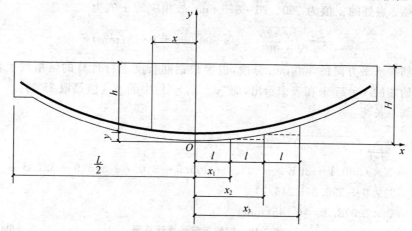

图 2-19　曲线钢筋下料长度计算简图

$$L = 2 \sum_{i=1}^{n} \sqrt{(y_i - y_{i-1})^2 + (x_i - x_{i-1})^2} \tag{2-21}$$

式中,　L——曲线钢筋长度;

x_i、y_i——曲线钢筋上任一点在 x、y 轴上的投影距离;

l——水平方向每段长度。

(2)抛物线钢筋下料长度计算

当构件一边为抛物线形时(图 2-20),抛物线钢筋的长度 L,可按下式计算:

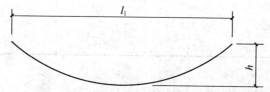

图 2-20　抛物线钢筋下料长度计算简图

$$L = \left(1 + \frac{8h^2}{3l_1^2}\right)l_1 \tag{2-22}$$

式中,h——抛物线的矢高;

l_1——抛物线水平投影长度。

(3)箍筋高度计算

根据曲线方程,以箍筋间距确定 x_i 值,可求得 y_i 值(图 2-19),然后利用 x_i、y_i 值和施工图上有关尺寸,即可计算出该处的构件高度 $h_i = H - y_i$,再扣去上下层混凝土保护层厚度,即得各段箍筋高度。

2. 曲线钢筋下料长度的计算分析

(1)曲线钢筋下料长度计算

取钢筋的保护层厚度为 25 mm,则钢筋的曲线方程为

$$y = 0.000\,1x^2 + 25$$

钢筋末端 c 点处的 y 值为 $900 - 25 = 875$ mm,故相应的 x 值为

$$x = \sqrt{\frac{y - 25}{0.001}} = \sqrt{8\,500\,000} = 2\,915(\text{mm})$$

曲线钢筋按水平方向每 300 mm 分段,以半根钢筋长度进行计算的结果列于表 2-10 中,所分第一段始端的 $y = 25$ 未在表中示出,而"$y_i - y_{i-1}$"栏中的 y_{i-1} 值是取 25 的。

曲线钢筋总长为:

$$L = 2\sum_{i=1}^{n}\sqrt{(y_i - y_{i-1})^2 + (x_i - x_{i-1})^2}$$
$$= 2 \times (300.1 + 301.2 + 303.4 + 306.5 + 310.7 + 315.9 + 322.0 +$$
$$329.0 + 336.8 + 246.7)$$
$$= 2 \times 3\,072.3 = 6\,145(\text{mm})$$

表 2-10　钢筋下料长度计算表　　　　　　　　　　(单位:mm)

段序	终端 x	终端 y	$x_i - x_{i-1}$	$y_i - y_{i-1}$	段长
1	300	34	300	9	300.1
2	600	61	300	27	301.2
3	900	106	300	45	303.4
4	1 200	169	300	63	306.5
5	1 500	250	300	81	310.7
6	1 800	349	300	99	315.9
7	2 100	466	300	117	322.0
8	2 400	601	300	135	329.0
9	2 700	754	300	153	336.8
10	2 915	875	215	121	246.7

(2)箍筋高度计算

可计算出梁半跨的箍筋根数为

$$n = \frac{s}{a} + 1 = \frac{2\,460}{200} + 1 = 13.3(\text{根})$$

取整,用 14 根。设箍筋的上、下保护层厚度均为 25 mm,则根据箍筋所在位置的 x 值可算出相应的 y 值(如图 2-18 中 AB 箍筋有相应的 x_1、y_1 值),则箍筋的高度为:

$$h_i = H - y_i - 50 = 900 - y_i - 50$$

各箍筋的实际间距 $\frac{2\,460}{14 - 1} = 189(\text{mm})$。

从跨中起向左或右顺序编号的各箍筋高度列于表 2-11。

表 2-11　箍筋高度计算表

编　号	x	y	高度(mm)
1	0	0	850
2	189	4	846
3	378	14	836
4	567	32	818
5	756	57	793
6	945	89	761
7	1 134	129	721
8	1 323	175	675
9	1 512	229	621
10	1 701	289	561
11	1 890	357	493
12	2 079	432	418
13	2 268	514	336
14	2 460	605	245

(五)实例五　螺旋箍筋下料长度计算

钢筋混凝土圆截面柱,采用螺旋形箍筋,钢筋骨架沿直径方向的主筋外皮距离为280 mm,钢筋直径 $d=20$ mm,箍筋螺距 $p=90$ mm,试求每 1 m 钢筋骨架长度螺旋箍筋的下料长度。

1. 螺旋箍筋下料长度的计算基础

(1)螺旋箍筋精确计算

在圆柱形构件(如圆形柱、管柱、灌注桩等)中,螺旋箍筋沿主筋圆周表面缠绕,如图 2-21 所示,则每米钢筋骨架长的螺旋箍筋长度,可按下式计算:

$$l = \frac{2\,000\pi a}{p}\left[1 - \frac{e^2}{4} - \frac{3}{64}(e^2)^2 - \frac{5}{256}(e^2)^3\right] \tag{2-23}$$

其中

$$a = \frac{\sqrt{p^2 + 4D^2}}{4}$$

$$e^2 = \frac{4a^2 - D^2}{4a^2} \tag{2-24}$$

式中,l—— 每 1 m 钢筋骨架长的螺旋箍筋长度(mm);

p—— 螺距(mm);

π—— 圆周率,取 3.141 6;

D—— 螺旋线的缠绕直径,采用箍筋的中心距,即主筋外皮距离加上箍筋直径(mm)。

式(2-23)中括号内末项数值甚微,一般可略去,即:

$$l = \frac{2\,000\pi a}{p}\left[1 - \frac{e^2}{4} - \frac{3}{64}(e^2)^2\right] \tag{2-25}$$

(2)螺旋箍筋简易计算

螺旋箍筋长度亦可按以下简化公式计算：

$$l = \frac{1\,000}{p}\sqrt{(\pi D)^2 + p^2} + \frac{\pi d}{2} \tag{2-26}$$

式中，d——螺旋箍筋的直径(mm)；

其他符号意义同前。

对于箍筋间距要求不大严格的构件，或当 p 与 D 的比值较小$\left(\frac{p}{D} < 0.5\right)$时，螺旋箍筋长度也可以用机械零件设计中计算弹簧长度的近似公式，即式(2-27)计算：

$$l = n\sqrt{p^2 + (\pi D)^2} \tag{2-27}$$

式中，n——螺旋圈数；

其他符号意义同前。

螺旋箍筋的长度亦可用类似缠绕三角形纸带的方法，根据勾股弦定理按式(2-28)计算(图 2-22)。

$$L = \sqrt{H^2 + (\pi D n)^2} \tag{2-28}$$

式中，L——螺旋箍筋的长度；

H——螺旋线起点到终点的垂直高度；

n——螺旋线的缠绕圈数；

其他符号意义同前。

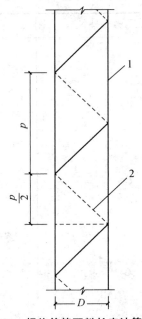

图 2-21 螺旋箍筋下料长度计算简图

1—主筋；2—螺旋箍筋

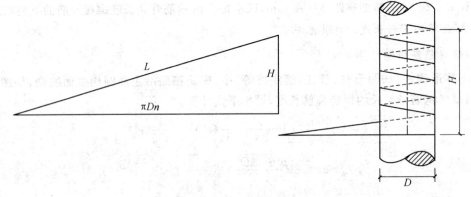

图 2-22 螺旋箍筋计算简图

(a)三角形纸带；(b)纸带缠绕的圆柱体

2. 螺旋箍筋下料长度的计算分析

(1)$D = 280 + 20 = 300\,(\text{mm})$，由式(2-24)得：

$$a = \frac{\sqrt{p^2 + 4D^2}}{4} = \frac{\sqrt{90^2 + 4 \times 300^2}}{4} = 151.7\,(\text{mm})$$

$$e^2 = \frac{4a^2 - D^2}{4a^2} = \frac{4 \times 151.7^2 - 300^2}{4 \times 151.7^2} = 0.022\ 3$$

（2）代入式（2-25）得：

$$l = \frac{2\ 000\pi a}{p}\left[1 - \frac{e^2}{4} - \frac{3}{64}(e^2)^2\right]$$

$$= \frac{2\ 000 \times 3.141\ 6 \times 151.7}{90} \times \left(1 - \frac{0.022\ 3}{4} - \frac{3}{64} \times 0.022\ 3^2\right)$$

$$= 10\ 531(\text{mm})$$

（3）按式（2-26）计算：

$$l = \frac{1\ 000}{p}\sqrt{(\pi D)^2 + p^2} + \frac{\pi d}{2}$$

$$= \frac{1\ 000}{90}\sqrt{(3.141\ 6 \times 300)^2 + 90^2} + \frac{3.141\ 6 \times 20}{2}$$

$$= 10\ 551(\text{mm})$$

（4）按式（2-27）计算：

$$l = n\sqrt{p^2 + (\pi D)^2}$$

$$= \frac{1\ 000}{90}\sqrt{90^2 + (3.141\ 6 \times 300)^2}$$

$$= 10\ 520(\text{mm})$$

（5）按式（2-28）计算：

$$l = \sqrt{H^2 + (\pi D n)^2} = \sqrt{1\ 000^2 + \left(3.141\ 6 \times 300 \times \frac{1\ 000}{90}\right)^2}$$

$$= 10\ 520(\text{mm})$$

式（2-25）与式（2-26）、式（2-27）和式（2-28）计算结果分别相差 0.02％和 0.1％，可忽略不计。

（六）实例六　纵向受拉钢筋绑扎接头的搭接长度计算

某箱形基础底板纵向受拉钢筋采用 HRB335 级 Φ28 mm 钢筋，钢筋抗拉强度设计值 $f_y = 300$ MPa，底板混凝土采用 C25 级，轴心抗拉强度设计值 $f_t = 1.27$ MPa，试求所需锚固长度。若纵向钢筋接头面积百分率为 28％，试求纵向受拉钢筋绑扎接头的搭接长度。

1. 纵向受拉钢筋绑扎接头的搭接长度的计算基础

（1）钢筋锚固长度计算

钢筋基本锚固长度，取决于钢筋强度及混凝土抗拉强度，并与钢筋外形有关。当计算中充分利用钢筋的抗拉强度时，受拉钢筋的锚固长度可按下式计算：

$$l_a = \alpha \frac{f_y}{f_t}d \tag{2-29}$$

式中，l_a——受拉钢筋的锚固长度（mm）；

f_t——混凝土轴心抗拉强度设计值（MPa），当混凝土强度等级高于 C40 时，按 C40 取值；

f_y——普通钢筋的抗拉强度设计值（MPa）；

d——钢筋的公称直径（mm）；

α——钢筋的外形系数,光圆钢筋为 0.16,带肋钢筋为 0.14,刻痕钢筋为 0.19,螺旋肋钢筋为 0.13。

式(2-29)使用时,应将计算所得的基本锚固长度按以下锚固条件进行修正:

1)当 HRB335 级、HRB400 级和 RRB400 级钢筋直径大于 25 mm 时,其锚固长度应乘以修正系数 1.1;

2)当钢筋在混凝土施工过程中易受扰动(如滑模施工)时,其锚固长度应乘以修正系数 1.1;

3)当 HRB335 级、HRB400 级和 RRB400 级钢筋在锚固区的混凝土保护层厚度大于钢筋直径的 3 倍且配有箍筋时,其锚固长度可乘以修正系数 0.8。

在任何情况下,受拉钢筋的搭接长度不应小于 250 mm。纵向受拉钢筋搭接时,其最小搭接长度不应小于按以上各式计算、修正的受拉锚固长度的 0.7 倍。

(2)钢筋绑扎接头搭接长度计算

纵向受拉钢筋绑扎接头的搭接长度,应根据位于同一连接区段内的钢筋搭接接头面积百分率按下式计算:

$$l_1 = \xi l_s \tag{2-30}$$

式中,l_1——纵向受拉钢筋的搭接长度;

　　　l_s——纵向受拉钢筋的锚固长度,按式(2-29)计算修正后确定;

　　　ξ——纵向受拉钢筋搭接长度修正系数(当纵向受拉钢筋搭接接头面积百分率$\leqslant$25% 时,$\xi=1.2$;为 50%时,$\xi=1.4$;为 100%时,$\xi=1.6$)。

在任何情况下,纵向受拉钢筋绑扎接头的搭接长度均不应小于 300 mm。

构件中的纵向受拉钢筋,当采用搭接连接时,其受拉搭接长度不应小于纵向受拉钢筋搭接长度的 0.7 倍,且在任何情况下不应小于 200 mm。

在梁、柱类构件的纵向受拉钢筋搭接长度范围内,应按设计要求配置箍筋,当设计无要求时,应符合下列规定:箍筋直径不应小于搭接钢筋较大直径的 0.25 倍;受拉搭接区段的箍筋间距不应大于搭接钢筋较小直径的 5 倍,且不应大于 100 mm;受压搭接区段箍筋的间距不应大于搭接钢筋较小直径的 10 倍,且不应大于 200 mm;当柱中纵向受拉钢筋直径大于 25 mm 时,应在搭接接头两个端面外 100 mm 范围内各设置两个箍筋,其间距宜为 50 mm。

(3)钢筋焊接接头搭接长度计算

1)钢筋焊接搭接的机理与要求。

对于用电弧焊焊接的钢筋接头,为使两段钢筋接长能实施焊接,就必须留有一定的搭接长度,以便能在上面填补焊缝。同时,焊缝的抗力必须大于钢筋的抗力,才能保证钢筋受力至承载能力的极限状态时(即受力至被拉断时),焊缝仍保持完整可靠。因此,应通过必要的钢筋搭接长度来使焊缝达到要求的长度,以保证焊缝具有足够的抗力。

2)钢筋焊接搭接长度计算。

一根钢筋的抗力一般可按式(2-31)计算:

$$R_s = \frac{\pi d^2}{4} f_y \tag{2-31}$$

式中,R_s——钢筋的抗力(N);

d——钢筋直径(mm)；

f_y——钢筋抗拉强度设计值(MPa)。

钢筋接头焊缝的抗力按式(2-32)计算：

$$R_f = hlf_t \qquad (2-32)$$

式中，R_f——钢筋接头焊缝的抗力(N)；

　　h——焊缝厚度(mm)，约按 $0.3d$ 取用；

　　l——钢筋搭接焊缝长度(mm)；

　　f_t——焊缝抗剪强度设计值(MPa)，采用 E43 型焊条(对 HPB235 级钢筋)时取
　　　　160 MPa；采用 E50 型焊条(对 HRB335 级和 HRB400 级钢筋)时取 200 MPa。

为保证焊缝具有足够的抗力，应使 $R_f > R_s$，即

$$0.3dlf_t > \frac{\pi d^2}{4}f_y$$

即

$$l > \frac{2.62df_y}{f_t} \qquad (2-33)$$

当用于 HPB235 级钢筋，$f_y = 210$ MPa，则：

$$l > \frac{2.62 \times 210}{160}d = 3.5d$$

当用于 HRB335 级钢筋，$f_y = 300$ MPa，则：

$$l > \frac{2.62 \times 300}{200}d = 4.0d$$

当用于 HRB400 级钢筋，$f_y = 360$ MPa，则：

$$l > \frac{2.62 \times 360}{200}d = 4.72d（用 5d）$$

如用双面焊焊接，则对 HPB235 级钢筋取 $l > 1.8d$；对 HRB335 级钢筋和 HRB400 级钢筋，则分别取 $l > 2.0d$ 和 $l > 2.4d$。

以上为理论上的粗略计算。实际上，由于操作因素(如操作不熟练，焊接参数选择不当，或焊接时为了改善钢筋搭接根部的热影响，需要局部减薄焊缝等)以及钢筋受力条件的差异，钢筋焊接长度还应根据具体情况乘以安全系数 2.0～2.5，规范的规定，见表 2-12。

表 2-12　钢筋焊接接头的搭接长度规定

钢筋级别	焊缝形式	搭接长度
HPB235 级	单面焊	$\geqslant 8d$
	双面焊	$\geqslant 4d$
HRB335 级、HRB400 级	单面焊	$\geqslant 10d$
	双面焊	$\geqslant 5d$

2. 纵向受拉钢筋绑扎接头的搭接长度的计算分析

(1)取 $\alpha = 0.14$，由式(2-29)得：

$$l_a = \alpha\frac{f_y}{f_t}d = 0.14 \times \frac{300}{1.27}d = 33.1d$$

由于钢筋直径大于 25 mm 应乘以修正系数 1.1,则:

$$l_s = 33.1d \times 1.1 = 36.41d(\text{用 } 40d)$$

纵向受拉钢筋锚固长度为 40d。

(2)已知纵向受拉钢筋经计算并修正的锚固长度 $l_s = 36.4d$,取 $\xi = 1.4$,由式(2-30)得:

$$l_1 = \xi l_s = 1.4 \times 36.4d = 50.96d(\text{用 } 51d)$$

纵向受拉钢筋绑扎接头的搭接长度为 51d。

三、配料计算的注意事项

(1)如果在钢筋设计图纸上没有注明钢筋配料的细节问题,一般可以按构造要求进行处理。

(2)在进行钢筋配料时,要考虑钢筋的形状和尺寸,在满足设计要求的前提下,配料要尽量有利于钢筋的加工和安装。

(3)在进行钢筋配料时,还要考虑施工需要的附加钢筋。例如,基础双层钢筋网中,为保证上层钢筋网的位置而设置的钢筋撑脚;墙板双层钢筋网中,为固定间距而设置的钢筋撑或钢筋梯子凳;柱子钢筋骨架增设的四面斜筋等。

第二节　钢筋的代换

一、钢筋代换的基本原则

(1)在施工中,在确认工地不可能供应设计图要求的钢筋品种和规格后,才允许根据库存条件进行钢筋代换。

(2)代换前,必须充分了解设计意图、构件特征和代换钢筋性能,严格遵守国家现行设计规范和施工验收规范及有关技术规定。

(3)代换后,应仍能满足各类极限状态的有关计算要求以及必要的配筋构造规定(如受力钢筋和箍筋的最小直径、间距、锚固长度、配筋百分率以及混凝土保护层厚度等);在一般情况下,代换钢筋还必须满足截面对称的要求。

(4)对抗裂性要求高的构件(如吊车梁、薄腹梁、屋架下弦等),不宜用光面钢筋代换变形钢筋,以免裂缝开展过宽。

(5)梁内纵向受力钢筋与弯折钢筋应分别进行代换,以保证正截面与斜截面强度。

(6)偏心受压构件或偏心受拉构件(如框架柱、承受吊车荷载的柱、屋架上弦等)进行钢筋代换时,应按受力面(受压或受拉)分别代换,不得取整个截面进行配筋量计算。

(7)对于吊车梁等承受反复荷载作用的构件,必要时,应在钢筋代换后进行疲劳验算。

(8)当构件受裂缝宽度控制时,代换后应进行裂缝宽度验算。如代换后裂缝宽度有一定增大(但不超过允许的最大裂缝宽度,被认为代换有效),还应对构件作挠度验算。

(9)同一截面内不同种类和直径的钢筋进行代换后,每根钢筋直径差不宜过大(同品种钢筋直径差一般不大于 5 mm),以免构件受力不匀。

(10)钢筋代换应避免出现大材小用、优材劣用或非专料专用等现象。钢筋代换后,其用量不宜大于原设计用量的 5%，如判断原设计有一定潜力，也可以略微降低，但也不应低于原设计用量的 2%。

（11）进行钢筋代换的效果，除应考虑代换后仍能满足结构各项技术性能要求之外，同时还要保证用料的经济性和加工操作的方便。

（12）重要结构和预应力混凝土钢筋的代换应征得设计单位同意。

二、钢筋等强度代换计算

当结构构件按强度控制时，可按强度相等的方法进行代换，即代换后钢筋的钢筋抗力不小于施工图纸上原设计配筋的钢筋抗力，即

$$A_{s1} f_{y1} \leqslant A_{s2} f_{y2} \tag{2-34}$$

或

$$n_1 d_1^2 f_{y1} \leqslant n_2 d_2^2 f_{y2} \tag{2-35}$$

当原设计钢筋与拟代换的钢筋直径相同时：

$$n_1 f_{y1} \leqslant n_2 f_{y2} \tag{2-36}$$

当原设计钢筋与拟代换的钢筋级别相同时（即 $f_{y1} = f_{y2}$）：

$$n_1 d_1^2 \leqslant n_2 d_2^2 \tag{2-37}$$

式中，f_{y1}、f_{y2}——分别为原设计钢筋和拟代换钢筋的抗拉强度设计值（MPa）；

　　　A_{s1}、A_{s2}——分别为原设计钢筋和拟代换钢筋的截面面积（mm^2）；

　　　n_1、n_2——分别为原设计钢筋和拟代换钢筋的根数（根）；

　　　d_1、d_2——分别为原设计钢筋和拟代换钢筋的直径（mm）。

在普通钢筋混凝土构件中，高强度钢筋难以充分发挥作用，故多采用 HRB335 级、HRB400 级钢筋以及 HPB235 级钢筋。常用钢筋的强度标准值和强度设计值见表 2-13。

钢筋的截面面积 A_s 是根据其直径大小（对于变形钢筋，按公称直径计算），按圆形面积计算公式 $A = \dfrac{\pi}{4} d^2$ 算出的，见表 2-14。用于板类构件 1 m 宽的钢筋截面面积 A_s 见表 2-15。

表 2-13　常用钢筋的强度标准值、强度设计值　　　　　　　（单位：MPa）

种　类	符号	直径 (mm)	强度标准值 f_{yk}	强度设计值 f_y	强度设计值 f_y'
HPB235（Q235）	φ	8～20	235	210	210
HRB335（20MnSi）	φ	6～50	335	300	300
HRB400（20MnSiV、20MnSiNb、20MnTi）	φ	6～50	400	360	360
RRB400（K20MnSi）	φ^R	8～40	400	360	360

注：（1）热轧钢筋直径系指公称直径。

　　（2）当采用直径大于 40 mm 的钢筋时，应有可靠的工程经验。

　　（3）在混凝土结构中，轴心受拉和小偏心受拉构件和钢筋抗拉强度设计值大于 300 MPa 时，应仍按 300 MPa 取值。

表 2-14　钢筋截面面积 A_s　　　　　（单位：mm^2）

钢筋直径 (mm)	钢筋根数								
	1	2	3	4	5	6	7	8	9
4	12.6	25.1	37.7	50.3	62.8	75.4	88.0	100.5	113.1
5	19.6	29.3	58.9	78.5	98.2	117.8	137.4	157.1	176.7
6	28.3	56.5	84.8	113.1	141.4	169.6	197.9	226	254
8	50.3	100.5	150.8	201	251	302	352	402	452
9	63.6	127.2	190.9	254	318	382	445	509	573
10	78.5	157.1	236	314	393	471	550	628	707
12	113.1	226	339	452	565	679	792	905	1 018
14	153.9	308	462	616	770	924	1 078	1 232	1 385
16	201	402	603	804	1 005	1 206	1 407	1 608	1 810
18	254	509	763	1 018	1 272	1 527	1 781	2 036	2 290
20	314	628	942	1 257	1 571	1 885	2 199	2 513	2 827
22	380	760	1 140	1 521	1 901	2 281	2 661	3 041	3 421
25	491	982	1 473	1 963	2 454	2 945	3 436	3 927	4 418
28	616	1 232	1 847	2 463	3 079	3 695	4 310	4 926	5 542
32	804	1 608	2 413	3 217	4 021	4 825	5 630	6 434	7 238
36	1 018	2 036	3 054	4 072	5 089	6 107	7 125	8 143	9 161
40	1 257	2 513	3 770	5 027	6 283	7 540	8 796	10 053	11 310

表 2-15　1 m 宽的钢筋截面面积 A_s　　　　　（单位：mm^2）

钢筋间距 (mm)	钢筋直径(mm)								
	6	6/8	8	8/10	10	10/12	12	12/14	14
80	353	491	628	805	982	1 198	1 414	1 669	1 924
90	314	436	559	716	873	1 065	1 257	1 484	1 710
100	283	393	503	644	785	958	1 131	1 335	1 539
110	257	357	457	585	714	871	1 028	1 214	1 399
120	236	327	419	537	654	798	942	1 113	1 283
130	217	302	387	495	604	737	870	1 027	1 184
140	202	280	359	460	561	684	808	954	1 100

（续表）

钢筋间距 (mm)	钢筋直径(mm)								
	6	6/8	8	8/10	10	10/12	12	12/14	14
150	188	262	335	429	524	639	754	890	1 026
160	177	245	314	403	491	599	707	834	962
170	166	231	296	379	462	564	665	785	906
180	157	218	279	358	436	532	628	742	855
190	149	207	265	339	413	504	595	703	810
200	141	196	251	322	393	479	565	668	770
210	135	187	239	307	374	456	539	636	733
220	129	178	228	293	357	436	514	607	700
230	123	171	219	280	341	417	492	581	699
240	118	164	209	268	327	399	471	556	641
250	113	157	201	258	314	383	452	534	616

式(2-34)至式(2-37)为一种钢筋代换另一种钢筋的情况,当多种规格钢筋代换时,则有:

$$\sum n_1 f_{y1} d_1^2 \leqslant \sum n_2 f_{y2} d_2^2 \tag{2-38}$$

当用两种钢筋代换原设计的一种钢筋时:

$$n_1 f_{y1} d_1^2 \leqslant n_2 f_{y2} d_2^2 + n_3 f_{y3} d_3^2 \tag{2-39}$$

当用多种钢筋代换原设计的一种钢筋时:

$$n_1 f_{y1} d_1^2 \leqslant n_2 f_{y2} d_2^2 + n_3 f_{y3} d_3^2 + n_4 f_{y4} d_4^2 + \cdots \tag{2-40}$$

式中符号意义同前,式中下标"2"、"3"、"4"、…,代表拟代换的两种或多种钢筋。

具体应用式(2-39)时,可将该式写为:

$$n_3 \geqslant \frac{n_1 f_{y1} d_1^2 - n_2 f_{y2} d_2^2}{f_{y3} d_3^2} \tag{2-41}$$

令

$$a = n_1 \frac{f_{y1} d_1^2}{f_{y3} d_3^2} \quad b = \frac{f_{y2} d_2^2}{f_{y3} d_3^2} \tag{2-42}$$

则有:

$$n_3 \geqslant a - b n_2$$

当假定一个 n_2 值时,便可得到一个相应的 n_3 值,因此应多算几种情况进行比较,以便得到一个较为经济合理的钢筋代换方案。

同样,具体应用式(2-40)时,可将该式写为:

$$n_2 \geqslant \frac{n_1 f_{y1} d_1^2 - n_3 f_{y3} d_3^2 - n_4 f_{y4} d_4^2}{f_{y2} d_2^2} \tag{2-43}$$

需要假定 n_3、n_4、…,才能根据式(2-43)计算出 n_2 值。虽然计算过程较繁琐,但也必须多算几种情况,以供比较、选择。

三、钢筋等面积代换计算

当构件按最小配筋率配筋时,钢筋可按面积相等的方法进行代换:

$$A_{s1} \leqslant A_{s2} \tag{2-44}$$

或

$$n_1 d_1^2 \leqslant n_2 d_2^2 \tag{2-45}$$

式中，A_{s1}、n_1、d_1——分别为原设计钢筋的截面面积(mm^2)、根数(根)、直径(mm)；

A_{s2}、n_2、d_2——分别为拟代换钢筋的截面面积(mm^2)、根数(根)、直径(mm)。

四、冷轧扭钢筋代换计算

当结构构件采用冷轧扭钢筋(Ⅰ型)代换 HPB235 级钢筋时，其截面面积应按下式计算：

$$A_s = 0.583 A_1 \tag{2-46}$$

式中，A_s——冷轧扭钢筋截面面积(mm^2)；

A_1——HPB235 级钢筋截面面积(mm^2)。

冷轧扭钢筋与 HPB235 级钢筋单根抗拉强度设计值可按表 2-16 选用。每米板宽 HPB235 级钢筋改用冷轧扭钢筋(Ⅰ型)代换，可按表 2-17 选用。

表 2-16 冷轧扭钢筋与 HPB235 级钢筋单根抗拉强度设计值

HPB235 级钢筋			冷轧扭钢筋(Ⅰ型)		
直径 $d(\text{mm})$	截面面积 $A_s(\text{mm}^2)$	单根钢筋抗拉强度设计值(kN)	标准直径 $d(\text{mm})$	截面面积 $A_s(\text{mm}^2)$	单根钢筋抗拉强度设计值(kN)
8	50.3	10.56	6.5	29.5	10.62
10	78.5	16.49	8	45.3	16.31
12	113.1	23.75	10	68.3	24.59
14	153.9	32.32	12	93.3	33.59
16	201.0	42.22	14	132.7	47.77

表 2-17 每米板宽 HPB235 级钢筋改用冷轧扭钢筋(Ⅰ型)代换

HPB235 级钢筋			冷轧扭钢筋		
直径(mm)	间距(mm)	面积(mm^2)	标准直径(mm)	间距(mm)	面积(mm^2)
6.5	100	332	6.5	150	197
	150	221		200	148
	200	166		300	98
	250	132		—	—
	300	110		—	—

（续表）

HPB235 级钢筋			冷轧扭钢筋		
直径(mm)	间距(mm)	面积(mm²)	标准直径(mm)	间距(mm)	面积(mm²)
8	100	503	6.5	100	295
	150	335		150	197
	200	252		200	148
	250	201		250	118
	300	166		300	98
10	100	785	8	100	453
	150	524		150	302
	200	393		200	227
	250	314		250	181
	300	262		300	151
12	100	1 131	10	100	683
	150	754		150	455
	200	565		200	342
	250	452		250	273
	300	373		300	228
14	100	1 539	12	100	933
	150	1 026		150	622
	200	770		200	467
	250	616		250	373
	300	513		300	311

五、钢筋代换应注意事项

钢筋代换时，必须充分了解设计意图和代换材料性能，并严格遵守现行混凝土结构设计规范的各项规定；凡重要结构中的钢筋代换，应征得设计单位同意。

（1）对某些重要构件，如吊车梁、薄腹梁、桁架下弦等，不宜用 HPB235 级光圆钢筋代替 HRB335 级和 HRB400 级带肋钢筋。

（2）钢筋代换后，应满足配筋构造规定，如钢筋的最小直径、间距、根数、锚固长度等。

（3）同一截面内，可同时配有不同种类和直径的代换钢筋，但每根钢筋的拉力差不应过大（如同品种钢筋的直径差值一般不大于 5 mm），以免构件受力不匀。

（4）梁的纵向受力钢筋与弯起钢筋应分别代换，以保证正截面与斜截面的强度。

(5)偏心受压构件(如框架柱、有吊车的厂房柱、桁架上弦等)或偏心受拉构件作钢筋代换时,不取整个截面配筋量计算,应按受力面(受压或受拉)分别代换。

(6)当构件受裂缝宽度控制时,如以小直径钢筋代换大直径钢筋,以强度等级低的钢筋代替强度等级高的钢筋,则可不做裂缝宽度验算。

六、钢筋代换后对构件截面有效高度的影响

钢筋代换后,有时由于受力钢筋直径加大或根数增多而需要增加排数,则构件截面的有效高度 h_0 减小,截面强度降低。通常对这种影响可凭经验适当增加钢筋面积,然后再复核截面强度。

对矩形截面的受弯构件,可根据弯矩相等,按下式复核截面强度。

$$N_2\left(h_{02}-\frac{N_2}{2f_c b}\right)\geqslant N_1\left(h_{01}-\frac{N_1}{2f_c b}\right) \tag{2-47}$$

式中,N_1——原设计的钢筋拉力,$N_1=A_{s1}f_{y1}$;

A_{s1}——原设计钢筋的截面面积;

f_{y1}——原设计钢筋的抗拉强度设计值;

N_2——代换钢筋拉力,同上;

h_{01}——原设计钢筋的合力点至构件截面受压边缘的距离;

h_{02}——代换钢筋的合力点至构件截面受压边缘的距离;

f_c——混凝土的抗压强度设计值,对 C20 混凝土为 9.6 N/mm²,对 C25 混凝土为 11.9 N/mm²,对 C30 混凝土为 14.3 N/mm²;

b——构件截面宽度。

七、钢筋代换的质量问题及防治

1. 随意用大直径钢筋代替小直径钢筋

(1)质量问题

在钢筋混凝土结构构件的施工过程中,由于所购置的钢筋缺少设计图中所要求的钢筋种类、级别或规格时,随意用大直径的钢筋代替小直径的钢筋,结果违背钢筋代换的基本原则,有可能造成代换的钢筋受拉承载力达不到设计值,严重影响钢筋混凝土结构的质量,甚至造成质量事故,带来安全隐患。

(2)原因分析

1)出现以上质量问题的原因,主要是对钢筋代换的基本原则未掌握,不是用等强度代换的方法选用钢筋,而是用强度等级较低的粗钢筋代替强度等级较高的细钢筋。

2)在钢筋工程正式施工前,设计人员未对具体操作人员进行技术交底,施工者不明白钢筋代换的具体要求,在某种钢筋品种、规格不齐全的情况,盲目地用一种钢筋代换另一种钢筋。

(3)防治措施

当钢筋的品种、级别或规格需要变更时,应办理设计变更文件。当需要以其他钢筋进行代换时,必须征得设计单位同意,并应符合下列要求:

1)不同种类钢筋的代换,应按钢筋受拉承载力设计值相等的原则进行。代换后应满足钢筋混凝土结构设计规范中有关间距、锚固长度、最小钢筋直径、根数等方面的要求。

2)当有抗震要求的框架钢筋需代换时,除应符合以上规定外,不宜以强度等级较高的钢筋代替原设计中的钢筋;对于重要的受力结构,不宜用 HPB235 级光圆钢筋代换 HRB335 级、HRB400 级变形钢筋。

3)梁的纵向受力钢筋与弯起钢筋应分别代换,以保证正截面与斜截面的强度。偏心受压构件(如有吊车的厂房柱、框架柱等)或偏心受拉构件进行钢筋代换时,不取整个截面配筋量计算,应按受力面(受拉或受压)分别代换。

4)当构件受到抗裂、裂缝宽度或挠度控制时,钢筋代换确定后,应重新进行刚度、裂缝等的验算。

5)对于重要的受力构件,不宜用Ⅰ级光面钢筋代换变形(带肋)钢筋;预制构件的吊环,必须采用未经冷拉的 HPB235 级钢筋制作,严禁以其他钢筋代换。

6)钢筋级别对结构构件延性影响很大,我国生产的Ⅰ、Ⅱ、Ⅲ级钢筋的塑性较好,因此在有抗震要求的框架结构钢筋代换时,梁和柱的钢筋宜采用Ⅱ、Ⅲ级钢筋,但不宜以强度等级较高的钢筋代替原设计中的钢筋;如果必须代换时,其代换钢筋检验所得的抗拉强度实测值与屈服强度标准值的比值不应小于 1.25,钢筋的屈服强度实测值与钢筋的强度标准值的比值,当按一级抗震设计时,不应大于 1.25;当按二级抗震设计时,不应大于 1.40。

7)为达到代换钢筋数量合理、经济,代换后的钢筋用量不宜大于原设计用量的 5%,也不得低于原设计用量的 2%。

2. 箍筋代换后截面不足

(1)质量问题

由于钢筋原材料某品种或规格的数量不足,而用其他品种或规格的钢筋进行代换,在绑扎梁钢筋时检查被代换的箍筋根数,发现代用的钢筋不符合要求,其中最严重的是截面面积不足(根据箍筋和间距计算结果)。

(2)原因分析

1)在钢筋加工配料单中只是标明了箍筋的根数,而未说明如果箍筋钢筋不足时如何进行代换,使操作人员没有代换的依据。

2)配料时对横向钢筋作钢筋规格代换,通常是箍筋和弯起钢筋结合考虑,如果单位长度内的箍筋全截面面积比原设计的面积小,说明配料时考虑了弯起钢筋的加大。有时由于钢筋加工中的疏忽,容易忘记按照加大的弯起钢筋填写配料单,这样,在弯起钢筋不变的情况下,意味着箍筋截面不足。

(3)预防措施

1)在钢筋配料时,作横向钢筋代换后,应立即重新填写箍筋和弯起钢筋配料单,要详细说明代换的具体情况,向操作人员进行技术交底,以便正确代换。

2)在进行钢筋骨架绑扎前,要对钢筋施工图、配料单和实物进行三对照,发现问题时及时向有关人员报告,以便采取措施处理。

（4）处理方法

1）如果箍筋代换后出现截面不足现象，在骨架尚未绑扎前可增加所缺少的箍筋，以满足截面面积的要求。

2）如果钢筋骨架已绑扎完毕，则将绑扎好的箍筋松扣，按照设计要求重新布置箍筋的间距进行绑扎。

第三章

钢筋加工施工技术

第一节 钢筋的切断与弯曲成型

一、钢筋的切断工艺

1. 钢筋切断机的种类

钢筋下料时必须按钢筋下料长度切断。钢筋切断可采用钢筋调直切断机,也可采用钢筋切断机或手动切断器。

手动切断器只是用于切断直径小于 16 mm 的钢筋;钢筋切断机可切断直径40 mm 的钢筋。钢筋切断机按工作原理不同,可分为凸轮式和曲柄连杆式;按传动方式不同,可分为液压式和机械式;按结构形式不同,可分为手持式、立式、卧式和颚剪式。

常用的机械式钢筋切断机的型号有:GQ25 型、GQ32 型、GQ40 型和 GQ50 型等;液压式钢筋切断机的型号有:DYJ-32 型、SYJ-16 型、GQ-12 型、GQ-20 型等。

常用机械式钢筋切断机的主要技术性能见表 3-1;常用液压式钢筋切断机的主要技术性能见表 3-2。

表 3-1 常用机械式钢筋切断机的主要技术性能

技术参数名称	切断机型号				
	GQL40	GQ40	GQ40A	GQ40B	GQ50
切断钢筋直径(mm)	6~40	6~40	6~40	6~40	6~50
切断次数(次/min)	38	40	40	40	30
电动机型号	Y100L2-4	Y100L-2	Y100L-2	Y100L-2	Y132S-4
功率(kW)	3	3	3	3	5.5
转速(r/min)	1 420	2 880	2 880	2 880	1 450

（续表）

技术参数名称	切断机型号				
	GQL40	GQ40	GQ40A	GQ40B	GQ50
外形尺寸:长(mm)	685	1 150	1 395	1 200	1 600
宽(mm)	575	430	556	490	695
高(mm)	984	750	780	570	915
整机质量(kg)	650	600	720	450	950

表 3-2　常用液压式钢筋切断机的主要技术性能

类型		电动	手动	手持	
型号		DYJ-32	SYJ-16	GQ-12	GQ-20
切断钢筋直径(mm)		8～32	16	6～12	6～20
工作总压力(kN)		320	80	100	150
活塞直径(mm)		95	36	—	—
最大行程(mm)		28	30	—	—
液压泵柱塞直径(mm)		12	8	—	—
单位工作压力(MPa)		45.5	79	34	34
液压泵输油率(L/min)		4.5	—	—	—
压杆的长度(mm)		—	438	—	—
压杆作用力(N)		—	220	—	—
贮油量(kg)		—	35	—	—
电动机	型号	Y 型		单相串激	单相串激
	功率(kW)	3.0	—	0.567	0.750
	转速(r/min)	1 440	—	—	—
外形尺寸	长度(mm)	889	680	367	420
	宽度(mm)	396	—	110	218
	高度(mm)	398	—	185	130
总重量(kg)		145	6.5	7.5	14

　　2. 钢筋切断机的构造及工作原理

　　(1)机械卧式钢筋切断机

　　机械卧式钢筋切断机的基本构造:机械卧式钢筋切断机主要由电动机、传动系统、减速机构、曲轴机构、机体和切断刀等组成,其基本构造如图 3-1 所示。机械卧式钢筋切断机适用于切断 6～40 mm 的普通碳素钢筋。

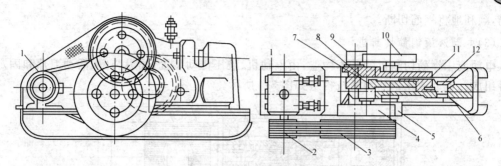

图 3-1　机械卧式钢筋切断机的构造示意图

1—电动机；2、3—V 带；4、5、9、10—减速齿轮；6—固定刀片；
7—连杆；8—曲柄轴；11—滑块；12—活动刀片

　　机械卧式钢筋切断机的工作原理：它由电动机驱动，通过 V 带轮、圆柱齿轮减速带动偏心轴旋转；在偏心轴上装有连杆，连杆带动滑块和活动刀片在机座的滑道中往复运动，并和固定在机座上的固定刀片相配合剪切钢筋。机械卧式钢筋切断机的工作原理如图 3-2 所示。

　　切断机上所用的固定刀片和活动刀片，应选用碳素工具钢并经热处理制成，以满足切断普通碳素钢筋的要求。固定刀片和活动刀片之间的间隙为 0.5～1 mm，在刀口的两侧机座上应装有两个挡料架，以减少钢筋的摆动。

　　(2)机械立式钢筋切断机

　　机械立式钢筋切断机的基本构造：主要由电动机、离合器操纵杆、活动刀片、固定刀片、电气开关和压料机构等组成，如图 3-3 所示。

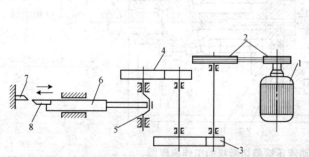

图 3-2　机械卧式钢筋切断机的工作原理图

1—电动机；2—带轮；3、4—减速齿轮；5—偏心轴；
6—连杆；7—固定刀片；8—活动刀片

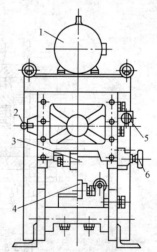

图 3-3　机械立式钢筋切断机的构造

1—电动机；2—离合器操纵杆；3—活动刀片；
4—固定刀片；5—电气开关；6—压料机构

　　机械立式钢筋切断机的工作原理：由电动机的动力通过一对带轮驱动飞轮轴，经过三级齿轮减速后，再通过滑键离合器驱动偏心轴，实现活动刀片的往返运动，与固定刀片配合将钢筋切断。

　　离合器是由手柄控制其结合和脱离的，从而操纵活动刀片的上下运动。压料装置是通过手轮旋转，从而带动一对具有内梯形螺纹的斜齿轮使螺杆上下移动，从而可以压紧不同直径的钢筋,顺利地将钢筋切断。

(3)电动液压钢筋切断机

电动液压钢筋切断机的基本构造:由电动机、液压传动装置、操纵装置、活动刀片和固定刀片等组成。电动液压钢筋切断机构造如图 3-4 所示。

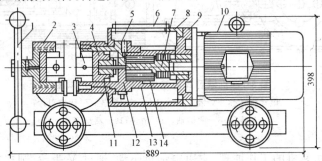

图 3-4　电动液压钢筋切断机的构造示意图
1—手柄;2—支座;3—主刀片;4—活塞;5—放油阀;
6—观察玻璃;7—偏心轴;8—油箱;9—连接架;10—电动机;
11—皮碗;12—液压缸体;13—液压泵缸;14—柱塞

电动液压钢筋切断机的工作原理:其原理如图 3-5 所示。电动机带动偏心轴旋转,偏心轴的偏心面推动和它接触的柱塞进行往返运动,使柱塞泵产生高压油压入液压缸体内,压力推动液压缸内的活塞,驱使活动刀片前进,活动刀片与固定在支座上的固定刀片交错,以较大的剪切力切断钢筋。

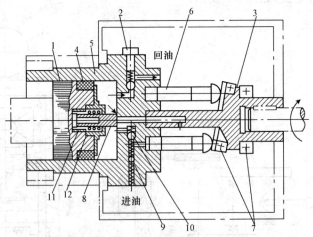

图 3-5　电动液压钢筋切断机的工作原理图
1—活塞;2—放油阀;3—偏心轴;4—皮碗;
5—液压缸体;6—柱塞;7—推力轴承;8—主阀;
9—吸油球阀;10—进油球阀;11—小回位弹簧;12—大回位弹簧

(4)手动液压钢筋切断机

手动液压钢筋切断机的基本构造:手动液压钢筋切断机如图 3-6 所示,属于一种机体较小、使用方便、搬运灵活的机具,但由于工作压力较小,一般只能切断直径 16 mm 以下的钢筋。

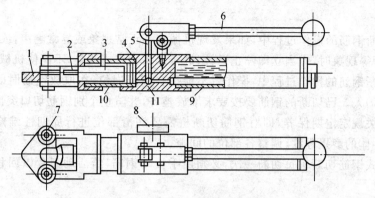

图 3-6　手动液压钢筋切断机的构造

1—滑轨；2—刀片；3—活塞；4—缸体；5—柱塞；6—压杆；
7—拔销；8—放油阀；9—贮油筒；10—回位弹簧；11—吸油阀

手动液压钢筋切断机的工作原理：先将放油阀按顺时针方向旋紧，揿动压柱，柱塞即提升，吸油阀被打开，液压进入油室；提起压杆，液压油被压缩进入缸体的内腔，从而推动活塞前进，安装在活塞前端的活动刀片可将钢筋切断，钢筋切断后立即按逆时针方向旋开放油阀，在复位弹簧的作用下，压力油又流回油室，活动刀片便自动缩缸内。如此反复进行，便可按要求切断所需要的钢筋。

3. 钢筋切断机的操作要点

（1）使用前应当认真检查刀片安装是否牢固，两刀片的间隙是否在 0.5～1 mm 范围内，电气设备是否正常，所有零件是否拧紧，经过空车试运转正常后，方可使用。

（2）对于新投入使用的钢筋切断机，应先切断直径较细的钢筋，视察运转一切正常后再切断直径较大的钢筋，这样以利于设备的磨合。

（3）在切断钢筋时，必须要握紧切断的钢筋，以防止钢筋末端摆动或弹出伤人。在切断短钢筋时，靠近刀片的手和刀片之间的距离应大于 150 mm。不允许用手直接送料，如果手握一端长度小于 400 mm 时，应当用套管或钳子夹住短钢筋送料，以防止钢筋弹出伤人。

（4）在进行切断钢筋时，必须是先调直后切断。在钢筋送料时，应在活动刀片退离固定刀片时进行，钢筋应放在刀刃的中部，并垂直于切断刀口。

（5）在切断机运转的过程中，不得对其进行修理和校正工作，不得随意取下防护罩，不得触及运转部位，不得将手放在刀刃切断位置，不得用手抹擦和嘴吹的方式清理铁屑，上述一切工作均必须在停机后进行。

（6）在切断钢筋的操作过程中，钢筋摆动周围和刀片附近，非操作人员不可停留。切断长料时，要注意钢筋摆动的方向，防止钢筋伤人。

（7）严格执行钢筋切断机的操作规程，禁止切断规定范围以外的钢筋和其他材料，也不允许切断烧红的钢筋及超过刀刃硬度的材料。

（8）当一次切断多根钢筋时，其总截面面积应在规定的范围以内。当切断低合金钢等特种钢筋时，应随时更换相应的高硬度刀片。

（9）钢筋切断作业完毕后，应及时清除刀具和刀具下边的杂物，并清洁切断机的机体；认真检查各部螺栓的紧固程度及三角皮带的松紧度；调整活动刀片与固定刀片之间的空隙，更换磨钝的刀片。

(10)在切断钢筋的操作过程中,如果发现机械有不正常现象或异常响声,或者出现刀片歪斜、间隙不合理等现象时,应当立即停止运转,进行认真检修或调整,不能使机械带病运转。

(11)在切断钢筋的操作过程中,操作者不能擅自离开岗位,在取放钢筋时既要注意自己,也要注意周围的人。已切断的钢筋要按要求堆放整齐,并防止个别钢筋切口突出,将人割伤。

(12)按有关规定定期保养,即对钢筋切断机需要润滑部位进行周期性维修保养;检查齿轮、轴承及偏心体的磨损程度,调整各部位的间隙。

(13)液压式钢筋切断机每切断一次,必须用手扳动钢筋,给活动刀片以回程压力,这样才能继续工作。

二、钢筋的弯曲工艺

1. 钢筋弯曲机的种类

钢筋按计算的下料长度切断后,应按钢筋设计图纸、弯曲设备特点、钢筋直径、弯曲角度等进行画线,以便弯曲成设计的尺寸和形状。当弯曲钢筋两边对称时,画线工作宜从钢筋中线开始向两边进行;当钢筋的弯曲形状比较复杂时,可先画出钢筋设计的实样,然后再照样进行弯曲。

钢筋弯曲宜采用钢筋弯曲机或钢箍弯曲机;当钢筋直径小于 25 mm 时,少量的钢筋弯曲,也可以采用人工扳钩进行弯曲。钢筋弯曲机按传动方式,可分为机械式和液压式;按工作原理,可分为蜗轮蜗杆式和齿轮式;按结构形式,可分为台式和手持式。

在建筑工程上常用的钢筋弯曲机械,主要是钢筋弯曲机和钢箍弯曲机,其主要技术性能分别见表 3-3 和表 3-4。

表 3-3　钢筋弯曲机的主要技术性能

技术参数名称		弯曲机型号				
		GW32	GW32A	GW40	GW40A	GW50
弯曲钢筋直径(mm)		6～32	6～32	6～40	6～40	25～50
钢筋抗拉强度(MPa)		450	450	450	450	450
弯曲速度(r/min)		10/20	8.8/16.7	5.0	9.0	2.5
工作盘直径(mm)		360	350	350	350	320
电动机	型　号	YEJ100L-4	YEJ100L1-4	Y100L2-4	YEJ1002-4	Y112M-4
	功率(kW)	2.2	4.0	3.0	3.0	4.0
	转速(r/min)	1 420	1 420	1 420	1 420	1 420
外形尺寸	长(mm)	875	1 220	1 360	1 050	1 450
	宽(mm)	615	1 010	865	760	800
	高(mm)	945	865	740	828	760
整机质量(kg)		340	755	400	450	580

表 3-4 钢箍弯曲机的主要技术性能

技术参数名称	弯箍弯曲机型号			
	SGWK8B	GJG4/10	GJG4/12	LGW60Z
弯曲钢筋直径(mm)	4~8	4~10	4~12	4~10
钢筋抗拉强度(MPa)	450	450	450	450
工作盘转速(r/min)	18	30	18	22
电动机 型 号	Y112M-6	Y100L1-4	YA100-4	—
电动机 功率(kW)	2.2	2.2	2.2	3.0
电动机 转速(r/min)	1 420	1 430	1 420	1 420
外形尺寸 长(mm)	1 560	910	1 280	2 000
外形尺寸 宽(mm)	650	710	810	950
外形尺寸 高(mm)	1 550	860	790	950

2. 钢筋弯曲机的构造与工作原理

(1)蜗轮蜗杆式钢筋弯曲机

蜗轮蜗杆式钢筋弯曲机的基本构造:其构造比较简单,主要由机架、电动机、传动装置、工作机构和控制系统等组成。其中工作机构是钢筋成型的主要机构,包括工作盘、插入座、夹持器、转轴等。为便于弯曲机的移动和运输,在机架的下部装有行走轮。蜗轮蜗杆式钢筋弯曲机的主要构造如图 3-7 所示。

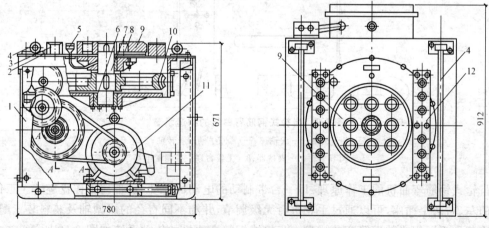

图 3-7 蜗轮蜗杆式钢筋弯曲机构造示意图

1—机架;2—工作台;3—插座;4—滚轴;5—油杯;6—蜗轮箱;7—工作主轴;
8—立轴承;9—工作盘;10—蜗轮;11—电动机;12—孔眼条板

蜗轮蜗杆式钢筋弯曲机的工作原理:电动机的动力经 V 带轮、两对直齿轮及蜗轮蜗杆减速后,带动工作盘进行旋转;在工作盘上设有9个轴孔,中心孔用来插放中心轴,周围8个孔用来插放成型轴和轴套。在工作盘外的两侧还有插入座,各设有6个孔,用来插入挡铁轴。为了便于钢筋的移动,各工作台的两边还设有送料辊。

在进行钢筋弯曲时,根据钢筋需要弯曲的形状,将钢筋平放在工作盘中心轴和相应的成形轴之间,以及挡铁轴的内侧。当工作盘转动时,钢筋的一端被挡铁轴阻止不能转动,中心轴的位置不变,成型轴绕着中心轴做圆弧转动,将钢筋推弯曲,直至钢筋的设计形状。钢筋的弯曲过程如图3-8所示。

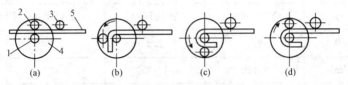

图3-8　钢筋弯曲过程示意图

(a)装料;(b)弯90°;(c)弯180°;(d)回位

1—中心轴;2—成形轴;3—挡轴;4—工作盘;5—钢筋

(2)齿轮式钢筋弯曲机

齿轮式钢筋弯曲机的基本构造:主要由机架、电动机、齿轮减速器、工作机构和电气控制系统等组成。它改变了传统的蜗轮蜗杆的传动方式,并增加了角度自动控制机构及制动装置,操作更加方便,生产效率提高。齿轮式钢筋弯曲机的构造如图3-9所示。

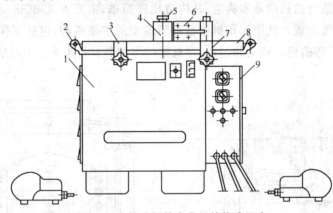

图3-9　齿轮式钢筋弯曲机的构造示意

1—机架;2—滚轴;3、7—紧固手柄;4—转轴;

5—调节手轮;6—夹持器;8—工作台;9—控制配电箱

齿轮式钢筋弯曲机的工作原理:以一台带制动的电动机为动力,带动工作盘旋转。工作机构中的左、右两个插座,可以通过手轮进行无级调节,并和不同直径的成型轴及装料装置配合,能适应各种不同规格的钢筋弯曲成型。齿轮式钢筋弯曲机的传动系统如图3-10所示。

钢筋弯曲角度的控制,是由自动控制机构和几个长短不一的限位销子相互配合而实现的。当钢筋被弯曲到预定的角度,限位销子触及行程开关,使电动机停机并反向旋转,恢复到原来位置,则完成一个钢筋弯曲工序。此外,电气控制系统还具有点动、自动状态、双向控制、瞬时制动、事故急停及系统短路保护、电动机过热保护等功能。

（3）钢筋弯箍机

钢筋弯箍机的基本构造：钢筋弯箍机的构造如图 3-11 所示。钢筋弯箍机是在钢筋弯曲机的基础上，经过改进而制成的适用于加工钢筋钢箍的一种专用机械，弯制箍筋特别方便，尤其是弯曲角度可以任意调节，适用于各种箍筋的弯制。

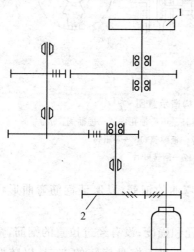

图 3-10　齿轮式钢筋弯曲机的传动系统

1—工作盘；2—减速器

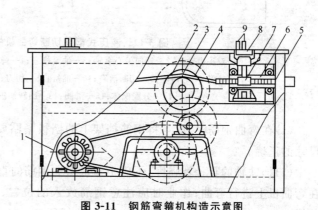

图 3-11　钢筋弯箍机构造示意图

1—电动机；2—偏心圆盘；3—偏心铰；4—连杆；5—齿条；
6—滑道；7—正齿条；8—工作盘；9—心轴和成型轴

钢筋弯箍机的工作原理：电动机的动力通过一双带轮和两对直齿轮减速使偏心圆盘转动。偏心圆盘通过偏心铰带动两个连杆，每个连杆又铰接着一根齿条，这样齿条沿滑道做往复直线运动。齿条又带动齿轮使工作盘在一定角度内做往复回转运动。在工作盘上有两个轴孔，中心孔插入中心轴，另一孔插入成型轴。当工作盘转动时，中心轴和成型轴都会转动。它与钢筋弯曲机一样，能将钢筋弯曲成所需的箍筋。

（4）液压式钢筋切断弯曲机

液压式钢筋切断弯曲机的基本构造：由液压传动系统、切断机动、弯曲机构、电动机、机体等组成。液压式钢筋切断弯曲机的构造如图 3-12 所示。

液压式钢筋切断弯曲机的工作原理：由一台电动机带动两组柱塞式液压泵，一组推动切断用活塞，从而将钢筋切断，另一组驱动回转液压缸，带动弯曲工作盘旋转，从而将钢筋弯曲。

3. 钢筋弯曲机的操作要点

（1）根据钢筋弯曲加工的要求，钢筋弯曲直径是钢筋直径的不同倍数，不同直径的钢筋其弯曲直径也不能相同，弯曲时应根据钢筋直径来选用相应规格的中心轴。一般中心轴的直径应是钢筋直径的 2.5～3 倍，钢筋在中心轴和成型轴间的空隙不应超过 2 mm。

（2）为了适应钢筋直径与中心轴直径的变化，应在成型轴上加上一个偏心套，以调节中心轴、成型轴和钢筋三者之间的间隙。

（3）在弯曲直径为 20 mm 以下的钢筋时，应在插入座上放置挡料架（即挡铁轴），并应设置轴套，以便弯曲过程中消除钢筋和挡料架之间的摩擦。

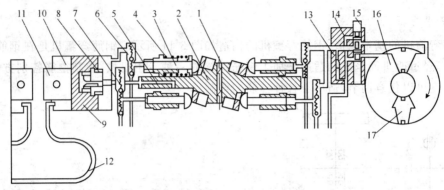

图 3-12　液压式钢筋切断弯曲机的构造示意图

1—双头电动机；2—轴向偏心泵轴；3—油泵柱塞；4—弹簧；5—中心油孔；6、7—进油阀；

8—中心阀柱；9—切断活塞；10—油缸；11—切刀；12—板弹簧；13—限压阀；

14—分配阀体；15—滑阀；16—回转油缸；17—回转叶片

（4）在弯曲钢筋时，应当将钢筋挡架上的挡板紧贴要弯曲的钢筋，以保证钢筋弯曲形状和尺寸的正确。

（5）挡铁轴的直径和强度，不应小于被弯曲钢筋的直径和强度；没有经过拉直的钢筋，禁止在弯曲机上进行弯曲；作业时应注意钢筋放入的位置、长度和工作盘旋转的方向，以防发生差错。

（6）在正式弯曲钢筋前，首先应进行空载试运转，运转中应无卡滞、异响声，各操作按钮灵活可靠；试运转合格后再进行负载试验，先弯曲小直径的钢筋，再弯曲较大直径的钢筋，确认一切运行正常后，方可投入正式弯曲。

（7）为保证钢筋弯曲质量和施工安全，钢筋弯曲机应由专人操作，其他无关人员不得随意操作。严禁在弯曲钢筋的作业半径内和机身不设固定销的一侧站人。弯曲好的半成品应及时整理并堆放整齐，弯头不要朝上。

（8）在钢筋弯曲的操作中，不允许更换弯曲附件（如中心轴、成型轴等），任何检修工作必须在停机后进行。

（9）在钢筋弯曲的操作中，要根据弯曲钢筋的直径更换配套齿轮，以便调整工作盘（主轴）的转速。当钢筋直径小于 18 mm 时取高速，钢筋直径为 18～32 mm 时取中速，钢筋直径大于 32 mm 时取低速。一般工作盘（主轴）常放在低速上，以便弯曲在直径允许范围内的所有钢筋。

（10）为使新钢筋弯曲机正常磨合，在开始使用的 3 个月内，一次最多弯曲的钢筋根数应不超过表 3-5 中的数值，最大弯曲钢筋的直径应不超过 25 mm。

表 3-5　不同转速弯曲机的钢筋弯曲根数

钢筋直径 (mm)	工作盘（主轴）转速（r/min）			钢筋直径 (mm)	工作盘（主轴）转速（r/min）		
	3.7	7.2	14		3.7	7.2	14
	可弯曲的钢筋根数				可弯曲的钢筋根数		
6	—	—	6	8	—	—	5

（续表）

钢筋直径 (mm)	工作盘（主轴）转速(r/min)			钢筋直径 (mm)	工作盘（主轴）转速(r/min)		
	3.7	7.2	14		3.7	7.2	14
	可弯曲的钢筋根数				可弯曲的钢筋根数		
10	—	—	5	19	3	—	不能弯曲
12	—	5	—	27	2	不能弯曲	不能弯曲
14	—	4	—	32～40	1	不能弯曲	不能弯曲

（11）每次在钢筋弯曲后，应当及时清除铁锈和杂物等，检查机械的运转和部件磨损情况，并定期进行维修和保养。

（12）钢筋弯曲作业结束后，首先要将倒顺开关扳到零位，并立即切断电源，这是使钢筋弯曲机的规定，也是确保安全的良好习惯。

（13）钢筋加工的允许偏差应符合表 3-6 中的要求。

表 3-6　钢筋加工的允许偏差

项　　目	允许偏差(mm)
受力钢筋顺长度方向全长的净尺寸	±10
弯起钢筋的弯折位置	±20
箍筋内的净尺寸	±5

三、钢筋的安装工艺

1. 钢筋绑扎与安装的方法和要求

在钢筋绑扎和安装之前，应首先熟悉施工图纸，核对成品钢筋的级别、直径、形状、尺寸和数量等，与钢筋配料单、挂牌是否相符，并研究钢筋安装的顺序、方法和有关工种的配合，确定施工方法，同时准备绑扎用的铁丝、工具和绑扎架等。

钢筋绑扎的程序：画线→摆筋→穿箍→绑扎→安装混凝土块等。在进行钢筋画线时，应注意钢筋的间距、数量，标明加密箍筋的位置。板构件摆筋顺序一般是先排主钢筋后排辅助钢筋；梁构件一般是先排纵向钢筋。在排放钢筋中，有焊接接头和绑扎接头的钢筋应符合规范的规定；有变截面的箍筋，应事先将箍筋排列清楚，然后再安装纵向钢筋。

（1）钢筋绑扎应符合的规定

1）凡是钢筋的交叉点，必须用铁丝将其扎牢。

2）板和墙的钢筋网片，除靠外周两行钢筋的相交点全部扎牢外，中间部分的相交点可以间隔交错扎牢，但必须保证受力钢筋不发生位移。双向受力的钢筋网片，必须全部扎牢。

3）梁和柱的钢筋，除设计有特殊要求外，一般情况下箍筋与受力筋应当垂直设置。箍筋弯钩叠合处，应沿受力钢筋方向错开设置。对于梁，箍筋的弯钩在梁截面左右错开 50%；对于柱，箍筋弯钩在柱四角相互错开。

4)柱中的竖向钢筋搭接时,角部钢筋的弯钩应与模板成 45°(多边形柱为模板内角的平分角;圆形的柱子应与柱模板切线垂直);中间钢筋的弯钩应与柱模板成 90°;如采用插入式振捣器浇筑小型截面柱时,弯钩与模板的角度最小不得小于 15°。

5)板、次梁与主梁交叉处,板的钢筋在上,次梁的钢筋居中,主梁的钢筋在下;当有圈梁或垫梁时,主梁的钢筋在上。

(2)钢筋搭接长度及绑扎点位置应符合的规定

1)搭接长度的末端与钢筋弯曲处的距离不得小于钢筋直径的 10 倍,也不宜位于构件最大弯矩处。

2)在受拉的区域内,HPB 级钢筋绑扎接头的末端应做弯钩,HRB335 级和 HRB400 级钢筋可以不做弯钩。

3)直径等于和小于 12 mm 的受压 HPB235 级钢筋末端以及轴心受压构件中,任意直径的受力钢筋末端,可不做弯钩,但搭接长度不应小于钢筋直径的 35 倍。

4)钢筋搭接处,都要用铁丝在搭接中心和两端扎牢,绑扎的圈数要符合要求。

5)绑扎接头的搭接长度,应根据其受力状况符合现行规范的要求。

2. 绑扎钢筋网与钢筋骨架的安装

(1)钢筋网与钢筋骨架的分段(块),应根据结构配筋的特点及起重运输能力而确定。一般钢筋网的分块面积以 6~20 m² 为宜,钢筋骨架的分段长度宜为 6~12 m。

(2)在钢筋网与钢筋骨架搬动、吊运、堆放和安装过程中,为防止由于各种因素的影响而使其发生歪斜变形,应采取适宜的临时加固措施。绑扎钢筋网的临时加固情况如图 3-13 所示。

(3)钢筋网与钢筋骨架的吊点,必须根据其尺寸、形状、重量及刚度等实际情况而确定。宽度大于 1 m 的水平钢筋网,一般宜采用四个吊点起吊;跨度小于 6 m 的钢筋骨架,一般宜采用二个吊点起吊[图 3-14(a)];跨度大、刚度差的钢筋骨架一般宜采用铁扁担(横式吊梁)四个吊点起吊[图 3-14(b)]。为了防止吊点处钢筋受力变形,可以采取兜底吊或加短钢筋。

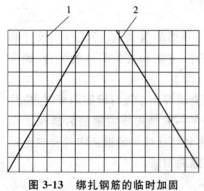

图 3-13　绑扎钢筋的临时加固

1—钢筋网;2—加固筋

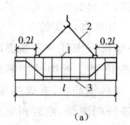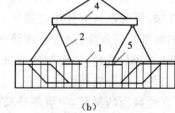

图 3-14　钢筋骨架的绑扎起吊

(a)二点绑扎;(b)采用铁扁担四点绑扎

1—钢筋骨架;2—吊索;3—兜底索;4—铁扁担;5—短钢筋

(4)焊接网和焊接骨架沿受力钢筋方向的搭接接头,应位于构件受力比较小的部位,如果承受均布荷载的简支受弯曲构件,焊接网受力钢筋接头宜放置在跨度两端各 1/4 跨长度的范围内。

(5)当受力钢筋大于或等于 16 mm 时,焊接网沿着分布钢筋方向的接头,宜辅以附加钢筋网,其每边的搭接长度不得小于 15d(d 为分布钢筋的直径),但不小于 100 mm。

3. 焊接钢筋骨架和焊接网的安装

(1)钢筋焊接网在进行运输时,应捆扎整齐、牢固,每捆的重量一般不应超过2 t,必要时应设置刚性支撑或支架。

(2)对于分期分批进场的钢筋焊接网,应当根据施工中所用时间、规格和施工要求进行堆放,并在钢筋上有明显的标志,以便对钢筋的识别和快速查找。

(3)对于两端需要插入梁体内进行锚固的焊接网,如果网片纵向钢筋较细时,可利用网片的弯曲变形性能,先将焊接网的中部向上弯曲,使其两端先后插入梁内,然后再将焊接网片铺平;当焊接网的钢筋较粗不能弯曲时,可将焊接网的一端少焊 1～2 根横向钢筋,先插入该端,然后再插入另一端,必要时可采取绑扎方法补回所减少的横向钢筋。

(4)钢筋焊接网的钢筋规格、品种、性能、搭接和构造等方面,必须符合设计要求和其他有关规定。当两张钢筋网片搭接时,在搭接中心及两端应采用铁丝绑扎牢固。

(5)在进行钢筋焊接网安装时,下部的钢筋焊接网片应设置与保护层厚度相当的水泥砂浆块或塑料卡;板的上部钢筋焊接网片应在短向钢筋两端、沿长向钢筋方向每隔 600～900 mm 设置一钢筋支墩(图 3-15)。

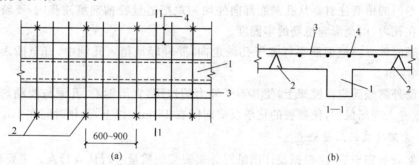

图 3-15　上部钢筋焊接网的支墩

1—梁;2—支墩;3—短向钢筋;4—长向钢筋

4. 钢筋植筋的安装

(1)钢筋植筋安装所用的胶粘剂

在建筑工程的钢筋植筋安装中,最常用的胶粘剂是喜利得 Hit-Hy150 胶粘剂,这种胶粘剂为软塑状的两个不同化学组分,分别装入两个管状箔包中,在两个箔包的端部设有特殊的连接器,然后再放入手动注射器中,扳动注射器可将两个箔包中的不同组分挤出,在连接器中相遇后,再通过混合器将两种不同化学组分混合均匀后,最终注入到所需要植筋的孔洞中。

喜利得 Hit-Hy150 胶粘剂在未混合前,两种不同的化学组分不会产生固化反应,将它们混合后就会发生化学反应,出现凝胶现象,并很快固化。这种胶粘剂凝固愈合时间随着基础材料的温度变化而变化,见表3-7。

表 3-7　胶粘剂凝固愈合时间变化

基础材料温度(℃)	凝固时间(min)	愈合时间(min)
−5	25	350

(续表)

基础材料温度(℃)	凝固时间(min)	愈合时间(min)
0	18	180
5	13	90
20	5	45
30	4	25
40	2	15

（2）钢筋植筋安装所用施工方法

1）钻孔应使用配套冲击电钻。在进行正式钻孔时,应根据设计图纸在实地进行放线;在进行钻孔时,孔洞间距与孔洞深度应满足设计要求。

2）在进行清孔时,先用吹气泵清除孔洞内的粉尘,再用清孔刷子进行清孔。为将孔内粉尘清除干净,一般要经多次才能完成。但是,不得用水进行冲洗,以免残留在孔中的水分削弱胶粘剂的作用。

3）使用专门的植筋注射器从孔洞底部向外均匀地把适量胶粘剂填注孔内,要特别注意不要将空气封在孔内,以免影响植筋的牢固度。

4）按照顺时针方向把钢筋平行置于孔洞走向,并轻轻地植入孔洞中,直至插入孔洞的底部,使胶粘剂溢出。

5）将钢筋外露端固定在模架上,使其不受外力的作用,直至钢筋、孔洞与胶粘剂三者凝结在一起,并派专人现场保护,使凝胶的化学反应时间在 15 min 以上,固化时间在 1 h 以上。

5. 钢筋骨架安装的质量检查

钢筋骨架安装完毕后,应根据设计图纸对骨架安装的质量进行认真检查。主要检查:钢筋的钢号、直径、位置、形状、尺寸、根数、间距和锚固长度等是否正确;特别要注意钢筋的位置、搭接长度及混凝土保护层厚度是否符合要求;检查钢筋绑扎是否牢固,钢筋表面是否被污染等。钢筋骨架安装质量要求及检验频度见表 3-8,钢筋骨架安装位置的允许偏差和检验方法见表 3-9。

表 3-8　钢筋骨架安装质量要求及检验频度

项目	项目内容	质量要求	检验频度
主控项目	钢筋安装要求	钢筋安装时,受力钢筋的品种、级别、规格和数量,必须符合设计要求	检查数量:全数检查; 检验方法:观察,钢尺检查
一般项目	钢筋安装允许偏差	钢筋安装位置的偏差应符合表 3-9 中的规定	检查数量:在同一检查批次内,对梁、柱和独立基础,应抽查构件数量的 10%,且不少于 3 间;对大空间结构,墙可按相邻轴线间高度 5 m 左右划分检查面,板可按纵、横轴线划分检查面,抽查 10%,且均不少于 3 面

表 3-9　钢筋骨架安装位置的允许偏差和检验方法

项　目			允许偏差(mm)	检验方法
绑扎钢筋网	长、宽		±10	钢尺检查
	网眼尺寸		±20	钢尺量连续三挡取最大值
绑扎钢筋骨架	长		±10	钢尺检查
	宽、高		±5	钢尺检查
受力钢筋	间距		±10	钢尺量两端、中间各
	排距		±5	一点,取最大值
	保护层厚度	基础	±10	钢尺检查
		柱、梁	±5	钢尺检查
		板、墙、壳	±3	钢尺检查
绑扎箍筋、横向钢筋间距			±20	钢尺量连续三挡取最大值
钢筋弯起点位置			20	钢尺检查
预埋件	中心线位置		5	钢尺检查
	水平高差		+3.0	钢尺和塞尺检查

注:(1)检查预埋件中心线位置时,应沿纵、横两个方向量测,并取其中的较大值。

(2)表中梁类、板类构件上部纵向受力钢筋保护层厚度的合格率应达到 90% 及以上,且不得有超过表中数值 1.5 倍的尺寸偏差。

钢筋工程属于隐蔽工程,在浇筑混凝土前应对钢筋及预埋件进行全面检查验收,并做好隐蔽工程施工记录,以便工程的考核和最终验收。

第二节　钢筋的调直与除锈

一、钢筋的调直

1. 钢筋的机械调直

机械调直是通过钢筋调直机实现的。钢筋调直机一般也有切断钢筋的功能,因此通称钢筋调直切断机。这类设备适用于处理冷拔低碳钢丝和直径不大于 14 mm 的细钢筋。粗钢筋也可以应用机械调直。对于工作量很大的单位,可自制调直机械,一般制成机械锤形式,用平直锤锤压弯折部位。粗钢筋也可以利用卷扬机结合冷拉工序进行调直。根据《混凝土结构工程施工质量验收规范》(GB 50204—2002,2011 版)中说明:"弯折钢筋不得调直后作为受力钢筋使用",因此粗钢筋应注意在运输、加工、安装过程中的保护,弯折后经调直的粗钢筋只能作为非受力钢筋使用。

细钢筋用的钢筋调直机有多种型号,按所能调直切断的钢筋直径区分,常用的有三种:GT1.6/4 型、GT3/8 型、GT6/12 型。工地上常用的钢筋调直机一般是 GT3/8 型,它的外形如图 3-16 所示。

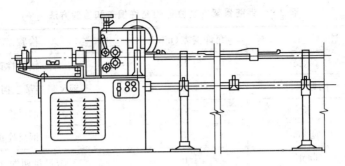

图 3-16　GT3/8 型钢筋调直机

钢筋调直机的操作要点如下：

（1）检查。每天工作前要先检查电气系统及其元件有无毛病,各种连接零件是否牢固可靠,各传动部分是否灵活,确认正常后方可进行试运转。

（2）试运转。首先从空载开始确认运转可靠之后才可以进料、试验调直和切断。首先要将盘条的端头捶打平直,然后再将它从导向套推进机器内。

（3）试断筋。为保证断料长度合适,应在机器开动后试断三四根钢筋检查,以便出现偏差能得到及时纠正(调整限位开关或定尺板)。

（4）安全要求。盘圆钢筋放入圈架上要平稳,如有乱螺纹或钢筋脱架时,必须停车处理。操作人员不能离机械过远,以防发生故障时不能立即停车造成事故。

（5）安装承料架。承料架槽中心线应对准导向套、调直筒和剪切孔槽中心线,并保持平直。

（6）安装切刀。安装滑动刀台上的固定切刀,保证其位置正确。

（7）安装导向管。在导向套前部,安装 1 根长度约为 1 m 的导向钢管,需调直的钢筋应先穿入该钢管,然后穿过导向套和调直筒,以防止每盘钢筋接近调直完毕时其端头弹出伤人。

2. 钢筋的人工调直

直径在 10 mm 以下的盘条钢筋在施工现场一般采用手工调直。对于冷拔低碳钢丝,可通过导轮牵引调直,如图 3-17 所示。如果牵引过轮的钢丝还存在局部慢弯,可用小锤敲打平直;也可以使用蛇形管调直,如图 3-18 所示。将蛇形管固定在支架上,需要调直的钢丝穿过蛇形管,用人力向前牵引,即可将钢丝基本调直,局部慢弯处可用小锤加以平直。盘条钢筋可用绞盘拉直,如图 3-19 所示。直条粗钢筋一般弯曲较缓,可就势用手扳子扳直。

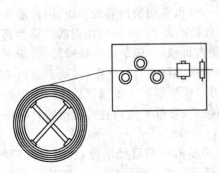

图 3-17　导轮牵引调直

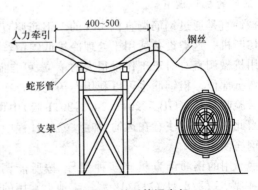

图 3-18　蛇形管调直架

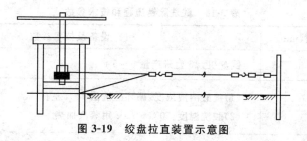

图 3-19　绞盘拉直装置示意图

二、钢筋的除锈

1. 钢筋的机械除锈

机械除锈有钢筋除锈机除锈和喷砂法除锈。钢筋除锈机除锈操作：对直径较细的盘条钢筋，通过冷拉和调直过程自动去锈；粗钢筋采用圆盘钢丝刷除锈机除锈。

钢筋除锈机有固定式和移动式两种，一般由钢筋加工单位自制，是由动力带动圆盘钢丝刷高速旋转来清刷钢筋上的铁锈。

固定式钢筋除锈机一般安装一个圆盘钢丝刷，如图 3-20 所示。为提高效率，也可将两台除锈机组合，如图 3-21 所示。

喷砂法除锈操作：主要是用空气压缩机、储砂罐、喷砂管、喷头等设备，利用空气压缩机产生的强大气流形成高压砂流除锈，适用于大量除锈工作，除锈效果好。

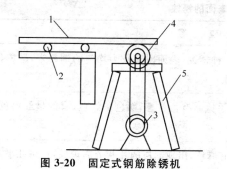

图 3-20　固定式钢筋除锈机

1—钢筋；2—攘道；3—电动机；4—钢丝刷；5—机架子

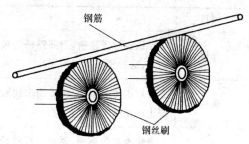

图 3-21　组合后的除锈机

2. 钢筋的人工除锈

人工除锈的常用方法一般是：用钢丝刷、砂盘、麻袋布等轻擦或将钢筋在砂堆上来回拉动除锈。砂盘除锈示意图如图 3-22 所示。

3. 酸洗法除锈

当钢筋需要进行冷拔加工时，用酸洗法除锈。酸洗除锈是将盘圆钢筋放入硫酸或盐酸溶液中，经化学反应除去铁锈。但在酸洗除锈前，通常先进行机械除锈，这样可以缩短 50% 酸洗时间，节约 80% 以上的酸液。酸洗除锈流程和技术参数见表 3-10。

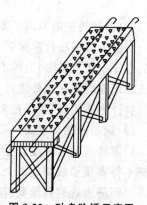

图 3-22　砂盘除锈示意图

表 3-10　酸洗除锈流程和技术参数

工序名称	时间(min)	设备及技术参数
机械除锈	5	倒盘机,φ6 台班产量 5～6 t
酸洗	20	(1)硫酸溶液浓度:循环酸洗法 15%左右 (2)酸洗温度:50℃～70℃用蒸汽加热
清洗及除锈	30	压力水冲洗 3～5 min,清水淋洗 20～25 min
沾石灰肥皂浆	5	(1)石灰肥皂浆配制:石灰水 100 kg,动物油 15～20 kg,肥皂粉3～4 kg,水 350～400 kg。 (2)石灰肥皂浆温度,用蒸汽加热
干燥	120～240	阳光自然干燥

在除锈过程中发现钢筋表面的氧化铁皮鳞落现象严重并损伤钢筋截面,或在除锈后钢筋表面有严重的麻坑、斑点伤蚀截面时,应降级使用或剔除不用。

4. 钢筋锈蚀的原因及防治

(1)钢筋表面产生锈蚀是最常见的一种质量问题,根据锈蚀的程度不同,钢筋的锈蚀主要有浮锈、陈锈和老锈(表 3-11)。

表 3-11　钢筋表面的锈蚀

项目	内　容
浮锈	浮锈也称为轻锈,钢筋浮锈是最轻的一种锈蚀,表面附有较为均匀的细粉末,呈黄色或淡红色,这种锈蚀对钢筋混凝土无大的影响
陈锈	陈锈也称为中锈,锈迹粉末比较粗,用手捻略有微粒感,颜色呈红色,有的呈红褐色,对混凝土的粘结有一定影响
老锈	老锈也称为重锈,锈斑比较明显,表面有麻坑,出现起层的片状分离现象,锈斑几乎遍及整根钢筋表面;颜色呈深褐色,严重的接近黑色

(2)钢筋锈蚀的原因主要包括以下几点:

1)由于对钢筋材料保管不良,受到雨、雪或其他物质的侵蚀,很容易出现锈蚀;或者存放钢筋的仓库中环境潮湿,通风不良,也会使钢筋出现锈蚀。

2)钢筋需要在室外进行存放时,其表面未用防水防潮材料覆盖,从而使钢筋锈蚀;或者钢筋进料计划不周,因数量过多而存放期过长,长期存放在空气中产生氧化。

(3)钢筋原材料表面出现锈蚀的主要预防及防治措施包括以下几点:

1)钢筋进场后应注意妥善保管,存放在仓库或料棚内,并要保持存放空间和地面的干燥;钢筋不得直接堆放在地面上,必须用混凝土墩、砖垛或方木垫起,使其离开地面 200 mm 以上。

2)钢筋进场的数量要进行计算确定,钢筋的库存期限不宜过长,库存期的长短应视钢筋表面锈蚀状况确定,原则上应当遵循先入库者先使用。

3）工地临时保管钢筋时，应选择地势较高、地面干燥的露天场地；根据天气情况，必要时加盖苫布；场地四周要有排水措施，堆放期应尽量缩短。

4）钢筋原材料表面出现锈蚀的处理方式见表3-12。

表 3-12 钢筋原材料表面出现锈蚀的处理方式

项目	内　　容
浮锈	浮锈是钢筋的一种轻微锈蚀，处于铁锈形成的初期，在混凝土中不影响钢筋与混凝土的粘结，因此，除焊接操作时在焊点附近需擦干净外，其他一般可不做除锈处理。但是，有时为了防止锈迹污染，也可用麻袋布进行擦拭
陈锈	陈锈是钢筋的一种较重锈蚀，一般可采用钢丝刷或砂纸、麻袋布擦拭等手工方法处理；具备条件的施工现场，应尽可能采用机械方法除锈。对于盘条细钢筋，可采用冷拉的方法进行除锈；对于直径较粗的钢筋，应采用专用除锈机除锈，如自制圆盘钢丝刷除锈机等
老锈	对于有起层锈片的钢筋，应先用小铁锤敲击，将锈片剥落干净，再用除锈机进行除锈；因为麻坑、斑点和锈皮掉层会使钢筋截面受到损伤，所以使用前应鉴定是否降级使用或另作其他处理

第四章

钢筋连接施工技术

第一节 钢筋绑扎连接

一、钢筋绑扎的准备工作

(1)在钢筋绑扎之前,应认真核对所绑扎钢筋的钢号、直径、形状、尺寸和数量等,与钢筋施工图、配料单、配料牌是否相符,如有错误应及时进行纠正增补。

(2)准备绑扎用的铁丝、绑扎工具(如钢筋钩、带有缺口的小撬棍)、绑扎架等。钢筋绑扎用的铁丝,一般可采用20~22号钢丝,并按要求的长度将其切断。为提高绑扎质量、效率和减轻工人劳动强度,钢筋绑扎还应使用绑扎架。绑扎工具如图 4-1 所示,绑扎架如图 4-2 所示。

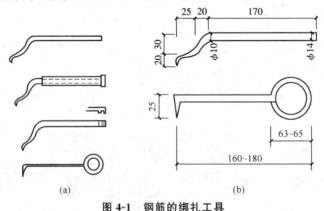

图 4-1 钢筋的绑扎工具

(a)常用钢筋钩子示意图;(b)钢筋钩子制作尺寸

(3)准备控制混凝土保护层用的水泥砂浆垫块或塑料卡。水泥砂浆垫块的厚度,应等于保护层的厚度。垫块的平面尺寸,当保护层厚度等于或小于 20 mm 时为 30 mm×30 mm,当保护层厚度大于 20 mm 时为 50 mm×50 mm。当在垂直方向使用垫块时,可在垫块中埋入 20 号的铁丝,以便将其固定在某一位置。

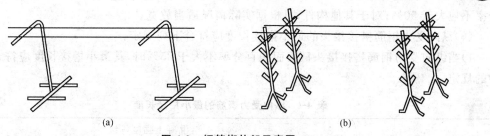

图 4-2 钢筋绑扎架示意图

(a)轻型绑扎架;(b)重型绑扎架

塑料卡的形状有塑料垫块和塑料环圈两种,如图 4-3所示。塑料垫块用于水平构件(如梁、板等),在两个方向均有凹槽,以便适应两种保护层厚度。塑料环圈用于垂直构件(如墙、柱等),使用时钢筋从卡嘴进入卡腔内;由于塑料环圈有弹性,可使卡腔的大小适应钢筋直径的变化。

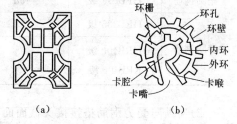

图 4-3 控制混凝土保护层用的塑料卡

(a)塑料垫块;(b)塑料环圈

(4)为确保钢筋准确绑扎,在正式绑扎前首先应画出钢筋的位置线。根据工程实践经验平板或墙板的钢筋,可在模板上画线;柱子的箍筋,在两根对角线的主筋上画点;梁的箍筋,则在架立钢筋上画点;基础的钢筋,在两个方向上各取一根钢筋画点,或者在垫层上画线。钢筋接头的位置,应根据来料规格,结合有关接头位置和数量方面的规定,使接头相互错开,在模板上画线。

(5)绑扎形式复杂的结构部位时,应先研究逐根钢筋穿插就位的顺序,并与模板工联系讨论支模和绑扎钢筋的顺序,以减少在钢筋绑扎中的困难。

二、钢筋绑扎的基本要求

(1)纵向受力钢筋的连接方式应符合设计要求,在绑扎中不得随意进行改变。钢筋绑扎接头应设置在受力较小处。同一纵向受力钢筋不宜设置两个或两个以上接头。钢筋接头末端至钢筋弯起点的距离,不应小于钢筋直径的 10 倍。

(3)同一构件中纵向受力钢筋的绑扎搭接接头应相互错开。绑扎搭接接头中钢筋的横向净距不应小于钢筋直径,且不应小于 25 mm。

(4)钢筋绑扎搭接接头连接区段的长度,一般为 1.3 倍的搭接长度,凡搭接接头中点位于该连接区段长度内的搭接接头均属于同一连接区段。在同一连接区段内,纵向钢筋搭接接头的面积百分率,为该区段内有搭接接头的纵向受力钢筋截面面积与全部纵向受力钢筋截面面积的比值。

(5)在同一连接区段内,纵向受力钢筋搭接接头截面面积百分率应符合设计要求;当设计中无具体要求时,应符合下列规定:

1)对于梁、板类及墙体钢筋混凝土构件,纵向受力钢筋搭接接头截面面积百分率不宜大于 25%。

2)对于柱子类钢筋混凝土构件,纵向受力钢筋搭接接头截面面积百分率不宜大于 50%。

3)当工程中确有必要增大接头面积百分率时,梁构件纵向受力钢筋搭接接头截面面积百分率不应大于 50%；对于其他构件，可根据实际情况适当放宽。

(6)纵向受力钢筋搭接接头的最小搭接长度应符合下列规定：

1)当纵向受力钢筋搭接接头截面面积百分率不大于 25% 时，其最小搭接长度应符合表4-1中的规定。

表 4-1　纵向受力钢筋的最小搭接长度

钢筋类型		混凝土强度等级			
		C15	C20~C25	C30~C35	≥C40
光圆钢筋	HPB235 级	45d	35d	30d	25d
带肋钢筋	HRB335 级	55d	45d	35d	30d
	HRB400 级 RRB400 级	—	55d	40d	35d

2)当纵向受力钢筋搭接接头截面面积百分率大于 25%，但不大于 50% 时，其最小搭接长度应按表 4-1 中的数值乘以系数 1.2 取用；当纵向受力钢筋搭接接头截面面积百分率大于 50% 时，应按表 4-1 中的数值乘以系数 1.35 取用。

3)在符合下列条件时，纵向受力钢筋的最小搭接长度，应在根据上述 1)、2)条中的规定确定后，按下列规定进行修正：

①当带肋钢筋的直径大于 25 mm 时，其最小搭接长度应按相应数值乘以系数 1.10 取用。

②对环氧树脂涂层的带肋钢筋，其最小搭接长度应按相应数值乘以系数 1.25 取用。

③在混凝土凝固过程中受力钢筋易受扰动时，其最小搭接长度应按相应数值乘以系数 1.10 取用。

④对末端采用机械锚固措施的带肋钢筋，其最小搭接长度应按相应数值乘以系数 0.70 取用。

⑤当带肋钢筋的混凝土保护层厚度大于搭接钢筋直径的 3 倍且配有箍筋时，其最小搭接长度应按相应数值乘以系数 0.80 取用。

⑥对于有抗震设防要求的结构构件，其受力钢筋的最小搭接长度，对于一、二级抗震等级应按相应数值乘以系数 1.15 采用；对于三级抗震等级应按相应数值乘以系数 1.05 采用。在任何情况下，受拉钢筋的搭接长度不应小于 300 mm。

4)纵向受压钢筋搭接时，其最小搭接长度应在根据以上 1)~3)条规定确定相应数值后，乘以系数 0.70 取用。在任何情况下，受压钢筋的搭接长度不应小于 200 mm。

三、钢筋绑扎的基本方法

(1)面扣法。其操作方法是将钢丝对折成 180°，理顺叠齐，放在左手掌内，绑扎时左手拇指将一根钢丝推出，食指配合将弯折一端伸入绑扎点钢筋底部；右手持绑扎钩子用钩尖钩起钢丝弯折处向上拉至钢筋上部，与左手所执的钢丝开口端紧靠，两者拧紧在一起，拧固 2~3 圈，如图 4-4 所示。将钢丝向上拉时，钢丝要紧靠钢筋底部，将底面筋绷紧在一起，绑扎才能牢靠。面扣法多用于平面上扣很多的地方，如楼板等不易滑动的部位。

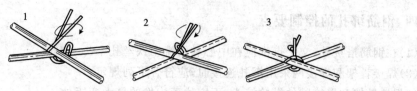

图 4-4　钢筋绑扎——面扣法

（2）其他钢筋绑扎方法有十字花扣、反十字花扣、兜扣加缠、套扣等，这些方法主要根据绑扎部位进行选择，其形式如图 4-5 所示。

1）十字花扣、兜扣，适用于平板钢筋网和箍筋处的绑扎。

2）缠扣，多用于墙钢筋网和柱箍的绑扎。

3）反十字花扣、兜扣加缠，适用于梁骨架的箍筋和主筋的绑扎。

4）套扣用于梁的架立钢筋和箍筋的绑扎。

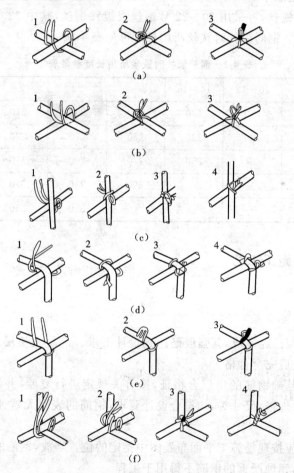

图 4-5　钢筋的其他绑扎方法

(a)兜扣；(b)十字花扣；(c)缠扣；(d)反十字花扣；(e)套扣；(f)兜扣加缠

四、钢筋绑扎的控制要点

(1)在钢筋搭接处,交叉点都应在中心和两端用铁丝扎牢。

(2)焊接骨架和焊接网采用绑扎连接时,应符合下列规定:

1)焊接骨架和焊接网的搭接接头,不宜位于构件的最大弯矩处。

2)焊接网在非受力方向的搭接长度,不宜小于 100 mm。

3)受拉焊接骨架和焊接网在受力钢筋方向的搭接长度,应符合设计规定;受压焊接骨架和焊接网在受力钢筋方向的搭接长度,可取受拉焊接骨架和焊接网在受力钢筋方向的搭接长度的 0.70 倍。

(3)在绑扎骨架中非焊接的搭接接头长度范围内,当搭接钢筋为受拉时,其箍筋的间距不应大于 $5d$,且不应大于 100 mm;当搭接钢筋为受压时,其箍筋的间距不应大于 $10d$,且不应大于 200 mm(d 为受力钢筋中的最小直径)。

(4)钢筋绑扎用的铁丝,可采用 20～22 号钢丝或镀锌钢丝,其中 22 号钢丝只用于绑扎直径 12 mm 以下的钢筋。钢筋绑扎时铁丝所用长度可见表 4-2。

表 4-2　钢筋绑扎时铁丝所用长度参考表

钢筋直径(mm)	6～8	10～12	14～16	18～20	22	25	28	32
6～8	150	170	190	220	250	270	290	320
10～12	—	190	220	250	270	290	310	340
14～16	—	—	250	270	290	310	330	360
18～20	—	—	—	290	310	330	350	380
22					330	350	370	400

五、钢筋绑扎的施工工艺

1.基础钢筋的绑扎

(1)绑扎的作业条件

1)基础混凝土垫层已经完成,其强度已达到设计要求。混凝土垫层上钢筋的位置线已按施工图弹好,并经检查后完全合格。

2)认真检查用于基础钢筋的出厂合格证,按有关规定进行复验,并经检验合格后方可使用。所用钢筋的钢号、规格、尺寸等,均符合设计要求,钢筋的表面无锈蚀及油污,成型钢筋经现场检验合格。

3)加工好的钢筋应按现场施工平面布置图中指定的位置堆放,钢筋的外表面若有铁锈时,应在绑扎前清除干净,锈蚀严重的钢筋不得用于工程。

(2)材料和质量要求

材料和质量要求见表 4-3。

表 4-3　材料和质量要求

项　目	内　容
材料的 关键要求	施工现场所用材料的材质、规格和数量等,应当与设计图纸中的要求完全一致;当需要材料代用时,必须征得设计、监理和建设单位的同意
技术的 关键要求	基础钢筋绑扎的技术关键要求包括:绑扎一定要牢固,脱扣和松扣的数量一定要符合施工规范的要求;钢筋在绑扎前要先弹出钢筋的位置线,确保钢筋的位置准确
质量的 关键要求	在基础钢筋绑扎的施工中,为确保其质量符合现行施工规范的要求,应注意下列质量方面的关键要求: 　(1)绑扎钢筋的施工中要保证其保护层厚度准确,如果基础采用双排钢筋时,要保证上下两排钢筋的距离符合设计要求。 　(2)钢筋的接头位置及接头的面积百分率,必须符合《混凝土结构设计规范》(GB 50010—2010)及《混凝土结构工程施工质量验收规范》2011 版(GB 50204—2002)中的要求。 　(3)钢筋的布放位置要准确,绑扎一定要牢固

(3)绑扎的施工工艺

1)将基础混凝土垫层清扫干净,用石笔和墨斗按施工图在基础上弹出钢筋位置线,并按钢筋位置线布放基础钢筋。

2)绑扎钢筋。四周两行钢筋交叉点应每点绑扎牢,中间部分的钢筋交叉点可相隔交错绑扎,但必须保证受力钢筋不产生位移。双向主筋的钢筋网,则需将全部钢筋相交叉点绑扎牢。绑扎时应注意相邻绑扎点的铁丝扣要呈八字形,以避免网片出现歪斜变形。

3)当基础底板采用双层钢筋网时,在上层钢筋网下面应设置钢筋撑脚或混凝土撑脚,以确保钢筋的位置正确。

钢筋撑脚的形式与尺寸如图 4-6 所示,每隔 1 m 放置一个。其直径的选用应根据底板厚度的不同而不同,当底板厚度 $h \leqslant 30$ cm 时直径为 8~10 mm,当底板厚度 $h = 30$~50 cm 时直径为 12~14 mm,当底板厚度 $h > 50$ cm 时直径为 16~18 mm。

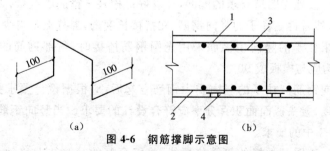

图 4-6　钢筋撑脚示意图

(a)钢筋撑脚;(b)撑脚位置

1—上层钢筋网;2—下层钢筋网;3—撑脚;4—水泥垫块

4)绑扎时钢筋的弯钩应当朝上,不要倒向一边;但双层钢筋网的上层钢筋弯钩应当朝下。

5)独立柱基础为双向弯曲,其底面的短向钢筋应当放在长向钢筋的上面。

6)现浇混凝土柱子与基础连接用的插筋,其箍筋应比柱子的箍筋小一个柱子钢筋的直径,以便进行连接。插筋的位置一定要固定牢靠,以免造成柱子轴线偏移。

7)对于厚片筏形基础上部钢筋网片,可采用钢管临时支撑体系。

图 4-7(a)为绑扎上部钢筋网片用的钢管支撑。在上部钢筋网片绑扎完毕后,需要置换出水平钢管;为此另取一些垂直钢管通过直角扣件与上部钢筋网片的下层钢筋连接起来,必要时该处还需另用短钢筋加强,这样便替换了原支撑体系,如图 4-7(b)所示。

在混凝土浇筑的过程中,逐步抽出垂直的钢管,如图 4-7(c)所示。此时,上部荷载可由附近的钢管及上、下端与钢筋网焊接的多个拉结筋来承受。由于混凝土不断浇筑与凝固,拉结筋的细长比减少,从而提高了承载能力。

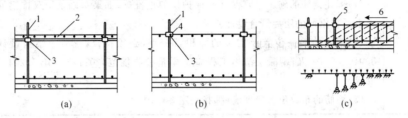

图 4-7   厚片筏形基础上部钢筋网片的钢管临时支撑

(a)绑扎上部钢筋网片时;(b)浇筑混凝土前;(c)浇筑混凝土时

1—垂直钢管;2—水平钢管;3—直角扣件;4—下层水平钢管;5—待拔钢管;6—混凝土浇筑方向

8)基础中纵向受力钢筋的混凝土保护层厚度应符合设计要求,一般不应小于 40 mm,当无垫层时不应小于 70 mm。

2. 柱子钢筋的绑扎

(1)柱子钢筋绑扎工艺流程

弹柱子位置线→剔凿柱子混凝土表面浮浆→整理柱子钢筋→套柱子箍筋→搭接绑扎竖向受力钢筋→画出箍筋间距线→绑扎柱子箍筋。

(2)柱子钢筋绑扎操作要点

1)套柱子箍筋。按施工图纸要求的间距,计算好每根柱子箍筋的数量,先将箍筋套在下层伸出的搭接钢筋上,然后再立柱子的竖向钢筋,在搭接长度内,绑扎点不得少于 3 个,绑扎要向着柱子的中心。如果柱子的竖向主钢筋采用光圆钢筋搭接时,角部钢筋的弯钩应与模板成 45°,中间钢筋的弯钩应与模板成 90°。

2)搭接绑扎竖向钢筋。柱子的竖向受力钢筋立起后,应根据设计要求搭接上部的钢筋。绑扎接头的搭接长度、接头截面面积百分率应符合设计的要求。当竖向钢筋搭接长度无具体规定时,应符合表 4-1 中的要求。

3)箍筋的绑扎。按照已画好的箍筋位置线,将已套好的箍筋往上移动,由上往下进行绑扎,绑扎宜采用缠扣的方式,如图 4-8 所示。

箍筋的接头(弯钩叠合处)应交错布置在四角纵向钢筋上,如图 4-9 所示;箍筋转角与纵向钢筋交叉点处均应绑扎牢固,绑扎箍筋时绑扎点相互间应成八字形,箍筋平直部分与纵向钢筋交叉点处可间隔绑扎。

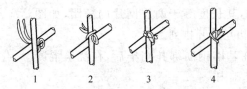

图 4-8　缠扣绑扎示意图

1、2、3、4—绑扎顺序

4)有抗震要求的地区,柱子箍筋端头弯钩应成 135°,平直部分长度不小于 $10d$(d 为箍筋直径),如图 4-10 所示。

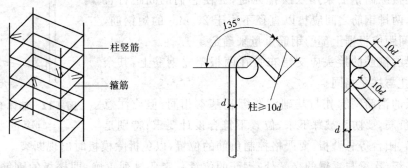

图 4-9　箍筋交错布置示意图　　　　图 4-10　箍筋有抗震要求示意图

5)柱基、柱顶和梁柱交接处的箍筋间距应按设计要求加密。柱子上下端箍筋应按设计进行加密,加密区的长度和加密区内箍筋间距必须按施工图纸操作。如果设计要求箍筋设置拉筋时,拉筋应按设计要求设置,并将拉筋勾住箍筋,如图4-11所示。

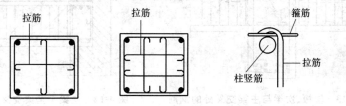

图 4-11　拉筋布置示意图

6)柱子钢筋的保护层厚度应符合规范要求,主筋的保护层不得小于 25 mm,水泥砂浆垫块绑在柱子竖向钢筋的外皮上,其间距一般为 1 000 mm,以保证主筋保护层厚度满足要求。当柱子的截面尺寸有变化时,柱子应在楼板内折弯,折弯后的尺寸要符合设计要求。

3. 墙体钢筋的绑扎

墙体钢筋的绑扎关键是掌握好其竖向钢筋的质量,在绑扎的过程中应注意如下事项:

(1)为确保钢筋在运送和绑扎中不变形,墙体的垂直钢筋每段的长度不宜太长。

当钢筋直径≤12 mm 时,钢筋长度不宜超过 4 m;

当钢筋直径＞12 mm 时,钢筋长度不宜超过 6 m,水平钢筋每段的长度也不宜超过 8 m。

(2)墙体钢筋网绑扎与基础钢筋绑扎相同,钢筋的弯钩应朝向混凝土内。

(3)当墙体采用双层钢筋时,在两层钢筋之间应设置撑铁,以确保钢筋间距。撑铁可用直

径 6～10 mm 的钢筋制成,其长度等于两层网片的净距,如图
4-12 所示,间距约为 1 m,相互排开排列。

(4)墙体的钢筋可以在基础钢筋绑扎完毕后,在浇筑混凝
土前,按照设计要求插入基础内。

(5)墙体钢筋的绑扎应当在模板安装前进行。

4. 梁板钢筋的绑扎

梁板钢筋的绑扎与墙、柱不同,其大部分是属于水平钢筋
的连接、绑扎和固定,在绑扎的过程中应注意如下事项:

(1)梁板纵向钢筋采用双层排列时,为使它们的间距符合
设计要求,两排钢筋之间应垫以直径不小于 25 mm 的短钢筋,
短钢筋的间距应根据上部的钢筋重量来确定。

(2)梁的箍筋的接头应交错布置在两根架立钢筋上,其余
的箍筋绑扎与柱子相同。

(3)板的钢筋网绑扎与基础钢筋绑扎基本相同,但应注意

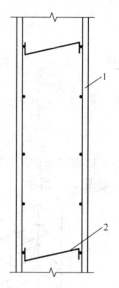

图 4-12　墙体钢筋的撑铁
1—钢筋网;2—撑铁

板上部的负筋,要防止被踩下来,位置不符合设计要求;特别是
雨篷、挑檐、阳台等悬臂板,要严格控制负筋的位置,以免拆除模板时出现断裂。

(4)楼板、次梁与主梁的交叉处,钢筋的位置一定要排列正确,即楼板的钢筋在上,次梁的
钢筋居中,主梁的钢筋在下,如图 4-13 所示。当有钢筋混凝土圈梁或垫梁时,主梁的钢筋在
上,如图 4-14 所示。

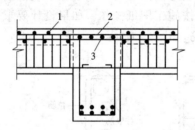

图 4-13　楼板、次梁与主梁交叉处的钢筋
1—楼板的钢筋;2—次梁钢筋;3—主梁钢筋

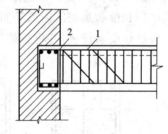

图 4-14　主梁与垫梁交叉处的钢筋
1—主梁钢筋;2—垫梁钢筋

(5)当框架节点处的钢筋穿插十分稠密时,应特别注意梁顶面主筋间的净距不应小于
30 mm,以便顺利浇筑混凝土。

(6)梁钢筋的绑扎应与模板安装密切配合,它们之间的配合关系应遵循以下规定:

当梁的高度比较小时,梁的钢筋应架空在梁顶上绑扎,然后再落到设计位置。

当梁的高度比较大时(大于或等于 1.0 m),梁的钢筋宜在梁底模板上绑扎,其两侧模板或
一侧模板以后再安装。

(7)在进行梁板钢筋的绑扎时,应防止水电管线将钢筋顶起或压下,因此,对绑扎的钢筋位
置和牢固性应特别注意。

5. 现浇悬挑雨篷钢筋的绑扎

雨篷板为悬挑式构件,板的上部受拉、下部受压。所以,雨篷板的受力筋配置在构件断面

的上部,并将受力筋伸进雨篷梁内,如图 4-15 所示。

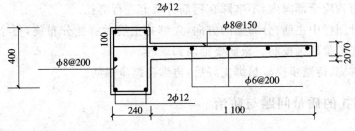

图 4-15　雨篷配筋图

其绑扎注意事项如下:

(1)主、负筋位置应摆放正确,不可放错。

(2)雨篷梁与板的钢筋应保证锚固尺寸。

(3)雨篷钢筋骨架在模内绑扎时,严禁脚踩在钢筋骨架上进行绑扎。

(4)钢筋的弯钩应全部向内。

(5)雨篷板的上部受拉,故受力筋在上,分布筋在下,切勿颠倒。

(6)雨篷板双向钢筋的交叉点均应绑扎,钢丝方向成八字形。

(7)应垫放足够数量的钢筋撑脚,确保钢筋位置准确。

(8)高处作业时要注意安全。

6. 肋形楼盖钢筋的绑扎

(1)处理好主梁、次梁、板三者的关系。

(2)纵向受力钢筋采用双排布置时,两排钢筋之间宜垫以直径≥25 mm 的短钢筋,以保持其间距。

(3)箍筋的接头应交错布置在两根架立钢筋上。

(4)板上的负弯矩筋,要严格控制其位置,防止被踩下移。

(5)板、次梁与主梁的交叉处,板的钢筋在上,次梁的钢筋居中,主梁的钢筋在下,如图 4-13 所示。当有圈梁或垫梁与主梁连接时,主梁的钢筋在上,如图 4-14 所示。

7. 楼梯钢筋的绑扎

楼梯钢筋骨架一般是在底模板支设后进行绑扎,如图 4-16 所示。

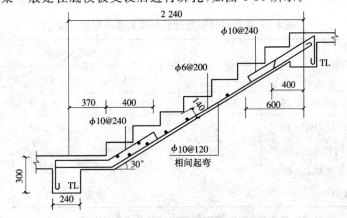

图 4-16　现浇钢筋混凝土楼梯配筋图

（1）在楼梯底板上画主筋和分布筋的位置线。

（2）钢筋的弯钩应全部向内，不准踩在钢筋骨架上进行绑扎。

（3）根据设计图样中主筋、分布筋的方向，先绑扎主筋后绑扎分布筋，每个交点均应绑扎。如有楼梯梁时，先绑梁后绑板筋。板筋要锚固到梁内。

（4）底板筋绑完，待踏步模板吊绑支好后，再绑扎踏步钢筋。

六、钢筋绑扎的质量问题与防治

1. 钢筋绑扎接头的缺陷

（1）质量问题

钢筋绑扎搭接接头长度不足；HPB235 级钢筋绑扎接头的末端没有做弯钩；受力钢筋绑扎接头的位置没有错开。

（2）原因分析

1）操作工不熟悉操作规程，施工管理人员不熟悉《混凝土结构工程施工质量验收规范》2011 版（GB 50204—2002）中有关钢筋搭接长度的规定。

2）有的梁长度恰为钢筋长的 2 倍，则将钢筋搭接接头设在梁中，违反了受力钢筋搭接接头不得超过 25% 的规定。

（3）预防措施

1）加强施工管理，综合考虑结构的配筋，合理配制梁、柱、板、墙的受力钢筋。错开绑扎接头，创造施工条件尽量少用绑扎搭接接头。

2）在安装受力钢筋前，先将钢筋接头错开搭配好，防止出现接头面积超过规定的比例，需要返工时重新穿入钢筋。

3）加强对钢筋绑扎接头的质量检验制度，应当注意钢筋配料单、钢筋成型质量和钢筋安装质量等方面。

（4）处理方法

1）检查已安装的钢筋构件，各种钢筋的搭接长度必须符合表 4-4 中的有关规定。如有不符之处，要及时加固处理，或拆除后更换合格钢筋；如无法更换时，改加电弧焊接方法。

表 4-4　纵向受拉钢筋绑扎接头的最小搭接长度

钢筋类型		混凝土强度等级			
		C15	C20～C25	C30～C35	≥C40
光圆钢筋	HPB235 级	$45d$	$35d$	$30d$	$25d$
带肋钢筋	HRB335 级	$55d$	$45d$	$35d$	$30d$
	HRB400 级、RRB400 级	—	$55d$	$40d$	$35d$
冷拔低碳钢丝		300 mm			

注：两根直径不同钢筋的搭接长度，应以细钢筋的直径计算。

2)检查 HPB235 级钢筋绑扎接头的末端是否有弯钩,如果没有设置弯钩,必须用电弧焊补焊。

3)受力钢筋的绑扎接头位置应相互错开,绑扎接头的搭接长度的 1.3 倍区段范围内,有绑扎接头的受力钢筋截面面积占受力钢筋总截面面积为:受拉区的钢筋接头面积不得超过总截面面积的 25%,受压区的钢筋接头面积不得超过总截面面积的 50%,如果超过以上数值必须设法将其错开。

2. 绑扎的钢筋产生遗漏

(1)质量问题

在检查核对绑扎好的钢筋骨架时,与钢筋混凝土结构施工图对照,发现某种钢筋在绑扎时发生遗漏。

(2)原因分析

出现钢筋发生遗漏的主要原因:施工管理不当,没有进行钢筋绑扎技术交底工作,或没有深入熟悉图纸内容和研究各种钢筋的安装顺序。

(3)预防措施

1)对于比较复杂的结构或构件,在绑扎钢筋骨架之前,首先要进行技术交底,使操作人员了解结构或构件的特点、钢筋的受力特性和绑扎施工的要点。

2)在正式绑扎钢筋之前,操作人员要认真熟悉钢筋图,并按钢筋材料表核对配料单和料牌,检查钢筋规格是否齐全准确,形状、尺寸和数量是否与图纸相符。

3)在熟悉钢筋图纸的基础上,仔细研究和安排各号钢筋绑扎安装顺序和步骤;在整个钢筋骨架绑扎完毕后,应认真清理施工现场,检查一下绑扎的钢筋骨架是否正确。在一般情况下,主要是将钢筋骨架与钢筋图纸再对照,一是检查是否有遗漏,二是检查绑扎位置是否正确,三是检查绑扎是否牢固。

(4)处理方法

对于所有遗漏的钢筋应全部补上,不得再出现任何遗漏。对于简单的钢筋骨架,将所遗漏的钢筋放进骨架,即可继续进行绑扎;对于构造比较复杂的骨架,则要拆除其内的部分钢筋才能补上。对于已浇筑混凝土的结构或构件,如果发生钢筋遗漏,则要通过结构性能分析来确定处理方案。

3. 钢筋保护层不符合要求

(1)质量问题

在钢筋混凝土结构施工中,钢筋保护层出现偏差,尤其是保护层厚度不足是一个最常见的质量缺陷,主要表现在以下几个方面:

1)钢筋的混凝土保护层偏薄,混凝土中的氢氧化钙与空气或水中的二氧化碳发生碳化反应,当碳化深度达到钢筋处时,则破坏混凝土对钢筋的碱性保护作用,而使钢筋有锈蚀的机会。

2)钢筋的混凝土保护层偏厚,使钢筋混凝土构件的有效高度减小,从而减弱构件的承载力而产生裂缝和断裂。

(2)原因分析

在钢筋安装的过程中,未能严格按照现行规定控制钢筋的保护层,从而使钢筋的保护层不符合要求。如对梁的保护层垫块不标准而产生偏差;对梁的保护层失去控制,对柱子的钢筋控制不严而产生偏差。

(3)预防措施

1)严格按照《混凝土结构工程施工及验收规范》(GB 50204—2002)(2011)版中的规定,受力钢筋的混凝土保护层厚度,应符合设计要求,当设计无具体要求时,不应小于受力钢筋直径,并应符合表 4-5 中的要求。

表 4-5　钢筋的混凝土保护层厚度　　　　　　　　　　(单位:mm)

环境与条件	构件名称	混凝土强度等级		
		低于 C25	C25 及 C30	高于 C30
室内正常环境	板、墙、壳	15		
	梁和柱	25		
露天或室内高湿度环境	板、墙、壳	35	25	15
	梁和柱	45	35	25
有垫层	基础	35		
无垫层		70		

注:(1)轻集料混凝土的钢筋保护层应符合国家现行标准《轻集料混凝土结构设计规范》(JGJ 12—2006)的规定。

(2)处于室内正常环境中由工厂生产的预制构件,当混凝土强度等级不低于 C20 且施工质量有可靠保证时,其保护层厚度可按表中规定减少 5 mm,但预制构件中的预应力钢筋(包括冷拔低碳钢丝)保护层厚度不应小于 15 mm;处于露天或室内高湿度环境的预制构件,当表面另做水泥砂浆抹面层且有质量保护措施时,保护层厚度可按表中室内正常环境中的构件的数值采用。

(3)钢筋混凝土受弯构件,钢筋端头的保护层厚度一般为 10 mm,预制的肋形状,其主筋的保护层厚度可按梁考虑。

(4)板、墙、壳中分布钢筋的保护层厚度不应小于 10 mm,梁柱中箍筋和构造钢筋的保护层厚度不应小于 10 mm。

2)受力钢筋的保护层允许偏差一般为:基础:±10 mm;柱、梁:±5 mm;板、墙、壳:±3 mm。

3)在施工梁和板前都要按保护层的规定厚度,预先做好 1∶2 水泥砂浆垫块或塑料卡;当为上下双层主筋时,应在两层主筋之间设置短钢筋,保证设计规定的间距。

4)安装柱、墙钢筋前,都要按保护层的规定厚度,做水泥砂浆垫块,要预埋铅丝扎牢在钢筋上或用塑料卡卡在钢筋上,使保护层准确。

(4)处理方法

1)认真检查已安装或正在安装的钢筋保护层是否符合表 4-4 中的规定。发现偏差,及时纠正。

2)挑梁钢筋的上层保护层必须有可靠的控制措施,例如,吊运或架空定位,防止踩踏下沉。

3)对于现浇板的负弯矩钢筋,也要有防止踩踏下沉的防护措施,以保证保护层不出现偏差。

4.弯起钢筋方向不对

(1)质量问题

在各种悬臂梁结构(如阳台挑梁、雨篷的挑梁等)中,弯起钢筋弯起的方向要注意:图 4-17 中(a)为图纸中的要求,(b)为弯起的错误方向,由于梁沿着全长是等截面的,有时将钢筋弯起的方向放反,从外观上却看不出来;在悬臂梁中,弯起钢筋上部平直部两端长度是不同的,本应按图 4-18(a)要求放,却很容易放成图 4-18(b)的错误方法。

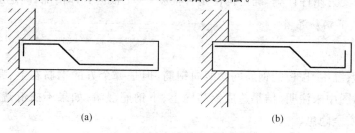

(a)   (b)

图 4-17 悬臂梁弯起钢筋的位置

(a)正确放置;(b)错误放置

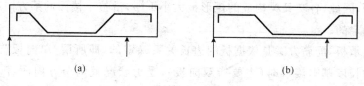

(a)   (b)

图 4-18 悬臂梁弯起钢筋的位置

(a)正确放置;(b)错误放置

(2)原因分析

1)在钢筋骨架绑扎安装前,技术人员未向操作人员进行技术交底,不明白此类结构或构件弯起钢筋的作用,将弯起钢筋绑扎在错误位置上。

2)操作人员在钢筋绑扎中没有认真对待,在安装时使钢筋骨架在放入模板时产生方向错误。

3)在绑扎安装完毕后,未能对钢筋骨架按图纸进行核对,在浇筑混凝土时才发现弯起钢筋产生方向错误。

(3)预防措施

1)在这类钢筋骨架绑扎和安装前,应由技术人员向操作人员进行技术交底,特别应将弯起钢筋作为重点来交代,不仅要讲明白绑扎和安装的正确方法,而且要讲清出现方向错误后所造成的危害,让操作人员引起高度重视。

2)在钢筋加工单上特别注明,提醒绑扎人员正确组成骨架;在钢筋骨架上挂牌标示,提醒安装人员注意。

3)在钢筋骨架安装前,质量检查人员应对照图纸对骨架进行认真检查,不仅要检查钢筋的规格、尺寸、形状、数量,而且要重点检查弯起钢筋的绑扎和安装方向是否正确,在浇筑混凝土时再核对一遍。

(4)处理方法

1)在未浇筑混凝土之前发现此类问题,是比较容易处理的,可将错误的钢筋纠正过来,将安装反的骨架按图纸改过来。

2)对于已浇筑混凝土后发现的此类问题,是非常难以处理的,因为这是一种安全隐患,必须认真加以处理:一是对已浇筑混凝土的构件必须逐根凿开检查,确定弯起钢筋方向是否错误;二是通过结构受力条件计算,确定构件是否报废;三是根据具体情况,确定加固的措施。

5. 钢筋网上、下钢筋混淆

(1)质量问题

在肋形楼盖系统中,楼板的钢筋网含两向钢筋,但是哪个方的钢筋在上、哪个方向的钢筋在下,在钢筋施工图中未注明,结果造成钢筋网上、下钢筋混淆,如果不搞清楚,在浇筑混凝土后将会成为结构安全隐患。

(2)原因分析

在高层建筑中,楼面和基础底板多以纵横交叉的肋梁形式出现,肋梁的布置随楼面各功能区的布置而改变,因此,各交叉梁构成的矩形板大小不一,沿整个楼面的某方向或为"短边"、或为"长边"是不确定的。

对于四边支承板,配筋方案是依据板的边长关系确定的,即所谓"单向板"或"双向板",当板的长边与短边长度基本接近时(主要指双向板),受力状况就两个方向而言,基本上是对称的,板面钢筋网如何放置没有确切的规定,加上楼面积很大时,每个方向总是布置着许多边长不同的板,它们的配筋又是统一的,因此无法在考虑板的受力特征的情况下进行配筋布置,设计人员在这方面一般不作说明,让施工人员自行处理,导致钢筋网上、下钢筋产生混淆。

(3)预防措施

1)为避免在施工过程中出现意见分歧,造成施工人员对钢筋网的上、下钢筋搞不清方向,设计部门在绘制钢筋施工图或在设计说明中应加以明确。

2)为避免有关部门为此问题发生争执而延误施工,应提前在图纸会审时或钢筋施工前向设计部门提出。

3)在钢筋网绑扎完毕后,应在钢筋骨架上用油漆标记,使钢筋安装和混凝土浇筑操作人员一看标记便知上、下层,便于快速准确施工。

4)对于类似肋形的楼盖结构工程(如筏式基础等),虽然这些楼盖受不同方向的力,但其性质基本相同,应采取类似预防措施的做法。

(4)处理方法

当遇到钢筋网上、下钢筋产生混淆,施工人员难以进行区分时,为避免随意施工而出现错误,施工人员应当主动与设计人员取得联系,索取设计书面说明并请设计人员到施工现场指导,千万不要在弄不清时按自己的理解去操作。

6. 钢筋骨架产生歪斜

(1)质量问题

钢筋骨架绑扎完毕后,如果堆放一段时间后产生歪斜现象,无法将钢筋骨架置于混凝土浇筑位置,必须重新进行绑扎或加固。

(2)原因分析

1)绑扎不牢固,或绑扎扣的形式选择不当,如绑扎方向均朝一个方向;接点间隔绑扎扣时,绑扎点太稀等。

2)梁中的纵向钢筋或拉筋数量不足;柱中纵向构造钢筋偏少,未按规范规定设置复合箍筋。

3)堆放钢筋骨架的地面不平整,由于有一定的坡度,而出现水平分力产生歪斜;钢筋骨架上部受压或受到外力碰撞。

(3)预防措施

1)绑扎时要尽量选用不易松脱的绑扎扣形式,如绑扎平板钢筋网时,除了用一面顺向扣外,还应加一些十字花扣;钢筋转角处要采用兜式绑扎扣并加缠;对竖直的钢筋网,除了用十字花扣外,也要适当加缠。

2)堆放钢筋骨架的地面要处理平整;搬运钢筋骨架的过程中要轻抬轻放。绑扎扣的方向应根据具体情况交错地变换,对于面积较大的钢筋网片,可适当选用一些直钢筋作斜向拉结加固。

3)为防止梁的钢筋骨架产生歪斜,根据现行的《混凝土结构设计规范》(GB 50010—2010)中的规定,梁中钢筋的设置应符合以下要求:

钢筋混凝土梁纵向受力钢筋的直径,当梁高≥300 mm时,不应小于10 mm;当梁高<30 mm时,不应小于8 mm。

当梁端部实际受到部分约束但按简支计算时,应在支座区上设置纵向构造钢筋,其截面面积不应小于梁的跨度中下部纵向受力钢筋计算所需截面面积的四分之一,且不应少于两根。

按计算不需要箍筋的梁,当截面高度大于300 mm时,应沿着梁的全长设置箍筋;当截面高度为150~300 mm时,应在构件端部各四分之一跨度范围内设置箍筋;但当构件中部二分之一跨度范围内有集中荷载作用时,也应沿全长设置箍筋。

对于截面高度大于800 mm的梁,其箍筋直径不宜小于8 mm;对于截面高度大于或等于8 000 mm的梁,其箍筋直径不宜小于6 mm。

梁中的架立钢筋直径,当梁的跨度小于4 m时,不宜小于8 mm;当梁的跨度为4~6 m时,不宜小于10 mm;当梁的跨度大于6 m时,不宜小于12 mm。

4)为防止柱子的钢筋骨架产生歪斜现象,根据现行的国家标准《混凝土结构设计规范》(GB 50010—2010)中的规定,柱子中钢筋的设置应符合以下要求:

纵向受力钢筋的直径不宜小于12 mm,全部纵向受力钢筋的配筋率不宜大于5%;圆柱中纵向钢筋宜周边均匀布置,根数不宜少于8根。

当偏心受压柱的截面高度大于或等于 600 mm 时,在柱的侧面上应设置直径为 10～16 mm 的纵向构造钢筋,并相应地设置复合箍筋或拉筋。

在偏心受压柱中,垂直于弯矩作用平面的侧面上的纵向钢筋以及轴心受压柱中各边的纵向受力钢筋,其中距不宜大于 300 mm。

当柱子截面短边尺寸大于 400 mm 且各边纵向钢筋多于 3 根时,或当柱子截面短边尺寸不大于 400 mm 但各边纵向钢筋多于 4 根时,应设置复合箍筋。

柱子及其他受压构件中的周边箍筋应做成封闭式;对圆柱中的箍筋,搭接长度不应小于设计规定的锚固长度,且末端应做成 135°弯钩,弯钩末端平直段长度不应小于箍筋直径的 5 倍。

(4)处理方法

钢筋骨架的歪斜比较容易处理,就是费工费时。一般是根据钢筋骨架的歪斜状况和程度进行修复或加固。

7. 箍筋间距不一致

(1)质量问题

按施工图纸上标注的箍筋间距绑扎梁的钢筋骨架,很可能最后一个箍筋间距与其他间距不一致,或实际用的箍筋数量与钢筋材料表上的数量不符。

(2)原因分析

1)钢筋图上所标注的箍筋间距不准确,按照近似值进行绑扎时,则必然会出现间距或根数有出入的问题。

2)在进行绑扎箍筋时,未进行认真核算和准确画线分配,而是随量随绑,结果造成积累误差较大,而出现间距或根数有出入的问题。

(3)预防措施

1)预先熟悉钢筋图纸,校核钢箍的间距和根数与实际有何差别,及早发现问题,将准备工作做好,以免在绑扎中因缺少箍筋而停工。

2)根据钢筋施工图纸的配筋情况,在较大构件上预先进行排列,从中心向两侧进行画线,并以排列成功的骨架为样板,作为正式绑扎时的依据。

3)当箍筋的间距稍有误差时,可将误差位于中心线两侧,因为跨中所受到的剪力比支座附近小得多,箍筋间距稍微超过规范规定的允许误差值并不影响构件的受力条件。

(4)处理方法

如果箍筋尚未绑扎成钢筋骨架,应当认真熟悉施工图纸,进行很好的设计和计算,将缺的钢箍在绑扎前准备好。如果箍筋已经绑扎成钢筋骨架,则应根据具体情况,适当增加一定数量的箍筋。

8. 四肢箍筋宽度不准确

(1)质量问题

对于配有四肢箍筋作为复合箍筋的梁的钢筋骨架,在绑扎好安装入模时,发现箍筋宽度不适合模板的要求,出现混凝土保护层厚度过大或过小,严重的甚至导致钢筋骨架放不进模板内,造成无法正常浇筑混凝土。

(2)原因分析

1)钢筋图纸标注的尺寸不准确,在钢筋下料前又未进行复核,结果造成钢筋箍筋不符合实际结构的尺寸要求。

2)在钢筋骨架绑扎前,未按照钢筋施工图的规定将箍筋总宽度进行定位,或者定位不准确。

3)在箍筋的弯曲操作过程中,由于操作人员不认真、钢筋弯曲直径选择不适宜、弯曲的画线不够准确等原因,使加工的箍筋宽度不符合钢筋骨架设计要求,造成混凝土保护层厚度过大或过小。

4)已考虑到将箍筋总宽度进行定位,但操作时不注意,使两个箍筋往里或往外窜动,导致混凝土保护层厚度过大。

(3)预防措施

1)认真审查图纸,核对施工图纸中是否有尺寸错误,特别应对四肢箍筋的宽度进行重点测量,以便在箍筋加工中做到形状正确、尺寸准确。

2)在绑扎钢筋骨架时,应先绑扎牢靠(或用电弧焊焊接)几对箍筋,使四肢箍筋宽度保持施工图纸中的标注尺寸,然后再绑扎纵向钢筋和其他钢筋,形成一个坚固的钢筋骨架。

3)按照梁的截面宽度确定一种双肢箍筋(即截面宽度减去两侧混凝土保护层厚度),绑扎时沿骨架长度放几个这种双肢箍筋定位。

4)在钢筋骨架的绑扎过程中,要随时检查四肢箍筋宽度的准确性,如果发现偏差超过允许范围,应及时进行纠正。

(4)处理方法

取出已经入模的钢筋骨架,松掉每对箍筋交错部位内的纵向钢筋的绑扣,校准四肢箍筋的宽度后再重新进行绑扎。

9. 梁箍筋弯钩与纵筋相碰

(1)质量问题

在梁的支座处发现有箍筋弯钩与纵向钢筋相抵触,非常难以绑扎牢固的情况,很可能在此处发生绑扎不紧的质量问题。

(2)原因分析

1)梁箍筋弯钩应放在受压区,从受力的角度来看,这是十分合理的,从构造角度上看也是合理的。但是,在特殊情况下,例如在连续梁支座处,受压区在截面下部,要是箍筋弯钩位于下面,有可能被钢筋压"开"。在这种情况下,只好将箍筋弯钩放在受拉区,这样的做法虽然不合理,但为了加强钢筋骨架的牢固程度,习惯上用这种方式。

2)当前,在高层和超高层建筑中,采用框架结构形式的工程几乎全部需要抗震设防,因此箍筋弯钩应采用135°的弯钩,且平直段的长度比其他种类的弯钩都长,于是箍筋弯钩与梁上部第二层纵向钢筋必然出现相抵触的现象。

（3）预防措施

1）绑扎钢筋前应先规划好箍筋弯钩的位置，决定是放在梁的上部还是下部。如果梁的上部仅有一层纵向钢筋时，箍筋弯钩与纵向钢筋不相抵触。为了避免箍筋接头被压开口，弯钩可放在梁上部（即构件受拉区），但应当特别注意其牢固性，必要时用电弧焊点焊几处。

2）对于有两层或多层纵向钢筋时，则应将箍筋弯钩放在梁钢筋的下部。

（4）处理方法

梁箍筋弯钩与纵筋相碰的质量缺陷比较容易处理。发现此问题后立即向有关人员报告，在征得设计人员同意后，可改箍筋弯钩放在梁上部为梁下部，但应当切实绑扎牢固，必要时用电弧焊点焊几处。

10. 箍筋代换后截面不足

（1）质量问题

由于某种品种或规格的钢筋数量不足，而用其他品种或规格的钢筋进行代换，在绑扎梁钢筋时检查被代换的箍筋根数，发现钢筋截面不足。

（2）原因分析

1）在钢筋加工配料单中只是标明了箍筋的根数，而未说明如果箍筋钢筋不足时如何进行代换，使操作人员没有代换的依据。

2）配料时对横向钢筋作钢筋规格代换，通常是箍筋和弯起钢筋结合考虑，如果单位长度内的箍筋全截面面积比原设计的面积小，说明配料时考虑了弯起钢筋的加大。有时由于钢筋加工中的疏忽，容易忘记按照加大的弯起钢筋填写配料单，这样，在弯起钢筋不变的情况下，意味着箍筋截面不足。

（3）预防措施

1）在钢筋配料时，作横向钢筋代换后，应立即重新填写箍筋和弯起钢筋配料单，要详细说明代换的具体情况，向操作人员进行技术交底，以便正确代换。

2）在进行钢筋骨架绑扎前，要对钢筋施工图、配料单和实物进行三对照，发现问题时及时向有关人员报告，以便采取处理措施。

（4）处理方法

1）如果箍筋代换后出现截面不足，在骨架尚未绑扎前可增加所缺少的箍筋。

2）如果钢筋骨架已绑扎完毕，则将绑扎好的箍筋松扣，按照设计要求重新布置箍筋的间距进行绑扎。

第二节   钢筋焊接连接

一、钢筋焊接的一般规定及方法

1. 钢筋焊接的一般规定

（1）电渣压力焊主要用于柱子、墙体、烟囱等现浇混凝土结构中竖向受力钢筋的连接；不得用于梁、板等构件中水平钢筋的连接。

（2）在工程开工或每批钢筋正式焊接前,应按有关规定在现场条件下进行钢筋焊接性能试验。钢筋焊接性能合格后,才能正式生产。

（3）在钢筋焊接施工之前,应清除钢筋或钢板焊接部位与电极接触的钢筋表面上的锈斑、油污和杂物等;钢筋端部如果有弯折、扭曲时,应予以矫直或切除。

（4）进行电阻点焊、闪光对焊、电渣压力焊或埋弧压力焊时,应随时观察电源电压的波动情况。

（5）对于电阻点焊或闪光对焊,当电源电压下降大于5％而小于8％时,应采取提高焊接变压器级数的措施;当电源电压下降大于或等于8％时,不得进行焊接。对于电渣压力焊或埋弧压力焊,当电源电压下降大于5％时,不宜进行焊接。

（6）对于从事钢筋焊接施工的班组及有关人员,应经常进行安全生产教育,并应制定和实施安全技术措施,加强电焊工的劳动保护,防止发生烧伤、触电、火灾、爆炸及烧坏焊接设备等事故。

（7）焊接用的机具应经常维修保养和定期检修,确保其运转正常和使用安全。在正式焊接之前,要对这些机具进行试运转,一切正常后方可正式生产。

2. 钢筋焊接的基本方法

建筑工程常用的钢筋焊接方法见表4-6。

表4-6　钢筋焊接方法及其适用范围

焊接方法		接头形式图示
电阻点焊		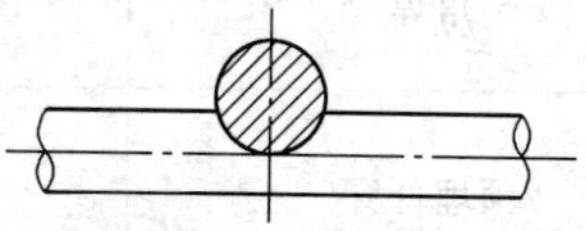
闪光对焊		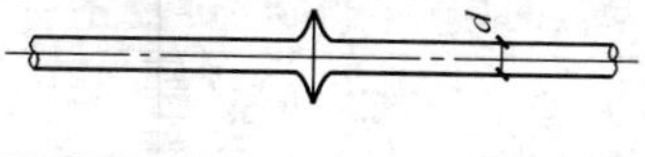
电弧焊	帮条双面焊	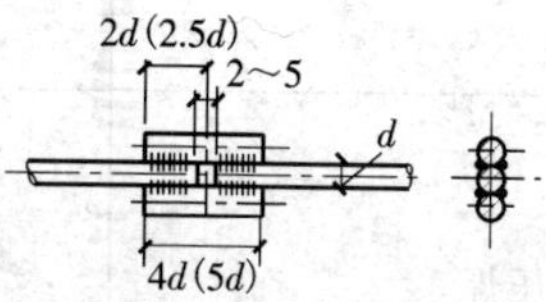
	帮条单面焊	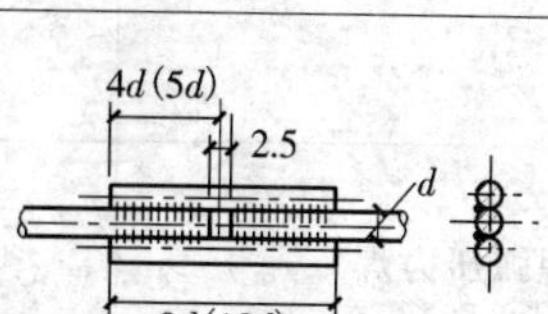
	搭接双面焊	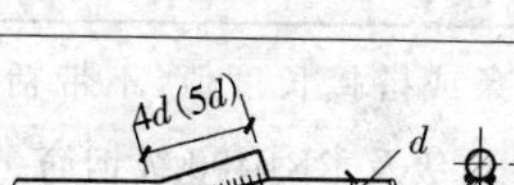

焊接方法		接头形式图示
电弧焊	搭接单面焊	
	熔槽帮条焊	
	坡口平焊	
	坡口立焊	
	钢筋与钢板搭接焊	
	预埋件角焊	
	预埋件穿孔塞焊	
电渣压力焊		
气压焊		
预埋件埋弧压力焊		

注：(1)表中的帮条或搭接长度值，不带括弧的数值用于 HPB235 级钢筋，括号中的数值用于 HRB335 级、HRB400 级及 RRB400 级钢筋。

(2)电阻点焊时，适用范围内的钢筋直径系指较小钢筋的直径。

二、钢筋闪光对焊的施工工艺

1. 闪光对焊的焊接原理

闪光对焊是利用对焊机使两段钢筋接触,通以低电压强电流,把电能转化为热能,使钢筋加热到接近熔点时,施加轴向压力进行顶锻,使两根钢筋焊合在一起,形成对焊接头。钢筋闪光对焊的原理如图 4-19 所示。

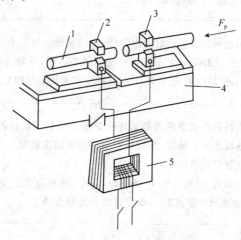

图 4-19　钢筋闪光对焊原理图
1—钢筋;2—固定电极;3—可动电极;4—机座;5—焊接变压器

2. 闪光对焊的工艺参数

(1)闪光对焊的工艺参数见表 4-7。

表 4-7　闪光对焊的工艺参数

项目	内　　容
调伸长度	调伸长度指焊接前两钢筋从电极钳口伸出的长度。调伸长度的取值与钢筋品种、直径有关,应当既能使钢筋加热均匀,又使钢筋顶锻时不产生侧弯。调伸长度的取值:HPB235 级钢筋为 $1.0d$,HRB335 级、HRB400 级和 RRB400 级钢筋取 $1.5d$(d 为钢筋直径)
闪光留量	闪光留量又称烧化留量,指钢筋在闪光的过程中所消耗的钢筋长度。闪光留量的选择,应使钢筋在闪光结束时端部加热均匀并达到足够的温度,其取值应根据焊接工艺而确定 　采用连续闪光焊时,为两钢筋切断时严重压伤部分之和,另外再加 8 mm;采用预热闪光焊时,为 8～10 mm;采用闪光—预热—闪光焊时,一次闪光留量为两钢筋切断时严重压伤部分之和,二次闪光为 8～10 mm
闪光速度	闪光速度又称烧化速度,指闪光过程的快慢,闪光速度一般应随钢筋直径的增大而降低。在闪光过程中,闪光的速度由慢到快,开始时近于零,之后约每秒 1 mm,终止时要达到每秒 1.5～2 mm。这样闪光比较强烈,保证焊缝金属不被氧化

（续表）

项目	内 容
预热留量	预热留量系指采用预热闪光焊或闪光—预热—闪光焊时，预热过程中所消耗钢筋的长度。其长度随钢筋直径的增大而增加，以保证钢筋端部能均匀加热，并达到足够的温度 预热留量的取值：当采用预热闪光焊时，为 4～7 mm。当采用闪光—预热—闪光焊时，为 2～7 mm（直径大的钢筋取大值）
预热频率	预热频率系指钢筋在单位时间内(s)预热的次数。对于 HPB235 级钢筋宜高些，一般为 3～4 次/s；对于 HRB335 级、HRB400 级钢筋要适中，一般为 1～2 次/s。每次预热的时间应为 1.5～2 s，间歇时间应为 3～4 s，一般应扩大接触处加热范围，减少温度梯度
顶锻留量	顶锻留量系指钢筋在顶锻压紧后接头处挤出金属所消耗的钢筋长度。在进行顶锻时，应当先在有电流作用下顶锻，然后在断电状态下结束顶锻。因此，顶锻留量又分为带电顶锻留量和断电顶锻留量两项。 顶锻留量的取值：一般应取 4～6.5 mm，钢筋级别高或直径大取大值。其中带电顶锻留量占 1/3，断电顶锻留量占 2/3，焊接时必须控制得当
顶锻速度	顶锻速度系指挤压钢筋接头时的速度。对焊实践证明，顶锻速度越快越好，特别是在开始顶锻的 0.1 s 内，应迅速将钢筋压缩 2～3 mm，使焊接口迅速闭合不致氧化；此过程完成后断电，并以 6 mm/s 的速度继续进行顶锻至终止。顶锻速度要快，但顶锻压力要适当
变压器级数	变压器级数用以调节焊接电流的大小，应根据钢筋级别、直径、焊机容量及焊接工艺等具体情况进行选择。钢筋直径较小、焊接操作技术较熟练时，可选择较高的变压器级数（此时电流强度较大）。根据焊接电流和时间的不同，变压器级数可分为强参数（电流强度大、时间短）和弱参数（电流强度小、时间长）两种，应根据实际情况进行选择

（2）闪光对焊的各项留量如图 4-20 所示。

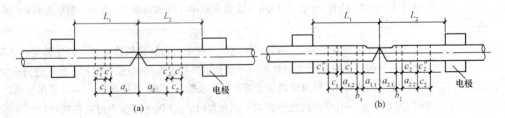

图 4-20 闪光对焊的各项留量示意

(a)连续闪光焊；(b)闪光—预热—闪光焊

L_1，L_2—调伸长度；a_1+a_2—烧化留量；b_1+b_2—预热留量；c_1+c_2—顶锻留量；

$c_1'+c_2'$—有电顶锻留量；$c_1''+c_2''$—无电顶锻留量；

$a_{1.1}+a_{2.1}$——次烧化留量；$a_{1.2}+a_{2.2}$—二次烧化留量

3. 闪光对焊的焊接工艺

(1)连续闪光焊

先将钢筋夹在对焊机两极的钳口上,然后闭合电源,使两根钢筋轻微接触。由于钢筋端部凹凸不平,接触面很小,电流通过时电流密度和接触电阻很大,接触点会很快熔化,产生金属蒸气飞溅形成闪光现象。与此同时,徐徐移动钢筋,保持连续闪光,接头同时被加热,至接头端面闪平、杂质闪掉、接头熔化,随即施加适当的轴向压力迅速顶锻。先带电顶锻,随之断电顶锻,使钢筋顶锻缩短规定的长度留量,两根钢筋便焊合成一体。钢筋闪光对焊工艺的过程示如图 4-21 所示。

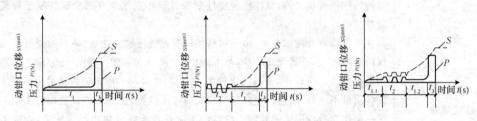

图 4-21 钢筋闪光对焊工艺的过程示意图
(a)连续闪光焊;(b)预热闪光焊;(c)闪光—预热—闪光焊
t_1—闪光时间;$t_{1.1}$—一次闪光时间;$t_{1.2}$—一次闪光时间;t_2—预热时间;t_3—顶锻时间

在钢筋焊接过程中,由于闪光的作用,使空气不能进入接头处,同时闪去接口中原有的杂质和氧化膜,通过挤压又把已熔化的氧化物挤出,因而接头质量可得到保证。

连续闪光焊适用于焊接直径在 25 mm 以下的 HPB235 级、HRB335 级钢筋和直径在 16 mm 以下的 HRB400 级钢筋。

(2)预热闪光焊

预热闪光焊实际上是在连续闪光焊前增加一次预热过程,以扩大焊接热影响区,便于钢筋的焊接。在施焊时,闭合电源后使两钢筋的端面交替地接触和分开,这时在钢筋端面的间隙中发出断续的闪光而形成预热过程。当钢筋达到预热温度后,随即进行连续闪光和顶锻。

试验证明:预热闪光焊可以焊接大直径的钢筋。对于直径为 25 mm 以上且端面较平整的钢筋,宜采用预热闪光焊。预热闪光焊适用于焊接直径为 20~36 mm 的 HPB235 级钢筋,直径为 16~32 mm 的 HRB335 级、HRB400 级钢筋以及直径为 12~28 mm 的 RRB400 级钢筋。

(3)闪光—预热—闪光焊

闪光—预热—闪光焊是在预热闪光焊前再增加一次闪光的过程,使钢筋的端部闪平,使钢筋预热均匀。在进行焊接时首先连续闪光,将钢筋端部凹凸不平之处闪平,后面的操作同预热闪光焊。因此,闪光—预热—闪光焊适用于焊接直径大于 25 mm、且端面不平整的钢筋。

RRB400 级钢筋对于氧化、淬火和过热等均比较敏感,其焊接性能较差,关键在于掌握适当的焊接温度,温度过高或过低都会影响钢筋接头的质量。

4. 闪光对焊的质量检查

闪光对焊接头的质量检查,主要包括外观检查和力学性能试验,见表 4-8。

表 4-8　闪光对焊接头的质量检查

项目	内　　容
闪光对焊接头的外观检查	闪光对焊接头表面应当无裂纹和明显烧伤,应有适当镦粗和均匀的毛刺;接头如有弯折,其角度不大于 4°,接头轴线的偏移不应大于 0.1d,亦不应大于 2 mm。外观检查不合格的接头,可将接头左右各 15 mm 切除再重新焊接。对焊接头轴线偏移的测量方法,可按图 4-22 所示方法进行
闪光对焊接头力学性能试验	应按同一类型分批进行,每批切取 6%,但不得少于 6 个试件,其中 3 个做抗拉强度试验,3 个做冷弯性能试验。三个接头试件抗拉强度实测值,均不应小于钢筋母材的抗拉强度规定值;试样应呈塑性断裂且破坏点至少有两个试件断于焊接接头以外。 　　在进行冷弯性能试验时,由于钢筋接口靠近变压器一边(称下口),受变压器磁力线的影响较大,金属飞出较少,故毛刺也少;接口远离变压器的一边(称上口),受变压器磁力线影响较小,金属飞出较多,故毛刺也多。一般钢筋焊接后上口与下口的焊接质量不一致,故应做正向弯曲和反向弯曲试验,正向弯曲试验即将上口毛刺多的一面作为冷弯圆弧的外侧。冷弯时不应在焊缝处或热影响区断裂,否则不论其抗拉强度多高,均判为接头质量不合格。冷弯后外侧横向裂缝宽度不得大于 0.15 mm,对于 HRB335 级、HRB400 级钢筋,冷弯则不允许有裂纹出现。 　　在进行冷弯性能试验时,也可将受压的金属毛刺和镦粗变形部分除去,与钢筋母材的外表齐平。弯曲试验时,焊缝应处于弯曲的中心,弯曲至 90°时,至少有两个试件不得发生破断。钢筋的级别不同,冷弯时的弯心直径也不同,钢筋对焊接头弯曲试验指标见表 4-9

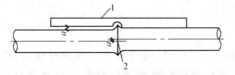

图 4-22　对焊接头轴线偏移测量方法
1—测量尺子;2—对焊接法

表 4-9　钢筋对焊接头弯曲试验指标

钢筋级别	弯心直径(mm)	弯曲角度(°)
HPB235	2d	90
HRB335	4d	90
HRB400	5d	90

三、钢筋电阻点焊的施工工艺

1. 电阻点焊的工作原理

电阻点焊的工作原理如图 4-23 所示。在进行施焊时,将已除锈的钢筋的交叉点放在点焊机的两个电极间,在钢筋通电发热至一定温度后,加压使焊点的金属焊合。

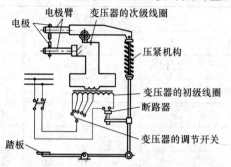

图 4-23　电阻点焊的工作原理图

2. 电阻点焊的工艺参数

电阻点焊的工艺参数见表 4-10。

表 4-10　电阻点焊的工艺参数

项目	内　容
电阻点焊的电流强度	按照电流大小不同,焊接参数可分为强参数和弱参数两种。强参数的电流强度较大 $(120\sim360\ A/mm^2$,系指焊接电流与焊接点面积之比,其面积可采用交叉钢筋中小钢筋的断面面积);弱参数的电流强度较低 $(80\sim160\ A/mm^2)$。强参数的经济效果好,但需要大功率的点焊机。因此,在点焊热轧钢筋时,除钢筋直径大、焊机功率不足,需采用弱参数外,一般宜采用强参数,以提高生产效率。 　　当点焊含碳量高、可焊性差的钢筋时,更应采用强参数,这样才能保证焊接质量;冷加工钢筋点焊时,必须采用强参数,以免因焊接升温而丧失冷加工获得的强度
电阻点焊的通电时间	强参数的通电时间极短,一般仅 $0.1\sim0.5$ s;弱参数的通电时间较长,一般为 0.5 s 至数秒。通电时间的长短,对焊点的质量影响较大。时间过长,钢筋变软而容易压缩,或熔化过多而产生溢出现象,导致焊点强度降低;时间过短,则热量不足,焊接不良。通电时间与变压器级次、钢筋直径有关。变压器的级数越高,通电时间越短;在同一级次下,钢筋直径越大,通电时间越长。当采用 DN_3-75 型点焊机时,其焊接通电时间见表 4-11
电阻点焊的电极压力	试验充分证明:电极压力对焊点强度也有很大影响。如果电极压力过小,则接触电阻很大,钢筋易发生熔化,甚至烧坏电极;电极压力过大,则接触电阻很小,因而需延长通电时间,影响生产效率。 　　点焊时,部分电流会通过已焊接好的各点而形成分流现象,会使通过焊点的电流减小,降低焊点的强度。分流的大小随着通路的增加而增大,随焊点距离的增加而减小。因此,点焊时应考虑合理焊接的顺序,使电流分流减小;也可适当延长通电时间或增大电流,以弥补分流的影响。当采用 DN_3-75 型点焊机时,其焊接电极压力见表 4-12
电阻点焊的焊点压入深度	当细钢筋直径小于 10 mm 时,钢筋直径之比不宜大于 3;当细钢筋直径为 $12\sim14$ mm 时,钢筋直径之比不宜大于 2。同时应根据小直径钢筋选择焊接参数。为使焊点处有足够的抗剪切能力,焊点处钢筋相互压入的深度宜为细钢筋直径的 $1/4\sim2/5$

表 4-11 采用 DN₃-75 型点焊机焊接通电时间　　　　　　　　　　（单位：s）

变压器级数	较小钢筋直径(mm)							
	3	4	5	6	8	10	12	14
1	0.08	0.10	0.12	—	—	—	—	—
2	0.05	0.06	0.07	—	—	—	—	—
3	—	—	—	0.22	0.70	1.50	—	—
4	—	—	—	0.20	0.60	1.25	2.50	4.00
5	—	—	—	—	0.50	1.00	2.00	3.50
6	—	—	—	—	0.40	0.75	1.50	3.00
7	—	—	—	—	—	0.50	1.20	2.50

注：点焊 HRB335 级钢筋或冷轧带肋钢筋时，焊接通电时间可延长 20%～25%。

表 4-12 采用 DN₃-75 型点焊机电极压力　　　　　　　　　　（单位：N）

较小钢筋直径(mm)	HPB235 级钢筋冷拔光圆钢丝	HRB335 级钢筋冷轧带肋钢筋	较小钢筋直径(mm)	HPB235 级钢筋冷拔光圆钢丝	HRB335 级钢筋冷轧带肋钢筋
3	980～1 470	—	8	2 450～2 940	2 940～3 430
4	980～1 470	1 470～1 960	10	2 940～3 920	3 430～2 920
5	1 470～1 960	1 960～2 450	12	3 430～4 410	4 410～4 900
6	1 960～2 450	2 450～2 940	14	3 920～4 900	4 900～5 880

3. 电阻点焊的焊接工艺

点焊过程可分为预压、通电、锻压三个阶段，如图 4-24 所示，在通电开始后的一段时间内，接触点扩大，固态金属因加热膨胀。在焊接压力作用下，焊接处金属产生塑性变形，并挤向工件间隙缝中；继续加热后，开始出现熔化点，并逐渐扩大，达到要求的核心尺寸时切断电流。

当钢筋交叉点焊时，由于接触点只有一点，而在接触处有较大的接触电阻，因此在接触的瞬间，电流产生的热量都集中在这一点上，使金属很快地受热达到熔化连接的温度，同时在电极加压下使焊点金属得到焊合。

焊点的压入深度，应符合下列要求：热轧钢筋点焊时，压入深度为较细钢筋直径的 25%～45%；冷拔光圆钢丝、冷轧带肋钢筋点焊时，压入深度应为较细钢筋直径的 25%～40%。

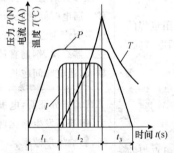

图 4-24　电阻点焊的工艺过程

t_1—预压时间；t_2—通电时间；t_3—锻压时间

4. 电阻点焊的质量检查

钢筋电阻点焊的外观检查应无脱落、漏焊、气孔、裂缝、空洞以及明显烧伤现象。焊点处应挤出饱满均匀的熔化金属，并应有适量的压入深度；焊接网的长度、宽度及骨架长度的允许偏差为±10 mm;焊接骨架高度的允许偏差为±5 mm;网眼尺寸及箍筋间距的允许偏差为±10 mm。焊点的抗剪强度不应低于细钢筋的抗拉强度;在进行拉伸试验时,不应在焊点处出现断裂;在进行弯曲试验时,不应出现裂纹。

四、钢筋电弧焊的施工工艺

1. 电弧焊的工作原理

钢筋的电弧焊是以焊条作为一个极,钢筋作为另一个极,利用电弧焊机使焊条与焊件之间产生高温电弧,熔化焊条和高温电弧范围内的焊件金属,冷却凝固后形成焊接接头。

电弧焊的工作原理如图 4-25 所示。电弧焊机有直流弧焊机和交流弧焊机之分,常用的是交流弧焊机。焊条的种类较多,宜根据钢材级别和焊接接头形式选择焊条。焊条型号选用见表 4-13;焊条直径和焊接电流选用见表 4-14。

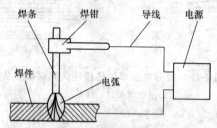

图 4-25 电弧焊的工作原理

表 4-13 焊条型号选用表

焊接形式	HPB235 级钢筋	HRB335 级钢筋	HRB400 级钢筋
搭接焊	结 300	结 500	结 500
帮条焊	结 420	结 500	结 550
坡口焊	结 420	结 550	结 600

表 4-14 焊条直径和焊接电流选用表

焊接位置	钢筋直径(mm)	焊条直径(mm)	焊接电流(A)	
			搭接焊、帮条焊	坡口焊
平焊	10～12	3.2	90～130	140～170
	14～22	4.0	130～180	170～190
	25～32	5.0	180～230	190～220
	36～40	5.0	190～240	200～230
立焊	10～12	3.2	80～110	120～150
	14～22	4.0	110～150	150～180
	25～32	5.0	120～170	180～200
	36～40	5.0	170～220	190～210

2. 电弧焊的焊接工艺

(1)搭接焊

搭接接头如图 4-26(a)所示,适用于直径 10～40 mm 的 HPB235 级、HRB335 级和 HRB400 级钢筋,其中,图中括号外数值用于 HPB235 级钢筋,图中括号内数值用于 HRB335 级和 HRB400 级钢筋。

在焊接时,先将主钢筋的端部按搭接长度预弯,使被焊钢筋处在同一轴线上,并采用两端点焊定位,焊缝宜采用双面焊,当双面施焊有困难时,也可采用单面焊。

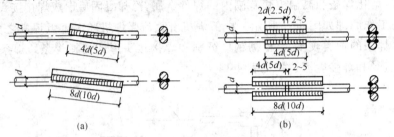

图 4-26   钢筋电弧焊的搭接接头和帮条接头

(a)搭接接头;(b)帮条接头

(2)帮条焊

帮条接头如图 4-26(b)所示,其适用范围与搭接接头相同。帮条钢筋宜与主筋同级别、同直径,如果帮条钢筋与被焊接钢筋的级别不同,还应按钢筋的计算强度进行换算。所采用帮条的总截面面积应满足:当被焊接钢筋为 HPB235 级钢筋时,不小于被焊钢筋截面的 1.2 倍;当被焊接钢筋为 HRB335 级、HRB400 级钢筋时,不小于被焊钢筋截面的 1.5 倍。

采用帮条接头时,两主筋端面间的间隙应为 2～5 mm,帮条和主筋间用四点对称定位点焊加以固定。在进行焊接时,应在帮条的焊缝中引弧,在端部收弧前应填满弧坑,并应使主焊缝与定位焊缝的始端和终端熔合。

钢筋搭接接头和帮条接头焊接,焊缝的厚度应不小于 $0.3d$,但要大于 4 mm,焊缝的宽度不小于 $0.7d$,且不小于 10 mm,如图 4-27 所示。

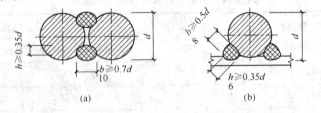

图 4-27   焊缝尺寸示意图

(a)钢筋接头;(b)钢筋与钢板接头

(3)坡口焊

坡口焊适用于装配式框架结构安装时的柱间节点或梁与柱的节点焊接。

钢筋坡口焊时坡口面应平顺。坡口立焊时,坡口角度为 40°～55°,下钢筋为 0°～10°,上钢筋为 35°～45°,如图 4-28(a)所示;凹凸不平处不得超过 1.5 mm,切口边缘不得有裂纹和较大的钝边、缺棱。钢筋坡口平焊时,V 形坡口角度为 55°～65°,如图 4-28(b)所示。

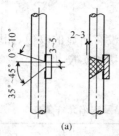
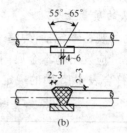

图 4-28　钢筋坡口焊接头

(a)立焊的坡口接头；(b)平焊的坡口接头

钢垫板长度为 40～60 mm，厚度为 4～6 mm。平焊时，钢垫板宽度为钢筋直径加 10 mm；立焊时，其宽度应等于钢筋直径。

钢筋根部间隙，平焊时为 4～6 mm；立焊时为 3～5 mm。最大间隙均不宜超过 10 mm。坡口焊时，焊缝根部、坡口端面以及钢筋与钢板之间均应熔合；焊接过程中应经常清渣；钢筋与钢垫板之间应加焊 2～3 层侧面焊缝；焊缝的宽度应大于 V 形坡口的边缘 2～3 mm，焊缝余高不得大于 3 mm，并宜平缓过渡至钢筋表面。

（4）预埋铁件钢筋电弧焊

钢筋与预埋铁件接头，可分为对接接头和搭接接头两种，对接接头又可分为角焊和穿孔塞焊，如图 4-29 所示。

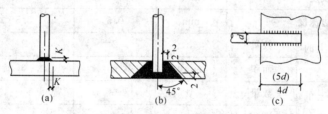

图 4-29　钢筋与预埋铁件接头形式

(a)角焊；(b)穿孔塞焊；(c)搭接焊

当钢筋直径为 6～25 mm 时，可采用角焊；当钢筋直径为 20～30 mm 时，宜采用穿孔塞焊。

角焊焊缝处焊脚高度 K 的取值，如图 4-29(a)所示，对于 HPB235 级、HRB335 级钢筋，应分别不小于钢筋直径的 0.5～0.6 倍。

在现浇钢筋混凝土构件中对于粗直径钢筋可采用铜模窄间隙电弧焊，窄间隙电弧焊的工艺流程，如图 4-30 所示。

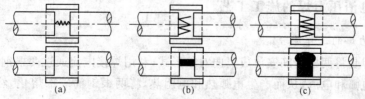

图 4-30　窄间隙电弧焊焊接工艺示意图

（a)焊接初期；(b)焊接中期；(c)焊接末期

3. 电弧焊接头的质量检查

电弧焊接头的外观检查包括:焊缝平顺,没有裂纹,没有明显的咬边、凹陷、焊瘤、夹渣和气孔。用小锤敲击焊缝应发出与本金属同样的清脆声;焊接接头尺寸的允许偏差及气孔、夹渣等缺陷的允许值,应符合表 4-15 中的规定。

表 4-15　焊接接头尺寸的允许偏差及缺陷允许值

名　称		单　位	接　头　形　式		
			帮条焊	搭接焊	坡口焊 熔槽帮条焊
帮条沿接头中心线的纵向偏移		mm	0.5d	—	—
接头处弯折角		(°)	4	4	4
接头处钢筋轴线的偏移		mm	0.1d	0.1d	0.1d
			3	3	3
焊缝厚度		mm	+0.05d 0	+0.05d 0	—
焊缝宽度		mm	+0.1d 0	+0.1d 0	—
焊缝长度		mm	−0.5d	−0.5d	—
横向咬边深度		mm	0.5	0.5	0.5
在长 2d 焊缝表面上的 气孔及夹渣	数量	个	2	2	—
	面积	mm²	6	6	—
在全部焊缝表面上的 气孔及夹渣	数量	个	—	—	2
	面积	mm²	—	—	6

注:d 为钢筋直径(mm)。

坡口接头除应进行外观检查和超声波探伤外,还应分批切取 1‰ 的接头进行切片观察(焊缝金属部分)。切片经磨平后,其内部应没有裂缝和大于规定的气孔和夹渣。经切片后的焊缝处,允许用相同的焊接工艺进行补焊。钢筋电弧焊接头还应进行拉伸试验,其试验结果应符合:

(1)3 个热轧钢筋接头试件的拉伸强度,均不得小于该级别钢筋规定的抗拉强度;

(2)3 个接头试件均应断于焊缝之外,并应至少有两个试件呈延性断裂。

五、钢筋电渣压力焊的施工工艺

1. 电渣压力焊的工作原理

电渣压力焊是将两根钢筋安放成竖向对接形式,利用焊接电流通过两根钢筋端面间隙,在焊剂层下形成电弧和电渣,从而产生电弧热和电阻热,将两根钢筋端部熔化,然后施加压力使钢筋焊合。

钢筋的电渣压力焊的工作原理大致分为四个过程:引弧过程、电弧过程、电渣过程和顶压过程。其工作原理如图 4-31 所示。

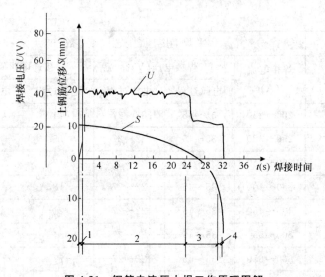

图 4-31　钢筋电渣压力焊工作原理图解
1—引弧过程；2—电弧过程；3—电渣过程；4—顶压过程

钢筋电渣压力焊与电弧焊相比，具有工作条件好、工效较高、成本较低、易于掌握、节省能源和节约钢筋等优点。

2. 电渣压力焊的工艺参数

钢筋电渣压力焊的焊接参数，主要包括焊接电流、焊接电压和焊接通电时间。

在一般情况下，这三个焊接参数应符合表 4-16 中的规定。

表 4-16　常用钢筋电渣压力焊主要焊接参数

钢筋直径 （mm）	焊接电流 （A）	焊接电压（V）		焊接时间 （s）
		造渣过程	电渣过程	
20	300～350	40	20	20
22	300～350	40	20	22
25	400～450	40	20	25
28	450～550	40	20	28
32	500～600	40	20	35

对于竖向钢筋电渣压力焊，其焊接参数可参考表 4-17 中的数值。

表 4-17　竖向钢筋电渣压力焊的焊接参数

项　次	钢筋直径 （mm）	焊 接 工 艺 参 数					熔化量 （mm）
		焊接电流 （A）	焊接电压（V）		焊接通电时间(s)		
			电弧过程	电渣过程	电弧过程	电渣过程	
1	14	200～220	35～45	22～27	12	3	20～25

（续表）

项　次	钢筋直径(mm)	焊接工艺参数					熔化量(mm)
		焊接电流(A)	焊接电压(V)		焊接通电时间(s)		
			电弧过程	电渣过程	电弧过程	电渣过程	
2	16	200～250	35～45	22～27	14	4	20～25
3	18	250～300	35～45	22～27	15	5	20～25
4	20	300～350	35～45	22～27	17	5	20～25
5	22	350～400	35～45	22～27	18	6	20～25
6	25	400～450	35～45	22～27	21	6	20～25
7	28	500～550	35～45	22～27	24	6	25～30
8	32	600～650	35～45	22～27	27	7	25～30
9	36	700～750	35～45	22～27	30	8	25～30
10	40	850～900	35～45	22～27	33	9	25～30

对于全封闭自动钢筋竖、横电渣压力焊焊接参数，可参考表 4-18 中的数值。

表 4-18　全封闭自动钢筋竖、横电渣压力焊焊接参数

焊接形式	钢筋直径(mm)	16	18	20	22	25	28	32	36
竖向	造渣过程时间(s)	11	14	16	18	21	25	28	30
	电渣过程时间(s)	8	8	9	10	11	13	14	14
	工作电流(A)	400	430	450	470	500	540	590	630
横向	造渣过程时间(s)	16	16	18	20	24	—	—	—
	电渣过程时间(s)	24	28	30	36	44	—	—	—
	工作电流(A)	450	500	550	600	650	—	—	—

注：本表仅作为焊前试焊时的初始值，当施工现场电源电压偏离额定值较大时，应根据实际情况适当修正。

3. 电渣压力焊的焊接工艺

钢筋电渣压力焊设备为钢筋电渣压焊机，有手动压力焊机和自动压力焊机两类。在建筑工程中常用的钢筋电渣压力焊机主要包括：焊接电源、焊接机头、焊接夹具、控制箱和焊剂盒等，如图 4-32 所示。

焊接电源宜采用 BX2-1000 型焊接变压器；焊接夹具应具有一定刚度，使用灵巧，坚固耐用，上下钳口同心；控制箱内安有电压表、电流表和信号电铃，能准确控制各项焊接参数；焊剂盒由铁皮制成内径为 90～100 mm 的圆形，与所焊接的钢筋直径相适应。

电渣压力焊所用的焊剂，一般采用 431 型焊药。焊剂在使用前必须在 250℃温度中烘烤 2 小时，以保证焊剂容易熔化，形成渣池。焊接机头有杠杆单柱式和螺杆传动式两种。杠杆单柱

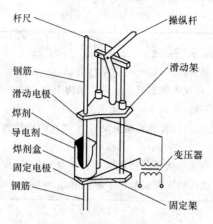

图 4-32 电渣压力焊示意图

式焊接机头由单导柱、夹具、手柄、监控仪表、操作把等组成。下夹具固定在钢筋上,上夹具利用手动杠杆可沿单柱上下滑动,用以控制上钢筋的运动和位置。

螺杆传动式双柱焊接机头,由伞形齿轮箱、手柄、升降螺杆、夹紧装置、夹具、双导柱等组成。上夹具在双导柱上滑动,利用螺杆、螺母的自锁特性,使上钢筋易定位,夹具定位精度高,卡住钢筋后不需要调整对中,电流通过特制焊把钳子直接夹在钢筋上。竖向钢筋电渣压力焊的工艺流程,如图 4-33 所示。

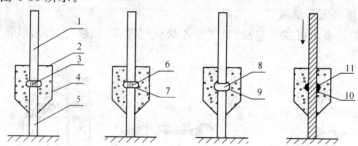

图 4-33 竖向钢筋电渣压力焊的工艺过程

1—上钢筋;2—焊剂;3—引弧球;4—焊剂头;5—下钢筋;6—电弧;
7—气体腔;8—渣池;9—渣壳;10—焊口;11—挤压力

4. 电渣压力焊的质量检查

电渣压力焊的质量检查见表 4-19。

表 4-19 电渣压力焊的质量检查

项目	内 容
外观检查	钢筋电渣压力焊的接头,应逐个进行外观检查。接头的外观检查结果,应当符合下列要求: 四周焊包凸出钢筋表面的高度,应当大于或等于 4 mm;钢筋与电极的接触处,应无烧伤缺陷;接头处的弯折角不得大于 4°;接头处的轴线偏移不得大于钢筋直径的 0.1 倍,且不得大于 2 mm。外观检查不合格的接头,必须将其切除重焊,或采用补强焊接措施

（续表）

项目	内　　　　容
拉伸试验	钢筋电渣压力焊的接头，应进行力学性能试验。在一般构筑物中，应以 300 个同级别钢筋接头作为一批；在现浇钢筋混凝土多层结构中，应以每一楼层或施工区段中 300 个同级别钢筋接头作为一批，不足 300 个接头的仍应作为一批。从每批钢筋接头中随机切取 3 个试件做拉伸试验，其试验结果应满足：3 个试件的抗拉强度均不得小于该级别钢筋规定的抗拉强度。 　　当试验结果中有 1 个试件的抗拉强度低于规定值时，应再切取 6 个试件进行复验。当复验中仍有 1 个试件的抗拉强度小于规定值时，应确认该批接头为不合格品

六、钢筋气压焊的施工工艺

1. 钢筋气压焊的工作原理

钢筋气压焊是采用一定比例的氧气和乙炔气焰为热源，对需要焊接的两根钢筋端部接缝处进行加热烘烤，使钢筋端部达到热塑状态，同时对钢筋施加一定的轴向压力，使钢筋顶锻在一起。

钢筋气压焊具有设备简单、操作方便、质量较好、成本较低等特点，不仅适用于竖向钢筋的连接，也适用于各种方向布置的钢筋连接。适用于直径 40 mm 以下的 HPB235 级、HRB335 级钢筋的连接，当不同直径钢筋焊接时，两钢筋直径差不得大于 7 mm。

2. 钢筋气压焊的设备组成

钢筋气压焊的设备组成主要包括：氧气和乙炔供气设备、加热器、加压器及钢筋卡具等，见图 4-34 所示。

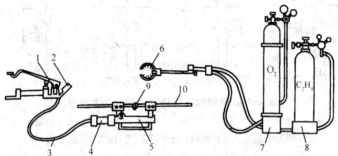

图 4-34　钢筋气压焊的设备组成

1—脚踏液压泵；2—压力计；3—液压胶管；4—活动液压泵；5—夹具；
6—焊枪；7—氧气瓶；8—炔瓶；9—接头；10—钢筋

气压焊的供气设备主要包括氧气瓶、乙炔气瓶（或中压乙炔发生器）、干式回火防止器、减压器及输气胶管等；加热器是一种多嘴环形装置，由混合气管和多口烤枪组成；加压器由顶锻液压缸、液压泵、液压管、液压表等组成；钢筋卡具应能牢固夹紧钢筋，当钢筋承受最大轴向压力时，钢筋与夹具之间不得产生相对滑移；并应便于钢筋的安装定位，在焊接的过程中能保持刚度。

3. 钢筋气压焊的焊接工艺

钢筋气压焊的施工工艺主要包括：钢筋端部处理、安装钢筋、喷焰加热、施加压力等过程。

一般应按下列步骤进行施工：

(1)在气压焊施焊之前,将钢筋的端面切平,并使切面与钢筋轴线垂直;在钢筋端部两倍直径的长度范围内,清除其表面上的附着物;钢筋边角毛刺及断面上的铁锈、油污和氧化膜等,应彻底清除干净,使其露出金属的光泽,不得有氧化现象。

(2)在安装焊接夹具和钢筋时,应将两根钢筋分别夹紧,并使两根钢筋的轴线在同一条直线上。钢筋安装后应加压顶紧,两根钢筋之间的局部缝隙不得大于 3 mm。

(3)气压焊的开始阶段,宜采用碳化焰,对准两根钢筋的接缝处集中加热,并使其内焰包住缝隙,防止端面产生氧化。当加热至两根钢筋缝隙完全密合后,应当改用中焰,以结合面为中心,在两侧各一倍钢筋直径长度范围内往复加热。钢筋端面的加热温度,控制在 1 150℃～1 250℃;钢筋端面的加热温度应稍高于该温度,加热温度大小由钢筋直径大小产生的温度梯度差确定。

(4)待钢筋端部达到预定的设计温度后,对钢筋施加一个 30～40 MPa 的轴向压力,直到焊缝处对称均匀地变粗,即此处直径为钢筋原直径的 1.4～1.6 倍,变形长度为钢筋直径的1.3～1.5 倍。

(5)在钢筋采用气压焊时,应根据钢筋直径和焊接设备等具体条件,选用等压法、二次加压法或三次加压法焊接工艺。常用的三次加压法焊接工艺流程如图4-35所示。

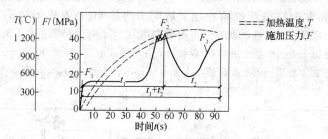

图 4-35　三次加压法焊接工艺过程

t_1—碳化焰对准钢筋接缝处集中加热;t_2—中性焰往复宽幅加热;

t_1+t_2—根据钢筋直径和火焰热功率而定;

F_1——次加压;F_2—二次加压,接缝密合;F_3—三次加压,镦粗成型

通过施加轴向压力,待钢筋接头的镦粗区形成规定的形状时,停止对钢筋的加热和加压,拆下焊接夹具。

4. 钢筋气压焊的质量检查

钢筋气压焊的质量检查,见表4-20。

表 4-20　钢筋气压焊的质量检查

项目	内　　容
外观检查	钢筋气压焊的接头应逐个进行外观检查,其检查结果应符合下列要求: (1)偏心量 e 不得大于钢筋直径的 0.15 倍,且不得大于 4 mm[图 4-36(a)];当不同直径钢筋焊接时,应按较细钢筋直径计算。当偏心量大于规定值时,应当切除重新焊接; (2)两钢筋的轴线弯折角不得大于 4°,当大于规定值时,应当重新加热进行矫正;

（续表）

项目	内　容
外观检查	（3）镦粗钢筋直径 d_c 不得小于钢筋直径的 1.4 倍［图 4-36（b）］。当小于此规定值时，应当重新加热镦粗； （4）镦粗长度 l_c 不得小于钢筋直径的 1.2 倍，且凸起部分平缓圆滑［图 4-36（c）］。当小于此规定值时，应当重新加热镦粗； （5）压焊面偏移 d_b 不得大于钢筋直径的 0.2 倍［图 4-36（d）］； （6）钢筋压焊区的表面不得有横向裂纹或严重烧伤
拉伸试验	对于一般构筑物，以 300 个接头作为一批；对于现浇钢筋混凝土多层结构，应以每一楼层或施工区段中 300 个同级别钢筋接头作为一批，不足 300 个接头的仍应作为一批。从每批钢筋接头中随机切取 3 个试件做拉伸试验，其试验结果应满足：3 个试件的抗拉强度均不得小于该级别钢筋规定的抗拉强度，并应拉断于压焊面之外，呈延性断裂。当有 1 个试件不符合要求时，应切取 6 个试件进行复检；如果复检仍有 1 个试件不符合要求，则确认该批钢筋接头为不合格品
弯曲试验	对用于梁、板的水平钢筋，每批中应另切取 3 个接头进行弯曲试验。在进行弯曲试验前，应将试件受压面的凸起部分消除，并应与钢筋外表面齐平，弯心直径应比原材料弯心直径增加 1 倍钢筋直径，弯曲角度均为 90°。弯曲试验可在万能试验机、手动或电动液压弯曲试验器上进行；压焊面应处在弯曲中心点，弯曲 90°，3 个试件均不得在压焊面处发生断裂。当弯曲试验中有 1 个试件不符合要求时，应切取 6 个试件进行复检；如果复检仍有 1 个试件不符合要求，则确认该批钢筋接头为不合格品

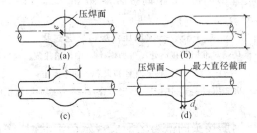

图 4-36　钢筋气压焊接头外观质量图示

（a）偏心量；（b）镦粗直径；（c）镦粗长度；（d）压焊面偏移

七、钢筋焊接接头无损检测技术

1. 超声波检测法

无损检测技术即非破坏性检测技术，就是在不破坏待测物质原来的状态、化学性质等前提下，为获取与待测物的品质有关的内容、性质或成分等物理、化学情报所采用的检查方法。钢筋接头张拉检测仪，是一种能在施工现场直接判定钢筋接头力学强度的快速无损检测仪器。

建筑工程中所用的钢筋是一种长条形的棒状材料，钢筋气压焊接头的缺陷一般是呈平面状存在于压焊面上，而且对接头的探伤工作只能在施工现场进行。因此，如何采用可靠、先进的检测方法,测定钢筋焊接接头的质量是一个非常重要的问题。经反复工程实践证明,采用超声波无损检测法进行钢筋焊接接头的检测是切实可行的。

超声波无损检测法是基于接头强度与超声波反射率有密切的相应关系的一种评估接头强度的方法,对接头缺陷的检出率高,且操作简便,对人体无害,成本低。该方法用于焊接现场检测,比抽样做破坏检查试验周期短,可加快施工进度,减少钢筋损耗及抽样后修复的费用;用于100%检查或目标抽样检查,经济实用,尤其适用于对经抽样做破坏性检查不及格的成批产品进行100%检查。

(1)超声波检测法的检测原理

当发射探头对钢筋接头处射入超声波时,不完全连接的部分对入射波进行反射,此反射波被接收探头接收。由于钢筋接头抗拉强度与反射波的强弱有很好的相关关系,所以可以利用反射波的强弱来推断钢筋接头的抗拉强度,从而可以判定钢筋接头是否合格。

(2)超声波检测法的检测方法

当钢筋焊接接头采用超声波检测时,应使用气压焊专用探伤仪按步骤进行:

1)首先用纱布或磨光机把钢筋接头处两侧 100~150 mm 纵向范围内清理干净,然后在这个范围涂上耦合剂。

2)将两个探头分别置于镦粗同侧的两条纵肋上,反复移动探头,找到超声波最大透过量的位置,然后调整探伤仪衰减旋钮,直至在超声波最大透过量时,显示屏幕上的竖条数为 5 条止。同材质、同直径的钢筋,每测 20 个接头或每隔 1 小时要重复一次这项操作,不同材质或不同直径的钢筋也要重复这项操作。

3)将发射探头和接收探头的振子都朝向接头的接合面。把发射探头依次置于钢筋同一条肋的以下 3 个位置上:①接近镦粗处;②距离接合面 1.4 d 处;③距离接合面 2.0d 处。发射探头在每一个位置,都要用接收探头在另一条肋上从图 4-37 的位置①到位置③之间来回检测,这种检测方式称为沿纵肋二探头 K 形走查法,如图 4-37 所示。

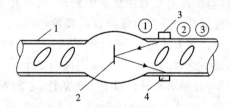

图 4-37　沿纵肋二探头 K 形走查法
1—钢筋纵肋;2—不完全接合部;3—发射探头;4—接收探头

在整个 K 形走查过程中,如果始终没有在探伤仪的显示屏上稳定地出现 3 条以上的竖线,即判定钢筋接头合格。只有两条肋上检查都合格时,才能认为该接头合格。

如果显示屏上稳定地出现 3 条或 3 条以上竖线时,探伤仪即发出报警声,即判定钢筋接头不合格。这时可打开探伤仪声程值按钮,读出声程值的大小,根据声程值确定接头缺陷所在的部位。

2. 无损张拉检测法

钢筋接头无损张拉检测仪,是一种能在施工现场直接判定钢筋接头力学强度的快速无损检测仪器。这种仪器主要用于现场钢筋接头的质量检查,具有快速、无损、轻便、直观、可靠和经济的特点,是现有试验室检测技术的补充和发展。

(1)无损张拉检测法的检测原理

钢筋接头无损张拉检测仪,实际上是一种安装在被测钢筋接头上的微型拉力机,它由拉筋器、高压软管和手动油泵组成。拉筋器为积木式的装配结构,包括可开口的锚具、高压油缸、垫座和变形测量杆件。锚具直接安装在接头上下侧的钢筋上,中间并列布置 2 只超高压油缸,油缸通过软管与手动油泵连接,变形测量杆件夹持在受拉钢筋上,由百分表显示出变形量。

油泵加压时,油缸顶升锚具,钢筋被张拉,直至预定的拉力。拉力由管路上的压力表读出,拉伸变形由百分表测出。钢筋接头无损张拉检测仪的主要性能和测量精度见表 4-21。一般测试时只用一个百分表,精确测量时由两个前后等距的百分表测量取平均值。所加压力与拉力表读数之间的关系应事先标定。

表 4-21　钢筋接头无损张拉检测仪的主要性能和测量精度

无损张拉检测仪的型号	可测钢筋直径 (mm)	额定拉力 (kN)	测压缸的行程 (mm)	拉筋器的厚度 (mm)	压力表的精度 (MPa)	百分表的精度 (mm)
ZL-Ⅰ	16~36	400	50	110	1.5	0.01
ZL-Ⅱ	12~25	250	50	86	1.5	0.01

(2)无损张拉检测法的检测方法

在钢筋接头无损张拉检测仪安装后,将油泵卸荷阀关闭。开始加压时,加压的速度宜控制在 0.5~1.5 MPa/次的范围内,使压力表的读数平稳上升,当上升至钢筋公称屈服拉力(或某个设定的非破损拉力)时,同时记录百分表和压力表的读数,并用 5 倍的放大镜仔细观察钢筋接头的状况。经放大镜观察符合有关规定后,进行钢筋接头的抽检工作。每一种钢筋接头的抽检数量不应少于本批制作接头总数的 2%,但至少应抽检 3 个。

无损张拉检测的试验结果,必须同时符合以下三个条件,才能判定为无损张拉检测的接头合格:

1)钢筋接头能拉伸到其公称屈服点。

2)钢筋的屈服伸长率基本正常,如 HRB335 级钢筋的屈服伸长率为0.15%~0.60%。

3)在公称屈服拉力的作用下,钢筋接头无破损,也没有出现细微裂纹和接头声响等异常现象。

在无损张拉检测试验中,如果钢筋接头有不符合上述条件之一者,应取双倍数量的试件进行复验。

八、预埋件钢筋 T 形接头的质量检查

预埋件钢筋埋弧压力焊是将钢筋与钢板安放成 T 形连接形式,利用焊接电流的通过,在

焊剂层下产生电弧,从而形成熔池,加压完成的一种压焊方法。这种焊接方法工艺简单、工效较高、质量较好、成本较低。预埋件钢筋埋弧压力焊如图4-38所示。

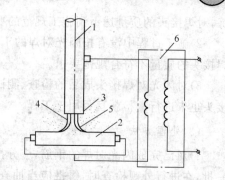

图4-38　预埋件钢筋埋弧压力焊T形接头
1—钢筋;2—钢板;3—焊剂;
4—电弧;5—熔池;6—焊接变压器

预埋件钢筋埋弧压力焊T形接头,在焊接完成后要进行质量检查,根据现行的施工规范中的规定,应按以下步骤进行:

(1)预埋件钢筋埋弧压力焊T形接头的外观检查,应当从同一台班内完成的同一类型预埋件中抽查10%,且不得少于10件。

(2)当进行预埋件力学性能试验时,应以300件同类型预埋件作为一批。在一周内连续焊接时,可累计计算。当不足300件时,也应按一批计算。应从每批预埋件中随机切取3个试件进行拉伸试验,试件的钢筋长度应大于或等于200 mm,钢板的长度和宽度均应大于或等于60 mm。

(3)预埋件钢筋埋弧压力焊T形接头外观质量检查结果应符合下列要求:

①四周焊包凸出钢筋表面的高度应不小于4 mm;

②钢筋咬边深度不得超过0.5 mm;

③与钳口接触处钢筋表面无明显烧伤;

④钢板无焊穿,根部应无凹陷现象;

⑤钢筋相对钢板的直角偏差不得大于4°;

⑥钢筋间距偏差不应大于10 mm。

(4)预埋件钢筋埋弧压力焊T形接头3个试件的拉伸试验结果,其抗拉强度应符合下列要求:

①HPB235级钢筋接头均不得小于350 N/mm²;

②HRB335级钢筋接头均不得小于490 N/mm²。

当抗拉强度试验结果有1个试件的抗拉强度小于规定值时,应再取6个试件进行复验。复验结果中仍有1个试件的抗拉强度小于规定值时,应确认该批钢筋接头为不合格品。对于不合格品采取补强焊接后,可提交二次验收。

九、钢筋焊接连接的质量问题与防治

1. 钢筋闪光对焊接头的缺陷

(1)质量问题

钢筋闪光对焊接头存在的质量缺陷,主要表现在未焊透、有裂缝或有脆性断裂等方面,是钢筋混凝土结构工程中严重的质量缺陷,这些质量问题不仅直接影响构件的安全度,而且还直接关系到使用者的生命安危。

(2)原因分析

1)操作人员没有经过技术培训就上岗操作,对闪光对焊接头的各项技术参数掌握不够熟练,对焊接头的质量达不到施工规范的要求。

2)施工过程中没有按闪光对焊的工艺管理,没有及时纠正不标准的工艺,结果造成闪光对焊接头的质量不符合规范要求。

3)对闪光对焊接头成品的检查、测试不够,使不合格的产品出厂;在施工现场对这些对焊接头也未进行复检就盲目用于工程。

(3)处理方法

1)对已完成闪光对焊的钢筋,应分批抽样进行质量检查,以200个同一类型的钢筋接头为一批,在进行外观检查时,每批应当抽查10%的接头,并且不得少于10个。钢筋的闪光对焊接头的力学性能试验,在每批成品中切取6个试件,3个做拉伸试验,3个做弯曲试验。

2)钢筋的闪光对焊接头的外观检查,必须满足以下几个方面:

①所有钢筋接头均要进行外观检查,钢筋的接头处不得有横向裂纹,对于有横向裂纹的钢筋接头必须剔除。

②与电极接触处的钢筋表面对Ⅰ级、Ⅱ级和Ⅲ级钢筋不得有明显的烧伤,对Ⅳ级钢筋不得有烧伤。

③钢筋接头处弯折角度应严格控制,弯折角度不得大于4°;对大于4°的弯折角应重新返工。

④接头处的钢筋轴线的偏移,不得大于1/10的钢筋直径,同时不得大于2 mm;对于超过允许范围的接头,必须纠正后重新进行焊接。

3)当有一个接头不符合以上要求时,应对全部接头进行检查,剔除并切除不合格的接头,重焊后再进行二次验收。

(4)预防措施

钢筋的闪光对焊接头缺陷的预防措施见表4-22。

表 4-22　钢筋的闪光对焊接头缺陷的预防措施

缺陷种类	预防措施
接头中有氧化膜,未焊透或夹渣	增加预热程度;加快临近顶锻时的烧化速度;确保带电顶锻过程;加快顶锻速度;增大顶锻压力
接头中有缩孔	降低变压器级数;避免烧化过程过分强烈;适当增大顶锻留量及顶锻压力
焊缝金属过烧,或热影响区过热	减小预热程度,加快烧化速度;缩短焊接时间;避免过多带电顶锻
接头区域产生裂纹	检验钢筋的碳、硫、磷含量,若不符合规定,应更换钢筋;采取低频预热方法,增加预热程度
钢筋表面微熔及烧伤	清除钢筋被夹紧部位的铁锈和油污;清除电极内表面的氧化物;改进电极槽口形状,增大接触面积;夹紧钢筋
接头弯折或轴线偏移	正确调整电极位置;修整电极钳口或更换已变形的电极;切除或矫直钢筋的弯头

2. 电弧焊接钢筋接头的缺陷

(1)质量问题

电弧焊接钢筋接头如果焊接不牢,容易出现很大的质量问题,轻者产生各种不同的裂缝,重者则产生严重的断裂。因此其电弧焊钢筋接头质量如何,不仅影响钢筋接头的焊接质量,也直接影响钢筋混凝土结构构件的安全度。

(2)原因分析

1)电弧焊接钢筋接头出现以上质量缺陷,其主要原因是:操作不当、管理不严,质量检查不认真。

2)钢筋焊接的具体操作人员未经过专门的岗位培训,对于电弧焊工艺不熟练;企业没有坚持特殊专业持证上岗制度,让一些无证人员顶替作业,钢筋接头的质量根本无法保证。

3)施工企业没有坚持严格的质量检查制度,在电弧焊接开始前没有进行技术交底,没有按照国家的有关规定进行验收。

(3)处理方法

1)检查电弧焊焊接钢筋接头的外观质量时,应在接头清渣后进行抽查,以 300 个同类型接头(同钢筋级别、同接头类型)为一批,取样数量为 10%,且不少于 10 件。外观检查的质量标准是:

①焊缝表面应当平顺,不得出现较大的凹陷、焊缩;在钢筋的接头处不得有明显裂纹出现。

②焊接作业的咬边深度不大于 0.5 mm。

③焊缝气孔及夹渣的数量应符合有关规定,即在 2 倍直径长度上的焊缝不超过 2 个,气孔大小不得超过 6 mm²;

④电弧焊的钢筋接头尺寸偏差应符合下列要求:接头处的弯折不得大于 4°,接头处钢筋轴线偏移不得大于直径的 1/10,且不大于 3 mm;焊缝偏差不大于钢筋直径的 1/20,宽度不大于钢筋直径的 1/10,焊缝长度不大于钢筋直径的 1/2。

外观检查不合格的接头应剔除,重新焊接,并且进行二次验收。

2)3 个试件的抗拉强度均不得低于该级别钢筋的规定抗拉强度值,至少有 2 个试件呈塑性断裂。当检验结果中有 1 个试件的抗拉强度低于规定指标或有 2 个试件发生脆性断裂时,应取双倍数量的试件进行复试,复试结果若仍有 1 个试件抗拉强度低于规定指标或有 3 个试件发生脆性断裂时,则该批接头判为不合格品。

(4)预防措施

1)根据钢筋级别、直径、接头形式和焊接位置,选用合适的焊条直径和焊接电流,保证焊缝与钢筋熔合良好。焊条直径与焊接电流可参考表 4-23 选用。

表 4-23　电弧焊的焊条直径与焊接电流参考表

焊接位置	钢筋直径(mm)	焊接电流(A)	焊条直径(mm)
平　焊	10～12	90～130	3.2
	14～22	130～180	4.0
	25～32	180～230	5.0
	36～40	190～240	5.0

（续表）

焊接位置	钢筋直径(mm)	焊接电流(A)	焊条直径(mm)
立　焊	10～12	80～110	3.2
	14～22	110～150	4.0
	25～32	120～170	4.0
	36～40	170～220	5.0

2)钢筋电弧焊接所采用的焊条,其性能应符合低碳钢和低合金钢电焊条标准的有关规定,其牌号应符合设计中的要求。如果设计中没有具体规定时,可参考表4-24中的情况进行选用。

表4-24　电弧焊接时使用焊条参考表

焊接形式	钢筋级别		
	I 级钢	II 级钢	III 级钢
搭接、帮条、熔槽焊	E43 *	E50 *	E50 *、E55 *
坡口焊	E43 *	E55 *	E55 *、E60 *

3)在采用电弧焊焊接钢筋时,地线应当与钢筋接触良好,这样可防止因电焊起弧而烧伤钢筋。

4)在焊接的过程中,如焊缝处发现裂缝,应立即停止操作,从焊条、工艺、施工条件及钢材性能等方面,逐项进行认真检查分析,查清产生裂缝的原因,采取相应的技术措施,经试验不再出现裂缝后,方可继续施焊。

3. 电渣压力焊钢筋接头的缺陷

(1)质量问题

当钢筋采用电渣压力焊时,如果不严格按照现行施工规范进行操作,其接头易出现下列质量问题:

1)钢筋接头处的偏心值大于0.1倍的钢筋直径或大于2 mm;

2)钢筋接头处弯折大于4°;

3)咬边大于1/20的钢筋直径;

4)钢筋的上下接合处没有充分熔合在一起;

5)焊接包不均匀,大的一面熔化金属多,而小的一面高度不足2 mm;

6)气孔在焊接包的外部和内部均有发现;

7)钢筋表面有烧伤斑点或小弧坑;

8)焊缝中有非金属夹渣物;

9)焊接包出现上翻;

10)焊接包出现下淌。

钢筋电渣压力焊焊接接头的缺陷如图4-39所示。

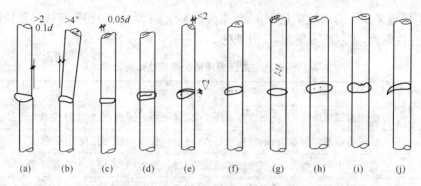

图 4-39 电渣压力焊焊接接头的缺陷

(a)偏心;(b)弯折;(c)咬边;(d)未熔合;(e)焊包不均;(f)气孔;

(g)烧伤;(h)夹渣;(i)焊包上翻;(j)焊包下淌

（2）原因分析

1）电焊工操作水平较差,或工作不认真、不细心,没有按照规定先试焊 3 个接头,经检测合格后,方可选用焊接参数进行施焊。

2）质检人员没有及时跟踪检查,发现质量缺陷没有及时纠正;或有时对焊接接头检查不仔细,未能发现质量缺陷。

（3）处理方法

经外观质量检查,如果接头处钢筋轴线偏移大于 0.1 倍的钢筋直径及超过 2 mm 者,接头处弯折大于 4°和外观检查不合格的钢筋接头,均应将其切除并重新进行焊接。

（4）预防措施

1）在正式焊接前,应先试焊 3 个接头,经外观检查合格后,方可选用焊接参数。每换一批钢筋均应重新调整焊接参数。

2）电渣压力焊的焊接技术参数主要包括渣池电压、焊接电流、焊接通电时间等,在一般情况下可参照表 4-25 选用。

表 4-25　电渣压力焊焊接参数

钢筋直径(mm)	渣池电压(A)	焊接电流(A)	焊接通电时间(s)
14	25～35	200～250	12～15
16	25～35	200～300	15～18
20	25～35	300～400	18～23
25	25～35	400～450	20～25
32	25～35	450～600	30～35
36	25～35	600～700	35～40
38	25～35	700～800	40～45
40	25～35	800～900	45～50

3)在采用电渣压力焊的施工过程中,如果发现裂纹、未熔合、烧伤等焊接质量缺陷时,应参照表 4-26 查找原因,采取防治措施,及时消除。

表 4-26　钢筋电渣压力焊接头焊接缺陷防治措施

焊接缺陷	防治措施
偏心	把钢筋端部矫直;上钢筋安放必须正直;顶压用力适当;及时整修夹具
弯折	必须将钢筋端部矫直;钢筋安放正直;适当延长松开机(夹)具的时间
咬边	适当调小焊接电流;适当缩短焊接通电时间;及时停机;适当加大顶压量
未熔合	提高钢筋下送速度;延迟断电时间;检查夹具,使上钢筋均匀下送;适当增大焊接电流
焊包不均	钢筋端部要切平;要把钢丝圈放在钢筋的正中;适当加大熔化量
气孔	按规定烘焙焊剂;把钢筋的铁锈清除干净
烧伤	钢筋端部彻底除锈;钢筋必须夹紧
焊包下流	塞好石棉布

4. 坡口焊接钢筋接头的缺陷

(1)质量问题

坡口焊接是电弧焊焊接中的四种焊接形式之一,它比其他三种(搭接焊接、帮条焊接、熔槽焊接)焊接质量要求更高,常出现有咬边及边缘不齐、焊缝宽度和高度不定、表面存有凹陷、钢筋产生错位等质量缺陷。

(2)原因分析

出现以上质量缺陷的主要原因是电焊操作人员对坡口焊焊接的工艺不熟练,或者对坡口焊质量标准和焊接技巧掌握不够,或者对钢筋焊接不重视、不认真。

(3)预防措施

1)当钢筋采用坡口平焊时,为确保其焊接质量符合要求,"V"形坡口角度应严格进行控制,一般应控制在 55°～65°范围内。

2)当钢筋采用坡口立式焊接方法时,坡口的角度一般为 40°～55°,其中下钢筋控制在 0°～10°,上钢筋控制在 35°～45°。

3)两根钢筋根部的间隙,当采用坡口平式焊接时为 3～6 mm,当采用坡口立式焊接时为 4～5 mm,最大间隙不得超过 10 mm。

4)钢筋接头在采用坡口焊接方法时,所用的电弧焊的焊条直径和焊接电流,可参考表 4-27 中的数值。

表 4-27　坡口焊电弧焊的焊条直径和焊接电流选用表

焊接位置	钢筋直径(mm)	焊接电流(A)	焊条直径(mm)
坡口平焊	16～20	140～170	3.2
	22～25	170～190	4.0

（续表）

焊接位置	钢筋直径（mm）	焊接电流（A）	焊条直径（mm）
坡口平焊	28～32	190～220	5.0
	36～40	200～230	5.0
坡口立焊	16～20	120～150	3.2
	22～25	150～180	4.0
	28～32	180～200	4.0
	36～40	190～210	5.0

（4）处理方法

1）检查电弧焊接钢筋接头的外观质量时，应在接头清渣后进行抽查，以300个同类型接头（同钢筋级别、同接头形式）为一批，取样数量为10%，且不少于10件。外观检查的质量标准，可参考"电弧焊接钢筋接头"。

2）3个试件的抗拉强度均不得低于该级别钢筋的规定抗拉强度值，至少有2个试件呈塑性断裂。当检验结果有1个试件的抗拉强度低于规定指标或有2个试件发生脆性断裂时，应取双倍数量的试件进行复试，复试结果若仍有1个试件抗拉强度低于规定指标或有3个试件发生脆性断裂时，则该批接头判为不合格品。

5. 电阻点焊采用的焊接参数不当

（1）质量问题

当钢筋选用电阻点焊时，由于采用的焊接参数不当，钢筋焊接质量不符合规范的要求，易出现的质量缺陷有：

1）焊点周围熔化铁浆挤压不饱满，焊点处的强度很低，如果稍微搬动，焊点就会脱落，又会造成二次补焊的质量问题。

2）如果电阻点焊所采用的电流和压力过大，不仅会造成压陷深度过大，而且会产生钢筋脆断现象。

（2）原因分析

1）在钢筋采用电阻点焊方法时，未对所点焊的钢筋经过试验选择焊接参数，电阻点焊的参数不合适，必然给钢筋焊接带来质量缺陷。

2）当钢筋电阻点焊采用的电流过小，通电时间太短时，钢筋焊点周围熔化的铁浆较少，不能使其挤压饱满，从而焊点处的强度很低，在钢筋移动时焊点则容易脱离，也会造成二次补焊的质量问题。

3）钢筋电阻点焊通电加热时，由于采用的电流过大，加热过度，电极压力过大，造成压陷深度过大，从而会使钢筋出现脆断现象。

（3）防治措施

1）当钢筋焊接采用电阻点焊时，应根据钢筋级别、直径及焊机性能等具体情况，选择变压器的级数、焊接通电时间和电极压力。

2)电焊操作人员应在选择以上参数的基础上,通过试验选定焊接参数,试验合格后方可正式进行焊接,当采用 DN₃-75 型点焊机焊接Ⅰ级、Ⅱ级钢筋和冷拔低碳钢丝时,电极压力应符合表 4-28 中的规定。

表 4-28　电阻点焊电极压力的选择　　　　　　　　（单位:N）

较小钢筋直径 (mm)	Ⅰ级钢筋冷拔 低碳钢丝	Ⅱ级钢筋冷轧 带肋钢筋	较小钢筋直径 (mm)	Ⅰ级钢筋冷拔 低碳钢丝	Ⅱ级钢筋冷轧 带肋钢筋
3	980～1 470	—	8	2 450～2 940	2 940～3 430
4	980～1 470	1 470～1 960	10	2 940～3 920	3 430～3 920
5	1 470～1 960	1 960～2 450	12	3 430～4 410	4 410～4 900
6	1 960～2 450	2 450～2 940	14	3 920～4 900	4 900～5 880

3)当采用热轧钢筋点焊时,焊点的压入深度应为较细钢筋直径的 25%～45%;当采用冷拔低碳钢丝、冷轧带肋钢筋点焊时,焊点的压入深度应为较细钢筋(丝)直径的 25%～40%。

4)对于有锈蚀的钢筋,可事先用冷拉的方法脱皮除锈,同时将钢筋表面的油污清除后,再进行点焊,但钢筋表面锈蚀比较严重的(呈锈斑、麻点或鳞片状)不得采用电阻点焊。

6. 钢筋气压焊接头产生错位

(1)质量问题

钢筋采用气压焊进行焊接后,经质量检查发现焊接接头出现偏心错位,不仅外观质量不符合要求,而且使钢筋受力状态发生改变,一旦受力超过一定的限度,钢筋会发生大的变形,从而导致结构构件的破坏。

(2)原因分析

1)在气压焊实施前,对钢筋焊接端部的处理不合格,端面不垂直轴线或表面不平整,由于钢筋端面倾料,气焊后必然导致接头产生错位。

2)由于钢筋焊接夹具出现较大变形,或者夹具刚度不够,或者操作时钢筋未夹紧,或者两根钢筋安装不在同一轴线上,焊接后焊接接头会出现较大的偏心错位,外观质量不符合要求。

(3)防治措施

1)在钢筋进行气压焊前,首先应按规范要求对钢筋焊接端部进行处理,使端面平整且与轴线垂直,钢筋端部处理不合格不能进行焊接作业。

2)在钢筋进行气压焊前,应对设备的钢筋夹具进行认真检查,及时修理或更换损坏的钢筋夹具,使设备中的动夹具与定夹具在同一轴线上,并能将钢筋夹牢,当钢筋承受最大轴向压力时,钢筋与夹具之间不得产生相对滑移。

3)在钢筋进行气压焊时,应将两根钢筋在夹具上分别夹紧,并使两根钢筋的轴线在同一直线上,钢筋安装后应当加压顶紧,两根钢筋之间的局部缝隙不得大于 3 mm。

4)钢筋接头气压焊焊接完毕后,应逐个进行外观质量检查,两根钢筋的轴线偏心量不得大于钢筋直径的 0.15 倍,且不得大于 4 mm,不符合要求的接头必须切除并重新焊接。

5）当两根不同直径的钢筋焊接时，两钢筋直径之差不得大于 7 mm，对于它们偏心量的计算，应以较小直径的钢筋为准，当大于规定值时，也应当切除并重新焊接。

7. 在低温下未采取控温循环措施

（1）质量问题

在低温（负温）情况下进行钢筋闪光对焊、电弧焊、电渣压力焊及气压焊时，无保温和防冻措施，结果造成焊缝冷却速度太快，焊缝根部或热影响区出现裂纹，当焊缝承受拉、弯曲等应力时发生断裂，其断裂强度低于母材的极限强度或屈服强度，使钢筋混凝土结构构件存在很大安全隐患。

（2）原因分析

1）在低温条件下进行钢筋焊接时，有关人员未向操作人员进行技术交底，致使施工者仍按常温条件进行焊接，从而使焊接的质量不合格。

2）在低温条件下进行钢筋焊接时，具体操作人员根本不懂得低温钢筋焊接的工艺，焊接过程中不采取相应的控温循环措施，仍采用常规的施工工艺，从而使焊接的钢筋接头存在很大质量缺陷，严重影响钢筋焊接的质量。

3）在低温（负温）情况下进行钢筋闪光对焊、电弧焊和气压焊时，没有按规定进行焊接试验，确定焊接工艺参数，由于焊接工艺和焊接参数选择不当，使钢筋接头质量不符合规范要求。

（3）防治措施

1）在低温（负温）条件下进行钢筋焊接时，必须首先编制切实可行的施工组织设计，明确施工工艺、操作要点和注意事项；技术人员要向操作人员进行技术交底，使其按有关规定作业。

2）为确保钢筋焊接质量，在低温（负温）条件下进行钢筋焊接时，必须按规定进行焊接试验，通过试验确定焊接工艺参数。

3）在低温（负温）条件下进行钢筋焊接时，应对焊机设备采取必要的防寒措施，如搭设临时工棚，设置一定的取暖设施，防止对焊机的冷却水管冻裂，避免焊接温度与环境温度差异过大。

4）在低温的雨雪天不宜在现场进行焊接，如果必须在现场焊接时，应采取措施加以遮蔽，保护焊接后未冷却的焊接头不被雨雪覆盖。

5）如果施工现场的风速超过 7.9 m/s，采用闪光对焊或电弧焊时风速超过5.4 m/s，或者采用气压焊时，焊接操作处均应采取挡风的措施。

6）-10℃施焊时，应对钢筋接头采取预热和保温缓慢冷却措施，以确保钢筋焊接质量；当施工环境温度低于-20℃时，不宜采取焊接工艺。

7）在施工环境温度低于-5℃的条件下，钢筋焊接应调整常温下的焊接参数，采取相应的控温焊接措施。与常温焊接相比，宜增大焊接的电流，减缓焊接的速度，如采用闪光对焊时，应采用较低的焊接变压器级数，增加调伸长度、预热次数和间歇时间。

8）在进行帮条焊或搭接焊时，第一层焊缝应在中间引弧，平式焊接时应先从中间向两端进行焊接；立式焊接时应先从中间向上端进行焊接，从下端向中间进行焊接；以后各层焊缝应采取控温措施，层间的温度宜控制在 150℃～350℃之间。坡口焊接的焊缝余高应分两层控温焊接。

9)在进行Ⅱ、Ⅲ级钢筋多层焊接时,焊接后可采用回火焊道进行处理,其回火焊道的长度宜比前一焊道在两端缩 4~6 mm。

10)在低温(负温)情况下进行钢筋焊接,应尽量避免强行组对后进行定位焊,如果必须采用定位焊时,其定位焊缝的长度应适当加大,定位后应尽快焊接饱满整个接头,不得在中途出现停顿。

8. 钢筋用电弧切割的质量不合格

(1)质量问题

钢筋采用电弧进行切割,结果造成切割的坡口不整齐、钝边比较大,从而导致在焊接过程中焊缝的金属与钢筋之间局部不熔合,严重影响焊缝的质量,用于钢筋混凝土结构构件中,会存在较大的安全隐患。

(2)原因分析

1)在一般情况下,钢筋不要采用电弧切割。而在钢筋工程施工前,未向施工人员进行技术交底,操作人员错误地采用这种切割方法。

2)如果采用电弧切割方法,再加上采用的焊接电流过小,焊接速度过快,使焊缝的金属与钢筋之间不熔合,产生未焊透的质量缺陷,严重影响钢筋焊接质量。

(3)防治措施

1)钢筋坡口一般不得采用电弧切割的方法,宜采用锯割或气割,切割后的坡口面应平顺,切口的边缘不得有裂纹、不平整和缺棱。

2)当采用坡口平式焊接时,V 形坡口的角度宜控制在 55°~65°范围内;当采用坡口立式焊接时,V 形坡口的角度宜控制在 40°~55°范围内,其中下钢筋宜为 0°~10°,上钢筋宜为 35°~45°(图 4-40)。

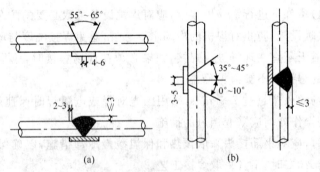

图 4-40　钢筋坡口焊接的形式

(a)平焊;(b)立焊

3)为便于坡口焊和确保焊接质量,钢筋接头采用坡口焊接时应设置钢垫板,钢垫板的厚度宜为 4~6 mm,长度宜为 40~60 mm。采用坡口平式焊接时,钢垫板的宽度应为钢筋直径再加宽 10 mm;采用坡口立式焊接时,钢垫板的宽度可与钢筋直径相同。

4)两根钢筋的根部要留出适当的间距,当采用坡口平式焊接时宜为 4~6 mm,当采用坡口立式焊接时宜为 3~5 mm,其最大间隙均不宜超过 10 mm。

5)在进行钢筋的焊接接头组对时,应严格控制各部位的尺寸,完全合格后才能进行焊接。钢筋坡口焊接宜采用几个接头轮流进行焊接,选择的焊接电流不宜过小,并应适当放慢焊接速度,以保证能充分熔合焊接面。

6)焊缝根部、坡口端面以及钢筋与钢垫板之间均应达到熔合,钢筋与钢垫板之间应加焊2~3层侧面焊缝,以提高钢筋接头的强度,保证钢筋接头的焊接质量。

9. 焊口局部焊接质量不符合要求

（1）质量问题

钢筋接头焊口局部区域未能相互结晶,两者焊合不良,接头镦粗变形量不符合设计要求,挤出的金属毛刺很不均匀,一般多集中于上口,并产生严重的胀开现象,从断口上可以看到如同有氧化膜的黏合面存在,严重影响钢筋接头质量。

（2）原因分析,见表 4-29

表 4-29　原因分析

项目	内　　容
采用的焊接工艺方法不合适	例如,对于横断面较大的粗钢筋,应当采用预热闪光焊的焊接工艺,但却采用了连续闪光焊,钢筋端头未经充分预热,便快速挤压黏合,使接头不能很好地焊合在一起
钢筋焊接技术参数选择不合适	特别是钢筋的烧化留量太小、变压器级数过高及烧化速度过快等,会造成焊件端面加热不足且不均匀,未能形成比较均匀的熔化金属层,致使钢筋顶锻过程生硬,焊合面不完整

（3）防治措施

1)在钢筋正式焊接前,必须根据钢筋的级别、直径、化学成分等,选择适宜的焊接工艺,并对所焊接的钢筋进行试焊,以便验证所选用焊接工艺是否正确,同时确定正确的焊接工艺参数。

2)粗直径钢筋的焊接要特别重视预热作用,熟练掌握钢筋的预热要领,力求扩大沿焊件纵向的加热区域,减小温度梯度。其操作基本要领是:

①根据焊接钢筋的级别采取相应的预热方式。随着钢筋级别的提高,预热频率应逐渐降低。每次预热接触的时间可在 0.5~2 s 之间进行选择。

②在钢筋预热操作的过程中,预热间歇时间宜稍大于接触时间,以便通过热传导使温度趋于一致。

③钢筋预热时的压紧力应不小于 3 MPa。当具有足够的压紧力时,焊件端面上的凸出处会逐渐被压平,更多的部位则发生紧密接触。于是,沿焊件截面上的电流分布就比较均匀,从而加热也比较均匀,这样就能保证焊接质量。

3)在进行钢筋焊接时,要采取正常的烧化过程,使焊件获得符合要求的温度分布,尽可能平整端面,以及比较均匀地熔化金属层,为提高钢筋接头的质量创造良好的条件。

第三节　钢筋机械连接

一、钢筋机械连接的一般规定

1. 钢筋机械连接的分类及适用范围

钢筋机械连接是通过机械手段将两根钢筋对接,其连接方法、分类及适用范围见表 4-30。

表 4-30　钢筋机械连接方法、分类及适用范围

机械连接的方法		适用范围	
		钢筋级别	钢筋直径(mm)
钢筋套筒挤压连接		HRB335、HRB400	16～40
		RRB400	16～40
钢筋锥螺纹套筒连接		HRB335、HRB400	16～40
		RRB400	16～40
钢筋全效粗直径直螺纹套筒连接		HRB335、HRB400	16～40
钢筋滚压直螺纹套筒连接	直接滚压	HRB335、HRB400	16～40
	挤肋滚压		16～40
	剥肋滚压		16～50

2. 钢筋机械连接接头的等级

钢筋机械连接接头,根据抗拉强度及高应力和大变形下的反复拉压性能的差异,接头应分为Ⅰ级、Ⅱ级和Ⅲ级三个等级,见表 4-31。

表 4-31　钢筋机械连接接头的等级

项目	内　容
Ⅰ级钢筋机械连接接头	钢筋接头抗拉强度不小于被连接钢筋实际抗拉强度或 1.10 倍钢筋抗拉强度标准值,并具有高延性及反复拉压性能
Ⅱ级钢筋机械连接接头	钢筋接头抗拉强度不小于被连接钢筋抗拉强度标准值,并具有高延性及反复拉压性能
Ⅲ级钢筋机械连接接头	钢筋接头抗拉强度不小于被连接钢筋屈服强度标准值的 1.35 倍,并具有高延性及反复拉压性能

3. 对钢筋机械连接接头的要求

(1)Ⅰ级、Ⅱ级和Ⅲ级钢筋机械连接接头的变形性能,应符合表 4-32 的规定。

表 4-32　钢筋机械连接接头的变形性能

机械接头的等级		Ⅰ、Ⅱ级	Ⅲ级
单向拉伸	非弹性变形(mm)	$u \leqslant 0.10 (d \leqslant 32)$ $u \leqslant 0.15 (d > 32)$	$u \leqslant 0.10 (d \leqslant 32)$ $u \leqslant 0.15 (d > 32)$
	总伸长率(%)	$\delta_{sgt} \geqslant 4.0$	$\delta_{sgt} \geqslant 2.0$
高应力反复拉压	残余变形(mm)	$u_{20} \leqslant 0.30$	$u_{20} \leqslant 0.30$
大变形反复拉压	残余变形(mm)	$u_4 \leqslant 0.30$ $u_8 \leqslant 0.60$	$u_4 \leqslant 0.60$

注:u—接头的非弹性变形;u_{20}—接头经高应力反复拉压 20 次后的残余变形;u_4—接头经大变形反复拉压 4 次后的残余变形;u_8—接头经大变形反复拉压 8 次后的残余变形;δ_{sgt}—接头试件的总伸长率。

(2)对于直接承受动力荷载的结构构件,接头应满足设计要求的抗疲劳性能。当无具体要求时,对连接 HRB335 级钢筋的接头,其疲劳性能应能经受应力幅为 100 N/mm²,最大应力为 180 N/mm² 的 200 万次循环加载。对连接 HRB400 级钢筋的接头,其疲劳性能应能经受应力幅为 100 N/mm²,最大应力为 190 N/mm² 的 200 万次循环加载。

(3)接头性能等级的选定,应符合下列规定:

1)混凝土结构中要求充分发挥钢筋强度或对接头延性要求较高的部位,应采用Ⅰ级钢筋或Ⅱ级钢筋;

2)混凝土结构中钢筋应力较高但对接头延性要求不高的部位,可以采用Ⅲ级钢筋。

二、钢筋套筒挤压连接

1. 钢套筒的基本规定

钢套筒的材料宜选用强度适中、延性好的优质钢材,其实测力学性能应符合下列要求。

屈服强度为 $\sigma_s = 225 \sim 350$ N/mm²,抗拉强度为 $\sigma_b = 375 \sim 500$ N/mm²,延伸率为 $\sigma_5 \geqslant 20\%$,硬度为 $102 \sim 133$HB。

钢套筒的屈服承载力和抗拉承载力的标准值不应小于被连接钢筋的屈服承载力和抗拉承载力标准值的 1.10 倍。

钢套筒的规格和尺寸应符合表 4-33 的规定。

其允许偏差:外径为 ±1%,壁厚为 +12% 或 -10%,长度为 ±2 mm。

表 4-33　钢套筒的规格和尺寸

钢套筒型号	钢套筒尺寸(mm)			压接标志道数
	外径	壁厚	长度	
G40	70	12	240	8×2
G36	63	11	216	7×2
G32	56	10	192	6×2

（续表）

钢套筒型号	钢套筒尺寸(mm)			压接标志道数
	外径	壁厚	长度	
G28	50	8	168	5×2
G25	45	7.5	150	4×2
G22	40	6.5	132	3×2
G20	36	6	120	3×2

　　钢套筒的尺寸与材料应与一定的挤压工艺配套,必须经生产厂形式检验认定。施工单位采用经过形式检验认定的套筒及挤压工艺进行施工,不要求对套筒原材料进行力学性能检验。

　　2. 钢套筒的准备工作

　　(1)钢筋端头的锈、泥沙、油污等杂物应清理干净。

　　(2)钢筋与套筒应进行试套,如钢筋有马蹄、弯折或纵肋尺寸过大者,应预先矫正或用砂轮打磨;不同直径钢筋的套筒不得串用。

　　(3)钢筋端部应划出定位标记与检查标记。定位标记与钢筋端头的距离为钢套筒长度的一半,检查标记与定位标记的距离一般为 20 mm。

　　(4)检查挤压设备情况,并进行试压,符合要求后方可作业。

　　3. 钢筋套筒径向挤压连接

　　钢筋套筒径向挤压连接,是采用挤压机沿着径向(即与套筒轴线垂直方向),从套筒中间依次向两端挤压套筒,在套筒产生塑性变形后,使之紧密地咬合带肋钢筋的横肋,从而实现钢筋的连接(图 4-41)。这种挤压连接方法适用于带肋钢筋的连接,可以连接 HRB335 级和 HRB400 级直径为 12～40 mm 的钢筋。

　　当不同直径的带肋钢筋采用挤压接头方式连接时,如果套筒两端的外径和壁厚相同,被连接两根钢筋的直径相差不应大于 5 mm。钢筋套筒径向挤压连接的施工工艺为:

　　钢筋套筒检验—进行钢筋下料—将钢筋套入长度定出标记—套筒套入钢筋—安装挤压机—开动液压泵—加压套筒至接头成型—卸下挤压机—接头外形检查。

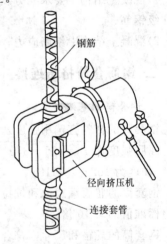

钢筋

径向挤压机

连接套管

图 4-41　径向套筒挤压连接方式

　　4. 钢筋套筒轴向挤压连接

　　钢筋套筒轴向挤压连接是沿钢筋轴线冷挤压金属套筒,从而把插入套管里的两根待连接的热轧带肋钢筋紧紧地连成一体(图 4-42)。这种挤压连接方法适用于一、二级抗震设防的地震地和非地震区的钢筋混凝土结构工程的钢筋连接,可连接 HRB335 级、HRB400 级直径为 20～32 mm 的竖向、斜向和水平钢筋。

　　钢筋套筒的材料和几何尺寸应符合接头规格及技术要求,并应有材料质量合格证明书和出厂合格证,其外观质量检查要求表面不得有影响性能的裂缝、折叠、分层等缺陷。套管的标准屈服承载力和极限承载力应比钢筋大 10% 以上,套管的保护层厚度不宜小于 15 mm,净距不宜小于 25 mm。当所用套管外径相同时,钢筋直径相差不宜大于两个级差。

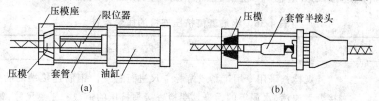

图 4-42　轴向套筒挤压连接示意

(a)钢筋半接头挤压;(b)钢筋连接挤压

在正式挤压连接操作前,应按《钢筋焊接及验收规程》(JGJ 18—2012)中的要求进行有关参数的选择,见表 4-34 和表 4-35。

表 4-34　同规格钢筋连接时的参数选择

连接钢筋规格 (mm)	钢套筒 的型号	压模的 型号	压痕最小直径允许范围 (mm)	压痕最小总宽度 (mm)
40～40	G40	M40	60～63	≥80
36～36	G36	M36	54～57	≥70
32～32	G32	M32	48～51	≥60
28～28	G28	M28	41～44	≥55
25～25	G25	M25	37～39	≥50
22～22	G22	M22	32～34	≥45
20～20	G20	M20	29～31	≥45

表 4-35　不同直径钢筋的挤压参数

钢筋直径(mm)	20	22	25	28	32	36	40
外径×长度(mm)	36×120	40×132	45×150	50×168	56×192	63.5×216	70×240
压模型号	M20	M22	M25	M28	M32	M36	M40
挤压道数(每侧)	3	3	4	5	6	7	8
挤压力(kN)	450	500	600	600	650	740	800
油压(MPa)	40	44	53	53	57	48	52
压痕直径(mm)	28～30	32～34	37～39	42～44	47～49	53～56	59～62

注:油压及挤压力可根据钢筋的材质及尺寸公差进行适当调整。

5. 钢筋套筒挤压连接的质量检查

钢筋套筒挤压连接的质量检查,主要包括外观检查和拉力试验,见表 4-36。

表 4-36　钢筋套筒挤压连接的质量检查

项目	内容
钢筋套筒挤压连接的外观检查	外观检查采用专用工具或游标卡尺进行检测。钢筋连接端的肋纹完好无损,连接处无油污、水泥等的污染。要检查接头挤压的道数和压痕尺寸:钢筋端头离套筒中心不应超过 10 mm,压痕间距宜为 1～6 mm,挤压后的套筒接头长度为套筒原长度的 1.10～1.15 倍,挤压后套筒接头外径,用量规测量应能通过。量规不能从挤压套管接头外径通过的,可更换压模重新挤压一次,压痕处最小外径为套管原外径的 0.85～0.90 倍。挤压接头处不得有裂纹,接头弯折角度不得大于 4°
钢筋套筒挤压连接的拉力试验	以同批号钢套筒且同一制作条件的 500 个接头为一个验收批,不足 500 个仍为一个验收批,从每验收批接头中随机抽取 3 个试件进行拉力试验。如试验结果中有 1 个试件不符合要求,应再抽取 6 个试件进行复验。如仍有 1 个试件不符合要求,则该验收批接头判定为不合格

三、钢筋锥螺纹套筒连接

1. 钢筋锥螺纹连接的基本规定

锥螺纹连接套如图 4-43 所示,应有产品合格证,两端锥孔应有密封盖,套筒表面应有规格标记。

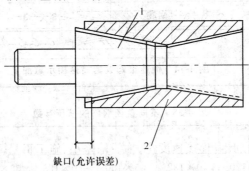

缺口(允许误差)

图 4-43　锥螺纹连接套

1—锥螺纹塞规;2—连接套

进场时施工单位应进行复检,可用锥螺纹塞规拧入连接套,若连接套的大端边缘在锥螺纹塞规大端的缺口范围内则为合格。

(1)套筒的材质。HRB335 级钢筋采用 30～40 号钢;HRB400 级钢筋采用 45 号钢。

(2)套筒的规格尺寸应与钢筋锥螺纹相匹配,其承载力应略高于钢筋母材。

(3)锥螺纹套筒的加工宜在专业工厂进行,以保证产品质量。套筒加工后,经检验合格的产品,其两端锥孔应采用塑料密封盖封严。套筒的外表面应标有明显的钢筋级别及规格标记。部分普通型锥螺纹套筒钢筋接头(B 级)规格尺寸见表 4-37。

表 4-37　普通型锥螺纹套筒钢筋接头(B 级)规格尺寸

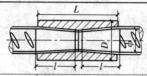

钢筋公称直径(mm)	锥螺纹尺寸	l(mm)	L(mm)	D(mm)
$\phi18$	ZM19×2.5	25	60	28
$\phi20$	ZM21×2.5	28	65	30
$\phi22$	ZM23×2.5	32	70	32
$\phi25$	ZM26×2.5	37	80	35
$\phi28$	ZM29×2.5	42	90	38
$\phi32$	ZM33×2.5	47	100	44
$\phi36$	ZM37×2.5	52	110	48
$\phi40$	ZM41×2.5	57	120	52

2. 钢筋锥螺纹套筒连接的原理

钢筋锥螺纹套筒连接是将两根待连接钢筋的端部和套筒预先加工成锥形螺纹,然后用力矩扳手将两根钢筋端部旋入套筒形成机械式钢筋接头(图 4-44)。这种连接方式能在施工现场连接 HPB235 级、HRB335 级、HRB400 级直径为 16～40 mm 的同直径或异直径的竖向、水平和任意倾角的钢筋,并且不受钢筋有无螺纹及含碳量大小的限制。当连接异直径钢筋时,所连接钢筋直径之差不应超过 9 mm。

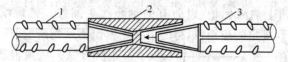

图 4-44　钢筋锥螺纹套筒连接示意图
1—已连接的钢筋;2—锥螺纹套筒;3—未连接的钢筋

3. 钢筋锥螺纹套筒连接的特点及适用范围

钢筋锥螺纹套筒连接具有连接速度快、轴线偏差小、施工工艺简单、安全可靠,并有明显的技术经济效益。

钢筋锥螺纹套筒连接适用于按一、二级抗震设防的一般工业与民用房屋及构筑物的现浇混凝土结构,尤其适用梁、柱、板、墙、基础的钢筋连接施工。但不得用于预应力钢筋或经常承受反复动荷载及承受高应力疲劳荷载的结构。对于直接承受动荷载的结构构件,其接头还应满足抗疲劳性能等设计要求。

4. 钢筋锥螺纹加工和连接

(1)钢筋锥螺纹加工

1)钢筋应先调直再下料。钢筋下料可用钢筋切断机或砂轮锯,但不得用气割下料。下料时,要求切口端面与钢筋轴线垂直,端头不得挠曲或出现马蹄形。

2)加工好的钢筋锥螺纹接头的锥度、牙形、螺距等必须与连接套的锥度、牙形、螺距一致,并应进行质量检验。检验内容包括:锥螺纹接头的牙形检验;锥螺纹接头锥度与小端直径检验。

3)加工工艺的步骤为:下料→套螺纹→用牙形规和卡规(或环规)逐个检查钢筋套螺纹质量→质量合格的接头用塑料保护帽盖封,以便待查和待用。

锥螺纹的完整牙数不得小于表 4-38 中的规定值。

表 4-38　钢筋锥螺纹的完整牙数

钢筋直径(mm)	16～18	20～22	25～28	32	36	40
完整牙数	5	7	8	10	11	12

4)钢筋经检验合格后,方可在套螺纹机上加工锥螺纹。为确保钢筋套螺纹质量,操作人员必须坚持上岗证制度。操作前应先调整好定位尺,并按钢筋规格配置相对应的加工导向套。对于大直径钢筋要分次加工到规定的尺寸,以保证螺纹的精度并避免损坏梳刀。

5)钢筋套螺纹时,必须采用水溶性切削液,当气温低于 0℃时,应掺入 15%～20% 亚硝酸钠,不得采用机油作切削液。

(2)钢筋连接

钢筋连接之前,先回收钢筋待连接端的保护帽和连接套上的密封盖,并检查钢筋规格是否与连接套规格相同,检查锥螺纹接头是否完好无损、有无杂质。

连接钢筋时,应先把已拧好连接套的一端钢筋对正轴线拧到被连接的钢筋上,然后用力矩扳手按规定的力矩值把钢筋接头拧紧,不得超拧,以防止损坏接头螺纹。

拧紧后的接头应画上油漆标记,以防有的钢筋接头漏拧。锥螺纹钢筋连接的方法如图 4-45 所示,拧紧时要拧到规定的扭矩值,待测力扳手发出指示响声时,即达到了规定的扭矩值。锥螺纹接头拧紧力矩值见表 4-39,不得加长扳手杆进行拧紧。质量检验与施工安装使用的力矩扳手应分开使用,不得混用。

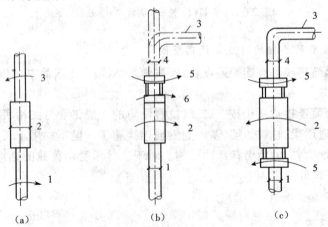

图 4-45　锥螺纹钢筋连接方法

(a)同径或异径钢筋连接;(b)单向可调接头连接;(c)双向可调接头连接

1,3,4—钢筋;2—连接套筒;5—可调连接器;6—锁母

表 4-39　连接钢筋拧紧力矩值

钢筋直径(mm)	16	18	20	22	25～28	32	36～40
扭紧力矩(N·m)	118	147	177	216	275	314	343

1)同径或异径钢筋连接。分别用力矩扳手将 1 与 2、2 与 3 扳到规定的力矩值。

2)单向可调接头。分别用力矩扳手将 1 与 2、3 与 4 拧到规定的力矩值,再把 5 与 2 拧紧。

3)双向可调接头。分别用力矩扳手将 1 与 2、3 与 4 拧到规定的力矩值,且保持 2、3 的外露螺纹数相等,然后分别夹住 2 与 3,把 5 拧紧。

在构件受拉区段内,同一截面连接接头数量不宜超过钢筋总数的 50%;受压区不受限制。连接头的错开间距大于 500 mm,保护层不得小于 15 mm,钢筋间净距大于 50 mm。

在正式安装前要做 3 个试件的基本性能试验。当有 1 个试件不合格,应取双倍试件进行试验,如仍有 1 个不合格,则该批加工的接头为不合格,严禁在工程中使用。

连接套应有出厂合格证及质保书。每批接头的基本试验应有试验报告。连接套与钢筋应配套一致。连接套应有钢印标记。

安装完毕后,质量检测员应用自用的专用测力扳手对拧紧的扭矩值进行抽检。

5. 钢筋锥螺纹套筒连接的质量检查

钢筋锥螺纹套筒连接的抗拉强度必须大于钢筋的抗拉强度。锥形螺纹可用锥形螺纹旋切机加工;钢筋用套丝机进行套丝。

钢筋锥螺纹套筒连接的接头质量,应符合以下要求:

(1)连接套应有出厂合格证及质量保证书。每批接头的基本试验应有试验报告,连接套应有钢印标记。

(2)钢筋套丝头的牙型质量必须与牙型规格吻合,锥螺纹的完整牙数不得小于表 4-38 中的规定值;钢筋锥螺纹小端的直径必须在卡规的允许误差范围内,连接套筒的规格必须与钢筋规格一致。

(3)对已加工的丝扣要按现行规范要求进行逐个自检,如图 4-46 所示。自检合格后,由质检员再按 3% 的比例进行抽检,如有 1 根不合格,要加倍进行抽检。

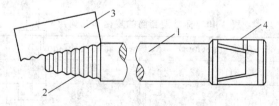

图 4-46　钢筋套丝的检查
1—钢筋;2—锥螺纹;3—牙形规;4—卡规

(4)钢筋接头的拧紧力矩值检查。按每根梁、柱构件抽验 1 个接头;板、墙、基础底板构件每 100 个同规格接头作为一批,不足 100 个接头也作为一批。每批抽验 3 个接头,要求抽验的钢筋接头 100% 达到规定的力矩值。如发现 1 个接头不合格,必须加倍抽验,再发现 1 个接头达不到规定力矩值,则要求该构件的全部接头重新复拧到符合质量要求为止。

如果复检时仍发现不合格接头,则该接头必须采取贴角焊缝补强,将钢筋与连接套焊在一起,焊缝高不小于 5 mm。连接好的钢筋接头螺纹,不准有一个完整螺纹外露。

四、钢筋直螺纹套筒连接

1. 钢筋直螺纹套筒连接的原理

钢筋直螺纹套筒连接是通过钢筋端头特制的直螺纹和直螺纹套管,将两根钢筋咬合在一起。

与钢筋锥螺纹套筒连接的技术原理相比,相同之处都是通过钢筋端头的螺纹与套筒内的螺纹合成钢筋接头,主要区别在钢筋等强技术效应上。

2. 钢筋直螺纹套筒连接的特点

钢筋直螺纹套筒连接的方法能有效地增强钢筋端头母材的强度,使直螺纹接头与钢筋母材等强。这种接头形式使结构强度的安全度和地震情况下的延性具有更大的保证,钢筋混凝土截面对钢筋接头百分率放宽,大大方便了设计与施工;等强直螺纹接头施工采用普通扳手旋紧即可,如果螺纹拧入少 1～2 丝,不影响接头强度,省去了锥螺纹力矩扳手检测和疏密质量检测的繁杂程度,可提高施工工效;套筒的丝距比锥螺纹套筒的丝距少,可节省套筒钢材。

3. 钢筋直螺纹套筒连接的形式

(1)滚压直螺纹套筒连接

滚压直螺纹连接,也称为 GK 型锥螺纹钢筋连接,是在钢筋端头沿着径向采用压模施加压力,使钢筋端头应力增大,产生一定的塑性变形,形成一个圆锥体,而后采用冷压螺纹(滚丝)工艺加工成钢筋直螺纹端头,套筒采用快速成孔切削成内螺纹钢套筒。这种对钢筋端部的预压硬化处理方法,使其强度比钢筋母材提高10%～20%,同时也可使螺纹的强度得到相应的提高,弥补了因加工锥螺纹减小钢筋截面而造成接头承载力下降的缺陷,从而可提高锥螺纹接头的强度。

滚压直螺纹接头用连接套筒,采用优质碳素结构钢。连接套筒的类型有标准型、正反螺纹型、变径型、可调型等,滚压直螺纹接头用连接套筒的规格与尺寸应符合表 4-40、表 4-41 和表 4-42 的规定。

表 4-40　标准型套筒的规格和几何尺寸

规格	螺纹直径(mm)	套筒外径(mm)	套筒长度(mm)
16	M16.5×2	25	45
18	M19×2.5	29	55
20	M21×2.5	31	60
22	M23×2.5	33	65
25	M26×3	39	70
28	M29×3	44	80
32	M33×3	49	90

（续表）

规格	螺纹直径(mm)	套筒外径(mm)	套筒长度(mm)
36	M37×3.5	54	98
40	M41×3.5	59	105

表 4-41　常用变径型套筒规格和几何尺寸

套筒规格	外径(mm)	小端螺纹(mm)	大端螺纹(mm)	套筒总长(mm)
16～18	φ29	M16.5×2	M19×2.5	50
16～20	φ31	M16.5×2	M21×2.5	53
18～20	φ31	M19×2.5	M21×2.5	58
18～22	φ33	M19×2.5	M23×2.5	60
20～22	φ33	M21×2.5	M23×2.5	63
20～25	φ39	M21×2.5	M26×3	65
22～25	φ39	M23×2.5	M26×3	68
22～28	φ44	M23×2.5	M29×3	73
25～28	φ44	M26×3	M29×3	75
25～32	φ49	M26×3	M33×3	80
28～32	φ49	M26×3	M33×3	85
28～36	φ54	M29×3	M37×3.5	89
32～36	φ54	M33×3	M37×3.5	94
32～40	φ59	M33×3	M41×3.5	98
36～40	φ59	M37×3.5	M41×3.5	102

表 4-42　可调型套筒规格和几何尺寸

规格	螺纹直径(mm)	套筒总长(mm)	旋出后长度(mm)	增加长度(mm)
16	M16.5×2	118	141	96
18	M19×2.5	141	169	114
20	M21×2.5	153	183	123
22	M23×2.5	166	199	134
25	M26×3	179	214	144
28	M29×3	199	239	159
32	M33×3	222	267	177
36	M37×3.5	244	293	195
40	M41×3.5	261	314	209

注：表中"增加长度"为可调型套筒比普通套筒加长的长度,施工配筋时应将钢筋的长度按此数缩短。

钢筋端头预压应用预压机(GK40 型)进行,操作时采用的压力值、油压值和预压成型次数,应符合产品供应单位通过检验确定的技术参数要求,见表 4-43。

表 4-43　预压操作时压力值、油压值及预压成型次数

钢筋直径(mm)	压力值范围(kN)	GK 型机油压值范围(MPa)	预压成型次数
16	620~720	24~28	1
18	680~780	26~30	1
20	680~780	26~30	1
22	680~780	26~30	2
25	990~1090	38~42	2
28	1 140~1 250	44~48	2
32	1 400~1 510	54~58	2
36	1 610~1 710	62~66	2
40	1 710~1 820	66~70	2

滚压直螺纹连接的现场连接施工应符合下列要求:

1)连接钢筋时,钢筋规格和套筒的规格必须一致,钢筋和套筒的螺纹应干净、完好无损。

2)采用预埋接头时,连接套筒的位置、规格和数量应符合设计要求。连接套筒的钢筋应固定牢靠,连接套筒的外露端应有保护盖。

3)滚压直螺纹接头应使用扭扳手或管钳进行施工,将两个钢筋丝头在套筒中间位置相互顶紧,接头拧紧力矩应符合规定。扭力扳手的精度为±5%。

4)经拧紧后的滚压直螺纹接头应做标记,单边外露螺纹长度不应超过 $2P$。

5)根据待接钢筋所在部位及转动难易的情况,应选用不同的套筒类型,采取不同的安装方法,如图 4-47~图 4-50 所示。

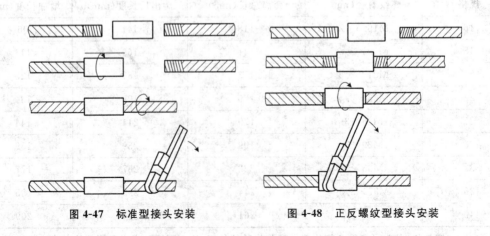

图 4-47　标准型接头安装　　　　图 4-48　正反螺纹型接头安装

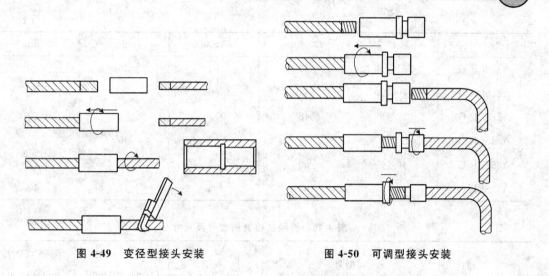

图 4-49　变径型接头安装　　　　　图 4-50　可调型接头安装

(2)镦头直螺纹套筒连接

1)材质要求。对 HRB335 级钢筋,采用 45 号优质碳素钢;对 HRB400 级钢筋,可用 45 号钢经调质处理,或用性能不低于 HRB400 钢筋性能的其他钢种。

2)规格型号及尺寸。同径连接套筒,分右旋和左右旋两种,如图 4-51 所示,其型号及尺寸见表 4-44 和表 4-45;异径连接套筒的型号及尺寸见表 4-46;可调节连接套筒的型号、规格及尺寸见表 4-47。

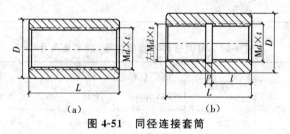

(a)　　　　　　　(b)

图 4-51　同径连接套筒

(a)右旋;(b)左右旋

表 4-44　同径右旋连接筒型号及尺寸

型　号	$Md \times t$	D(mm)	L(mm)	型　号	$Md \times t$	D(mm)	L(mm)
A20S-G	24×2.5	36	50	A32S-G	36×3	52	72
A22S-G	26×2.5	40	55	A36S-G	40×3	58	80
A25S-G	29×2.5	43	60	A40S-G	44×3	65	90
A28S-G	32×3	46	65				

表 4-45　同径左右旋连接套筒型号及尺寸

型　号	$Md \times t$	D(mm)	L(mm)	l(mm)	b(mm)
A20SLR-G	24×2.5	38	56	24	8

（续表）

型　号	$Md \times t$	D（mm）	L（mm）	l（mm）	b（mm）
A22SLR-G	26×2.5	42	60	26	8
A25SLR-G	29×2.5	45	66	29	8
A28SLR-G	32×3	48	72	31	10
A32SLR-G	36×3	54	80	35	10
A36SLR-G	40×3	60	86	38	10
A40SLR-G	44×3	67	96	43	10

表 4-46　异径连接套筒型号及尺寸

简　图	型　号	$Md_1 \times t$	$Md_2 \times t$	b（mm）	D（mm）	l（mm）	L（mm）
	AS20-22	M26×2.5	M24×2.5	5	$\phi 42$	26	57
	AS22-25	M29×2.5	M26×2.5	5	$\phi 45$	29	63
	AS25-28	M32×3	M29×2.5	5	$\phi 48$	31	67
	AS28-32	M36×3	M32×3	6	$\phi 54$	35	76
	AS32-36	M40×3	M36×3	6	$\phi 60$	38	82
	AS36-40	M44×3	M40×3	6	$\phi 67$	43	92

表 4-47　可调节连接套筒型号、规格及尺寸

简　图	型　号	钢筋规格 ϕ（mm）	D_0（mm）	L_0（mm）	L'（mm）	L_1（mm）	L_2（mm）
	DJS-22	$\phi 22$	40	73	52	35	35
	DJS-25	$\phi 25$	45	79	52	40	40
	DJS-28	$\phi 28$	48	87	60	45	45
	DJS-32	$\phi 32$	55	89	60	50	50
	DJS-36	$\phi 36$	64	97	66	55	55
	DJS-40	$\phi 40$	68	121	84	60	60

3）钢筋加工与检验应符合下列要求：

①钢筋下料时，应采用砂轮切割机，切口的端面应与轴线垂直，不得有马蹄形或挠曲。

②钢筋下料后，在液压冷镦压床上将钢筋镦粗。不同规格的钢筋冷镦后的尺寸见表4-48。根据钢筋直径、冷镦机性能及镦粗后的外形效果，通过试验确定适当的镦粗压力。操作中要保证镦粗头与钢筋轴线的倾斜不得大于 4°，不得出现与钢筋轴线相垂直的横向表面裂缝。发现外观质量不符合要求时，应及时割除，重新镦粗。

表 4-48　钢筋冷镦规格尺寸

简　图	钢筋规格 φ（mm）	镦粗直径 d（mm）	长度 L（mm）
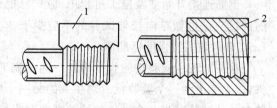	φ22	φ26	30
	φ25	φ29	33
	φ28	φ32	35
	φ32	φ36	40
	φ36	φ40	44
	φ40	φ44	50

③钢筋冷镦后,在钢筋套螺纹机上加工螺纹。钢筋端头螺纹规格应与连接套筒的型号匹配。钢筋螺纹加工质量合格要求:牙形饱满,无断牙、秃牙等缺陷。

④钢筋螺纹加工后,随即用配置的量规逐根检测,如图 4-52 所示。合格后,再由专职质检员按一个工作班 10% 的比例抽样校验。如发现有不合格螺纹,应全部逐个检查,并切除所有不合格螺纹,重新镦粗和加工螺纹。

4)现场连接施工应符合的要求:

对连接钢筋可自由转动的,先将套筒部分或全部拧入一个被连接钢筋的螺纹内,而后转动连接钢筋或反拧套筒到预定位置,最后用扳手转动连接钢筋,使它们相互对顶锁定连接套筒。

图 4-52　直螺纹接头量规

1—牙形规;2—直螺纹环规

对于钢筋完全不能转动,如弯折钢筋或还要调整钢筋内力的场合,如施工缝、后浇带,可将锁定螺母和连接套筒预先拧入加长的螺纹内,再反拧入另一根钢筋端头螺纹上,最后用锁定螺母锁定连接套筒;或配套应用带有正反螺纹的套筒,以便从一个方向上能松开或拧紧两根钢筋。

直螺纹钢筋连接时,应采用扭力扳手按表 4-49 规定的力矩值把钢筋接头拧紧。

表 4-49　直螺纹钢筋接头拧紧力矩值

钢筋直径(mm)	16～18	20～22	25	28	32	36～40
拧紧扭矩(N·m)	100	200	250	280	320	350

4. 钢筋直螺纹套筒连接的质量检查

(1)滚压直螺纹套筒

工程中应用滚压直螺纹接头时,技术提供单位应提交有效的形式检验报告。钢筋连接作业开始前及施工过程中,应对每批进场钢筋进行接头连接工艺检验。工艺检验应符合下列要求:

1)每种规格钢筋的接头试件不应少于 3 根。

2)接头试件的钢筋母材应进行抗拉强度试验。

3)3 根接头试件的抗拉强度均不应小于该级别钢筋抗拉强度的标准值,同时应不小于钢筋母材的实际抗拉强度的 90%。

现场检验应进行拧紧力矩检验和单向拉伸强度试验。对接头有特殊要求的结构,应在设计图样中另行注明相应的检验项目。

滚压直螺纹接头的单向拉伸强度试验按验收批进行。同一施工条件下采用同一批材料的同等级、同形式、同规格接头,以 500 个为一个验收批进行检验。

在现场连续检验 10 个验收批,全部单向拉伸试验一次抽样均合格时,验收批的接头数量可扩大为 1 000 个。

对每一验收批,应在工程结构中随机抽取 3 个试件做单向拉伸试验。当 3 个试件抗拉强度均不小于 A 级接头的强度要求时,该验收批判为合格。如有一个试件的抗拉强度不符合要求,则应加倍取样复验。

滚压直螺纹接头的单向拉伸试验的破坏形式有钢筋母材拉断、套筒拉断、钢筋从套筒中滑脱三种,只要满足强度要求,任何破坏形式均可判断为合理。

(2)镦粗直螺纹套筒

钢筋连接开始前及施工过程中,应对每批进场钢筋进行接头连接工艺检验。每种规格钢筋的接头试件做单向拉伸试验的不应少于 3 个。其抗拉强度应能发挥钢筋母材强度或大于 1.15 倍钢筋抗拉强度标准值。

接头的现场检验按验收批进行。同一施工条件下采用同一批材料的同等级别、同规格接头,以 500 个为一个验收批。对接头的每一个验收批,必须在工程结构中随机抽取 3 个试件做单向拉伸试验。当 3 个试件的抗拉强度都能发挥钢筋母材强度或大 1.15 倍钢筋抗拉强度标准值时,该验收批达到 SA 级强度指标。如有 1 个试件的抗拉强度不符合要求,应加倍取样复验。如 3 个试件的抗拉强度仅达到该钢筋的抗拉强度标准值,则该验收批降为 A 级强度指标。

在现场连续检验 10 个验收批,全部单向拉伸试验一次抽样均合格时,验收批的接头数量可扩大 1 倍。

五、钢筋机械连接的其他新技术

1. 直接滚压直螺纹连接技术

直接滚压直螺纹连接技术,是将 Ⅱ 级或 Ⅲ 级钢筋不经任何处理,直接利用滚丝机进行滚丝,从而形成所需要的螺纹规格,然后再用连接套筒进行连接。应用直接滚压直螺纹连接技术处理钢筋接头的最大优点是工序简单、成本较低,但最大的缺点是滚丝机按不同规格标准丝头调整好以后,很难适应我国生产钢筋横截面尺寸公差过大的问题。

2. 削肋滚压直螺纹连接技术

削肋滚压直螺纹连接技术,是在滚压螺纹前先将纵肋和横肋部分切平,以便减少纵肋和横肋对滚丝的不良影响,进而也增加了滚丝轮的寿命。工程实践证明,削肋和滚压直螺纹可在同一台设备上完成,操作比较方便,质量较为稳定,有较大的发展前途。

3. 等强钢筋锥螺纹连接技术

为克服钢筋锥螺纹接头强度较低的缺陷,将钢筋端头事先进行冷压加工,然后再在经过增强处理的钢筋段上制作螺纹。这样可以使锥体的强度与钢筋母材强度相等。

等强锥螺纹连接套筒的类型主要有:标准型(主要用于 HRB335 级、HRB400 级带肋钢筋)、扩口型(用于钢筋难以对接的施工)、正反螺纹型(主要用于钢筋不能转动时的施工)。套筒的抗拉设计强度不应低于钢筋抗拉设计强度的1.2倍。为确保接头强度大于现行国家标准中 A 级的标准,接头抗拉设计强度应取钢筋母材的实测抗拉强度或取钢筋母材标准抗拉强度的1.10倍。

4. GK 型锥螺纹钢筋接头连接技术

GK 型锥螺纹钢筋接头连接技术,是在钢筋连接端部加工前,先对其连接端部沿径向通过压模施加压力,使之产生塑性变形,从而形成一个圆锥体,然后按照普通锥螺纹的加工工艺,将顶压后的圆锥体加工成锥形外螺纹,再穿入带锥形内螺纹的钢套筒,用力矩扳手将钢筋拧紧,即可完成钢筋的连接。这种钢筋接头由于钢筋端部在预压过程中产生塑性变形,根据钢材冷却硬化的原理,预压变形后的钢筋端部材料的强度,可比钢筋母材的强度提高10%～20%,因而钢筋锥螺纹的强度也得到相应提高,弥补了因加工锥螺纹减小钢筋截面而造成接头承载力下降的缺陷,从而提高了锥螺纹钢筋接头的强度。在不改变主要工艺的前提下,可以使钢筋锥螺纹接头部位的强度大于钢筋母材的实测极限强度值。

在进行钢筋预压时,将端头插入预压机的上、下压模之间,在预压机的高压作用下,上、下两压模沿钢筋端径向合拢,使钢筋端头产生塑性变形,见图4-53。

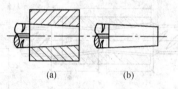

图 4-53 钢筋断头顶压示意图
(a)钢筋插入压模;(b)变形后的钢筋断头

GK 型钢筋锥螺纹接头应用检测规进行质量检验,以符合现行规范的要求。在一般情况下,质检人员应按要求对每种规格的钢筋接头抽检10%,如果有一个端头不合格,则应对该加工批全数检查。不合格钢筋端头应二次顶压或部分切除并重新顶压,经再次检验合格后方可进行下一步的套螺纹加工。

顶压后,钢筋端头圆锥体小端的直径大于表 4-50 中 B 尺寸并且小于 A 尺寸为合格。

表 4-50 GK 钢筋锥螺纹接头预压检验标准

检测规简图	钢筋直径(mm)	A 值(mm)	B 值(mm)
	16.0	17.0	14.5
	18.0	18.5	16.0
	20.0	19.0	17.5
	22.0	22.0	19.0
	25.0	25.0	22.0
	28.0	27.5	24.5
	32.0	31.5	28.0
	36.0	35.5	31.5
	40.0	39.5	35.0

5. 镦粗型锥螺纹钢筋连接技术

在未进行加工锥螺纹之前,先对钢筋的连接端部在常温下进行镦粗处理,然后将镦粗段加工成锥螺纹头,再将钢筋螺纹头穿入已加工有锥形内螺纹的钢套筒,最后采用力矩扳手将钢筋和钢套筒拧紧成为一体。

镦粗型锥螺纹钢筋接头的加工流程为:

调直→下料→镦粗→套螺纹→逐个检查套螺纹质量→合格螺纹头加塑料保护套→贮存待用。

螺纹头的加工使用专用套螺纹机进行,其加工方法和质量检验与普通锥螺纹相同。经过镦粗处理的钢筋接头,不仅接头处的截面尺寸大于母材,而且接头强度也大于相应钢筋母材的强度。镦粗锥螺纹钢筋的锥坡度为 1/10,其性能完全可满足 A 级的要求。我国生产的部分镦粗锥螺纹套筒接头(A 级)规格尺寸见表 4-51。

表 4-51　国产的部分镦粗锥螺纹套筒接头(A 级)规格尺寸

钢筋接头示意图	钢筋公称直径(mm)	锥螺纹尺寸(mm)	l	L	D
	20	ZM24×2.5	25	60	34
	22	ZM26×2.5	30	70	36
	25	ZM29×2.5	35	80	39
	28	ZM32×2.5	40	90	43
	32	ZM36×2.5	45	100	48
	36	ZM40×2.5	50	110	52
	40	ZM44×2.5	55	120	56

六、钢筋机械连接的质量问题与防治

1. 锥螺纹连接接头的缺陷

(1)质量问题

当钢筋采用锥螺纹连接接头时,在施工中一般常见的质量缺陷有:

1)当用卡规检查套丝的质量时,发现有的丝扣已损坏,或者有的完整丝扣不满足规范中的要求。

2)锥螺纹连接接头拧紧后,锥螺纹接头不能全部进入连接套,外露丝扣超过一个完整丝扣。

(2)原因分析

1)在钢筋正式套丝前,钢筋加工质量不符合要求,钢筋端头有一定的翘曲,钢筋的轴线不垂直。

2)加工好的钢筋丝扣没有按照有关要求进行很好的保管和保护,在搬运和堆放中造成局部损坏,从而使丝扣不能全部进入连接套。

3)对加工好的钢筋丝扣没有认真检查,使不合格的产品流入施工现场。

4)接头的拧紧力矩值没有达到标准值;接头的拧紧程度不够或漏拧;或钢筋的连接方法不对。

（3）预防措施

1)在进行钢筋切断时,其断面与钢筋轴线垂直,端头不得出现翘曲现象,不准用气割法切断钢筋,应经常更换切断机切片。

2)钢筋套丝质量必须逐个用牙形规和卡规进行检查,经检查合格后,应立即将其一端拧上塑料保护帽,另一端按规定的力矩值用力矩扳手拧紧连接套。

3)在进行连接前,应检查钢筋锥螺纹及连接套筒锥螺纹,要求必须完好无损。如果发现丝头上有杂物或锈蚀,必须用钢丝板刷清除;将带有连接套的钢筋拧到连接钢筋上时,应按规定的力矩值用力矩扳手拧紧接头,当听到力矩扳手"咔嗒"响时,即达到接头连接的拧紧值。

4)在进行相同直径或不同直径接头连接时,应采用二次拧紧连接方法;单向可调、双向可调接头连接时,也应采用二次拧紧连接方法。连接水平钢筋时,要将钢筋托平对正,连接件用手拧紧,再按照以上方法进行连接。

5)已连接完的钢筋接头,必须立即用油漆做上一定的标记,以防止钢筋接头漏拧而出现质量事故。

6)锥螺纹连接接头的各项技术指标,必须达到行业标准《钢筋机械连接技术规程》(JGJ 107—2010)中的规定。

（4）处理方法

1)对于锥螺纹丝扣有损坏或丝扣不足的,应当将钢筋接头切除一部分或全部,然后重新进行套丝。

2)对外露丝扣超过一个完整丝扣的接头,应重新拧紧接头或进行加固处理。具体处理方法为:用电弧焊的方式进行补强,焊缝高度不小于 5 mm,焊条采用 E5015。当钢筋为Ⅲ级钢筋时,必须先做可焊性试验,合格后方可用焊接方法进行补强。

2. 钢筋冷挤压套筒连接接头的缺陷

（1）质量问题

钢筋冷挤压套筒连接接头易出现以下质量问题:

1)钢筋冷挤压完毕后,经质量检查在套筒上发现有可见的裂缝,严重影响钢筋与套筒间的结合力。

2)钢筋与套筒挤压结合长度较短,钢筋冷挤压后的套筒长度小于表 4-52 中的数值,必然也会严重影响钢筋与套筒间的结合力。

表 4-52　钢筋套筒连接压接控制数据

钢筋直径 (mm)	套筒编号	检查项目					
		每端插入长度(mm)		压接后套筒总长 (mm)	每端压接扣数	接头折弯 (°)	压力值 (MPa)
		标准尺寸	允许偏差				
18	SPJ－18	57.5	±5	135	4	4	30～85

（续表）

钢筋直径（mm）	套筒编号	检查项目					
		每端插入长度（mm）		压接后套筒总长（mm）	每端压接扣数	接头折弯（°）	压力值（MPa）
		标准尺寸	允许偏差				
20	SPJ-20	65.0	±5	150	4	4	95～100
22	SPJ-22	70.0	±5	160	4	4	100～110
25	SPJ-25	75.0	±5	175	4	4	60～65
28	SPJ-28	85.0	±5	195	4	4	65～70
32	SPJ-32	110	±5	250	4	4	70～75
36	SPJ-36	115	±5	260	4	4	95～100
40	SPJ-40	125	±5	280	4	4	60～75

3）压痕处套筒的外径波动范围小于或大于原套筒外径的 0.8～0.9。

4）有的钢筋伸入套筒的长度不足，从而造成钢筋与套筒的连接强度不符合要求。

（2）原因分析

1）施工、技术、质检、操作等方面的人员对钢筋冷挤压套筒连接技术不熟悉，检查不细致，不能发现存在的质量缺陷。

2）套筒产品的质量比较差，尤其是在钢筋套筒的质地较脆时，在挤压力的作用下很容易出现裂纹，甚至会出现损坏。

3）套筒、钢筋和压模不能配套便用，或者挤压操作的方法不当，压力过大或过小均不能达到质量标准的要求。

4）由于套筒与钢筋不配套，或者钢筋丝扣加工的长度不够，造成钢筋伸入套筒的长度不足。

（3）预防措施

1）钢筋套筒的材料及几何尺寸等方面，应符合检验认定的技术要求，并应有相应的套筒出厂合格证书。

2）检查使用的钢套（Ⅱ级钢筋）的屈服强度（σ_s）大于 285 N/mm²，抗拉强度（δ_b）大于 425 N/mm²，延伸率（δ_s）大于 20%，全截面强度大于母材钢筋。

3）压模、套筒与钢筋应相互配套使用，不得混用。压模上应有相对应的连接钢筋规格标记。钢筋与套筒应预先进行试套，如钢筋端头有马蹄形、弯折或纵肋尺寸过大者，应预先矫正或用砂轮打磨；不同直径钢筋的套筒不得相互串用。

4）挤压前应在地面先将套筒与钢筋的一端挤正，形成带帽钢筋，然后到拼接现场再挤压另一端。在进行挤压时，必须按标记检查钢筋插入套筒内的深度，钢筋端头离套筒长度的中点不宜超过 10 mm。挤压时挤压机应与钢筋轴线保持垂直。挤压宜从套筒中央开始，并依次向两端挤压。挤压力、压模宽度、压痕直径波动范围及挤压道次或套筒伸长率等，应符合产品供应

单位通过检验确定的技术参数,当有下列情况之一时,应对挤压机的挤压力进行标定:

①新挤压设备在使用前,或旧挤压设备在大修后,均要对挤压机的挤压力进行标定,符合要求才能用于挤压。

②油压表受到损坏并已重新更换或调试后,或者油压表在使用中受到强烈振动,均应对挤压机的挤压力进行重新标定,以防止出现过大误差而影响质量。

③当钢套筒压痕出现异常现象,但查不出其他方面的原因时,也应当对挤压机的挤压力进行重新标定。

④挤压设备使用期超过一年,或挤压接头数量已超过 5000 个,则应对挤压机的挤压力进行重新标定。

5)钢筋套筒连接挤压控制的技术数据,必须符合行业标准《钢筋机械连接技术规程》(JGJ 107—2010)中的要求,同时也应符合表 4-52 中的各项指标。

(4)处理方法

1)经过质量检查,凡是挤压后的套筒有肉眼可见的裂纹,接头则不合格,必须切除后重新进行挤压。

2)用钢尺测量连接套筒的压接后的套筒总长,其值必须符合表 4-52 中的规定。测量长度以套筒最短处为依据,如果未达到规定值,应在相应的一端再补压一扣;如果补压后仍达不到标准,应切除后重新挤压。

3)挤压后套筒外观检查,压痕不得有重叠、劈裂和横裂;接头处弯折不得大于 4°;压痕重叠超过 25％时,应补压一扣。如偏差过大,也应切除后换合格套筒重新挤压。

4)以 1 000 个同批号钢筒套及压接的钢筋接头为一批,随机抽取一组(3 个钢筋接头)做力学性能试验。

3. 锥螺纹连接所用扳手不正确

(1)质量问题

在连接锥螺纹套筒时,如果连接所用的力矩达不到现行规范中的要求,那么钢筋就没有连接牢固,在使用的过程中,如果承受的荷载后超过原设计的数值,那么就有可能使连接处发生较大的变形,自然会导致钢筋混凝土结构构件的损坏。

(2)原因分析

1)力矩扳手是连接钢筋和检验钢筋接头质量的定量工具,如果所用的力矩扳手精度不符合要求,或力矩扳手无出厂合格证书,就很难保证钢筋接头的连接质量。

2)平时不注意对力矩扳手的保管和维护,力矩扳手很容易出现损坏,尤其是使用频繁、时间过长,力矩扳手的精度也会发生变化。

3)在钢筋连接之前,未对所用的力矩扳手进行检验和校正,一旦精度达不到规范规定,连接的钢筋就无法确保质量。

4)质量检验与钢筋连接所用的力矩扳手未分开,造成施工与质检的力矩扳手混用,这样就无法保证质检时所用力矩扳手的精度。

(3)防治措施

1)钢筋连接所用的力矩扳手,应当由具有生产计量器具许可证的工厂加工制造,千万不可采用小作坊生产的力矩扳手,产品出厂时应有产品合格证。

2)力矩扳手进场后,应根据产品说明进行质量检验,力矩扳手精度不在±5%范围内的不得验收入库,更不能用于钢筋连接。

3)工程中所用的力矩扳手,一般应每半年用扭力仪检定一次,考虑到力矩扳手的使用频繁程度不同,可根据需要将使用频繁的力矩扳手提前检定。

4)在用力矩扳手正式连接钢筋之前,首先进行试连接检验,核查其数值是否准确,不准确时要进行调整和维修。

5)在使用力矩扳手连接钢筋的过程中,要爱护和正确使用,要做到轻拿轻放,不准用力矩扳手当锤子或撬棍使用。力矩扳手在不用时,要将其数值调到 0 刻度,以保持力矩扳手的精度。

6)质量检验用的力矩扳手与钢筋连接所用的力矩扳手应当分开,不得混合使用,以保证质检时力矩扳手的精度。

第五章

钢筋的冷加工施工技术

第一节 钢筋冷拉

一、钢筋冷拉的基本原理

普通热轧钢筋的拉伸应力—应变曲线如图 5-1 所示。图中，$oabde$ 是其拉伸特征曲线。

在常温下冷拉钢筋，使拉伸应力超过屈服点 a，钢筋由弹性阶段，经过流幅，进入强化阶段，达到 c 点，然后卸载。由于钢筋产生了塑性变形，曲线沿着 co_1 下降至 o_1 点，co_1 与 oa 平行，oo_1 为塑性变形。如立即重新加载，这时应力—应变曲线则沿 o_1cde 变化，此时钢筋的屈服点上升至 c 点，明显高于原来的屈服点 a。

冷拉到强化阶段再卸载，这种提高钢筋的屈服强度的方法称为"冷作硬化"。其基本原理是在进行冷拉的过程中，钢筋内部结晶面产生滑移，晶格发生变化，内部组织改变，因而屈服强度提高，但塑性降低。

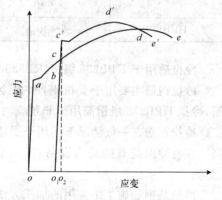

图 5-1　普通钢筋的拉伸应力—应变曲线

一段时间后再次对钢筋进行拉伸，钢筋的拉伸特征曲线变化为 $o_1c'd'e'$，其屈服点为 c'，c' 点在 c 点的上方，屈服点又一次提高，这种现象称为"冷拉时效"。

新屈服点 c' 并非保持不变，而是随时间的延长而有所提高。它变化的原因是冷拉后的钢筋有内应力存在，内应力会促进钢筋内的晶体组织调整，使屈服强度进一步提高。这个晶体组织的调整过程称为"时效"，钢筋的"时效"又分为"自然时效"和"人工时效"两种。

"冷作硬化"和"冷拉时效"的结果是源于热轧钢筋的强度标准值是根据其屈服强度确定的，所以它的强度标准值得到提高，强度设计值也会得到提高，但其塑性有所降低。

对于 HPB235 级、HRB335 级和 HRB400 级钢筋，在常温下一般要经过 15～20 天才能完成"冷拉时效"；但如果在 100℃ 的条件下，只需要 2 小时就可以完成"冷拉时效"。

为了加速时效过程，必要时可利用蒸汽或电热对冷拉后的钢筋进行人工时效，尤其是对 HRB400 级冷拉钢筋，在自然时效难以达到时效效果的情况下，宜采用人工时效。将钢筋加热到 150℃～200℃，经过 5～20 分钟，即可完成时效过程。

在进行人工时效的过程中，加热温度不宜过高，否则会得到相反的结果。如加热至 450℃ 时，冷拉钢筋的强度反而会有所降低，塑性却有所增加；当加热至 700℃ 时，冷拉钢筋会恢复到冷拉前的力学性能。因此，用作预应力的钢筋如需要焊接时，应在焊接后进行冷拉，以免因焊接产生的高温使冷拉后的钢筋强度降低。

钢筋冷拉中的关键技术数据如图 5-1 中的 c 点所示，当 c 点的位置选择适当时，即成为冷拉钢筋的控制应力，oo_2 即为相应的冷拉伸长。钢筋冷拉后，强度提高、塑性降低、脆性增大。

钢筋屈服强度的提高与冷拉率有关，在一定限度内，冷拉率越大，强度就越高。但是，钢筋冷拉后应有一定塑性，屈服强度与抗拉强度应保持一定比值，这个比值称为"屈强比"，以使钢筋有一定的强度储备和软钢特性。所以，不同钢筋的冷拉应力和冷拉率应符合表 5-1 中的要求。

表 5-1　冷拉控制应力及最大冷拉率

钢筋级别	钢筋直径(mm)	冷拉控制应力($N(mm^2)$)	最大冷拉率(%)
HPB235	≤12	280	10.0
HRB335	≤25	450	5.5
	28～40	430	
HRB400	8～40	500	5.0

冷拉适用于 HPB235 级、HRB335 级和 HRB400 级热轧钢筋。

冷拉钢筋主要用于受拉钢筋，如冷拉 HRB335 级和 HRB400 级钢筋通常用于预应力钢筋，冷拉 HPB235 级钢筋用于非预应力的受拉钢筋。

冷拉钢筋在一般情况下不用于受压钢筋，如果用于受压钢筋，也不需利用冷拉后强度的提高。在有冲击荷载的动力设备基础、制作构件吊环以及低温(负温)条件下，不得使用冷拉钢筋。

冷拉是钢筋施工中常用的加工方法，不仅能提高钢筋的强度设计值，而且还因长度伸长能够节省 10%～15% 的钢材，冷拉的同时也完成了钢筋的调直和除锈等工作。

二、钢筋冷拉的施工机具

1. 卷扬机式钢筋冷拉机

(1)卷扬机式钢筋冷拉机的组成

卷扬机式钢筋冷拉机主要由卷扬机、滑轮组、导向滑轮、钢筋夹具、槽式台座、测力装置、液压千斤顶、冷拉小车等组成，如图 5-2 所示。

这种冷拉机设备简单、效率较高、成本较低，是工程中普遍采用的一种冷拉机。

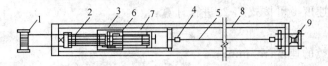

图 5-2 卷扬机式钢筋冷拉机组成示意图

1—卷扬机；2—滑轮组；3—冷拉小车；4—钢筋夹具；5—钢筋；
6—回程滑轮组；7—传力架；8—槽式台座；9—液压千斤顶

（2）卷扬机式钢筋冷拉机的性能

卷扬机式钢筋冷拉机的主要技术性能有：卷扬机型号规格、滑轮直径及门数、钢丝绳直径、卷扬机速度、测力器形式和冷拉钢筋直径等。

卷扬机式钢筋冷拉机的具体技术性能指标见表 5-2。

表 5-2 卷扬机式钢筋冷拉机的主要技术性能

项 目	粗钢筋冷拉	细钢筋冷拉	项 目	粗钢筋冷拉	细钢筋冷拉
卷扬机型号规格	JJM-5(5t 慢速)	JJM-3(3t 慢速)	钢丝绳直径(mm)	24.0	15.5
滑轮直径及门数	计算确定	计算确定	测力器形式	千斤顶式测力器	千斤顶式测力器
卷场机速度(m/min)	小于 10	小于 10	冷拉钢筋直径(mm)	12~36	6~12

（3）卷扬机式钢筋冷拉机的计算

采用卷扬机式冷拉设备进行钢筋冷拉时，其冷拉质量主要取决于控制卷扬机的拉力 Q 和钢筋冷拉的速度 v。

1）卷扬机的拉力 Q 可按式（5-1）进行计算：

$$Q = Tm\eta - F \tag{5-1}$$

式中，Q——卷扬机式冷拉设备的拉力（kN）；

T——卷扬机的牵引力（kN）；

m——滑轮组的工作线数；

η——滑轮组的总效率，见表 5-3；

F——设备阻力，由冷拉小车与地面摩擦力及回程装置阻力组成，一般可取 5～10 kN。

为确保拉力满足施工需要，设备拉力 Q 应大于或等于钢筋冷拉时所需最大拉力 $N = \sigma_{cs} A_s$ 的 1.2～1.5 倍。

表 5-3 滑轮组的总效率

滑轮组数	3	4	5	6	7	8
工作线数	7	9	11	13	15	17
总效率	0.88	0.85	0.83	0.80	0.77	0.74

2)钢筋冷拉的速度 v 可按式(5-2)进行计算：

$$v = \pi Dn/m \qquad (5\text{-}2)$$

式中，v——钢筋冷拉的速度(m/min)；

　　D——卷扬机卷筒直径(m)；

　　n——卷扬机的转速(r/min)；

　　m——滑轮组的工作线数。

钢筋冷拉的速度一般以 1.0 m/min 为宜。

2. 阻力轮式钢筋冷拉机

阻力轮式钢筋冷拉机由支承架、阻力轮、电动机、绞车轮子(绞轮)、变速箱等组成，主要适用于冷拉直径为 6~8 mm 的盘圆钢筋，其冷拉率一般控制为 6%~8%。阻力轮式钢筋冷拉机的组成如图 5-3 所示。

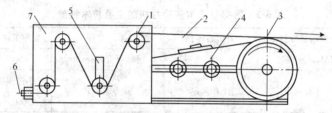

图 5-3　阻力轮式钢筋冷拉机的组成

1—阻力轮；2—钢筋；3—绞轮；4—变速箱；5—调节槽；6—钢筋；7—支承架

阻力轮式钢筋冷拉机启动后，绞车轮子(绞轮)以 40 m/min 的圆周速度将围绕其上的钢筋强力送入冷拉机进行调直。钢筋通过 4 个阻力轮时，被绞车轮子拉长而达到冷拉的目的。其中一个阻力轮可以调节高度，用以改变对钢筋的压力，进而改变拉伸阻力以达到控制冷拉率的目的。绞车轮子(绞轮)的直径一般为 550 mm；阻力轮是固定在支承架上的滑轮，其直径一般为 100 mm。

3. 液压式钢筋冷拉机

液压式钢筋冷拉机主要由两台电动机分别带动高压和低压油泵，使高、低压力油通过液压管路、液压控制阀进入液压张拉缸，从而完成钢筋的拉伸和回程动作。液压式钢筋冷拉机的结构如图 5-4 所示。

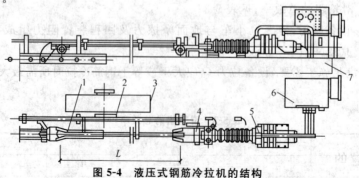

图 5-4　液压式钢筋冷拉机的结构

1—尾端挂钩夹具；2—翻料架；3—装料小车；4—前端夹具；5—液压张拉缸；

6—泵阀控制器；7—混凝土基座

液压式钢筋冷拉机能正确测定钢筋冷拉率和冷拉应力,容易实现钢筋冷拉自动控制,设备布置比较紧凑,操作起来比较平稳,冷拉过程中噪声很小,但这种钢筋冷拉机行程较短,使用范围受到一定限制。液压式钢筋冷拉机的主要技术性能见表5-4,可以根据施工中的实际需要进行选用。

表 5-4　液压式钢筋冷拉机的主要技术性能

项目	单位	性能参数	项目	单位	性能参数
冷拉钢筋直径	mm	12～18	冷拉速度	m/s	0.04～0.05
冷拉钢筋长度	mm	9 000	回程速度	m/s	0.05
最大压力	kN	320	工作压力	MPa	32
液压缸直径	mm	220	台班产量	根/台班	700～720
液压缸行程	mm	600	油箱容量	L	400
液压缸截面积	cm²	380	总重量	kg	1 250
油泵性性	型号		ZBD40	油泵性能	型号		CB—B50
	压力	MPa	21		压力	MPa	2.5
	流量	L/min	40		流量	L/min	50
	电动机型号		Y型6级		电动机型号		Y型4级
	电动机功率	kW	7.5		电动机功率	kW	2.2
	电动机转速	r/min	960		电动机转速	r/min	1 430

4. 丝杆式钢筋冷拉机

丝杆式钢筋冷拉机由电动机、丝杠、横梁、减速器、测力器及活动螺母等组成,其结构如图5-5所示。

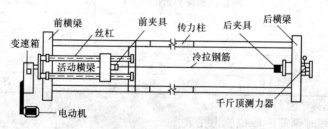

图 5-5　丝杆式钢筋冷拉机的构造示意图

电动机启动后,经过 V 带传动和减速器之后,再通过齿轮传动,使两根丝杠旋转,从而使丝杠上的活动螺母移动,并通过夹具将钢筋拉伸。

三、钢筋冷拉的施工参数

(1)冷拉率是通过试验来确定的,但不能超过表5-5所规定的范围。

表 5-5 钢筋冷拉参数

钢筋种类	双控		单控
	冷拉应力(MPa)	冷拉率(%),不大于	冷拉率/(%)
Ⅰ级钢筋	—	—	不大于 10.0
Ⅱ级钢筋	440	5.5	3.5～5.5
Ⅲ级钢筋	520	5.0	3.5～5.0
Ⅳ级钢筋	735	4.0	2.5～4.0

(2)冷拉钢筋的力学性能见表 5-6。

表 5-6 冷拉钢筋的力学性能

钢筋级别	直径(mm)	屈服点(N/mm²)	抗拉强度(N/mm²)	伸长率(%)	冷弯	
					弯曲角度	弯曲直径
		不小于				
冷拉Ⅰ级	≤12	280	370	11	180°	$3d_0$
冷拉Ⅱ级	≤25	450	510	10	90°	$3d_0$
	28～40	430	490	10	90°	$4d_0$
冷拉Ⅲ级	8～40	500	570	8	90°	$5d_0$
冷拉Ⅳ级	10～28	700	835	6	90°	$5d_0$

注:d_0 为钢筋的直径。

(3)冷拉控制应力及最大冷拉率见表 5-7。

表 5-7 冷拉控制应力及最大冷拉率

钢筋级别	冷拉控制应力(N/mm²)	最大冷拉率(%)
冷拉Ⅰ级	280	10
冷拉Ⅱ级	450	5.5
冷拉Ⅲ级	500	5
冷拉Ⅳ级	700	4

(4)测定冷拉率时钢筋的冷拉应力见表 5-8。

表 5-8 测定冷拉率时钢筋的冷拉应力

项次	钢筋级别	冷拉应力(N/mm²)
1	冷拉Ⅰ级	280
2	冷拉Ⅱ级	450
3	冷拉Ⅲ级	500
4	冷拉Ⅳ级	700

四、钢筋冷拉的施工工艺

钢筋冷拉的主要工序有钢筋上盘、放圈、切断、夹紧夹具、冷拉钢筋、观察钢筋伸长控制值、停止冷拉、放松夹具、捆扎堆放。

钢筋冷拉的伸长长度可用标尺测量,测力计可使用电子秤或附有油表的液压千斤顶或弹簧测力计。测力计一般宜设置在张拉端定滑轮组处,如果需要在固定的一端设置测力计,必须设防护装置,以免钢筋断裂时损坏测力计。

为确保施工安全,冷拉时钢筋应缓缓拉伸、慢慢放松,并要防止出现斜拉,正对钢筋的两端不允许站人,在冷拉钢筋时不允许人员跨越钢筋。

为确保钢筋的冷拉符合现行施工规范的要求,在整个钢筋冷拉的过程中,应按照以下操作要点进行冷拉:

(1)对所需冷拉的钢筋的炉号、原材料进行检查,不同厂家和不同批号的钢筋应分别进行冷拉,不得出现混淆。

(2)在钢筋进行冷拉前,应对冷拉机具、设备,特别是测力计进行校验和复核,并做好冷拉记录,以确保钢筋冷拉质量。

(3)在钢筋进行正式冷拉前,应用冷拉应力 10% 左右的拉力,先将钢筋拉直,然后测量其长度,再进行冷拉。

(4)在钢筋冷拉的过程中,为使钢筋变形充分、均匀,冷拉的速度不宜过快,一般以 0.5～1.0 m/min 为宜。当达到规定的控制应力或冷拉长度后,一般稍停 1～2 min,待钢筋变形基本稳定后,再放松钢筋。

(5)当钢筋在低温(负温)条件下冷拉时,其施工环境温度不宜低于 $-20℃$。如果采用控制应力方法冷拉,冷拉控制应力应较常温提高 30 MPa;采用控制冷拉率方法冷拉时,冷拉率与常温下相同。

(6)冷拉钢筋伸长的起点应以钢筋发生初应力时为准。对初应力的判断如无仪表观测,可观测钢筋表面的浮锈或氧化铁皮,以开始剥落时进行计量。

(7)预应力钢筋应先对焊、后冷拉,以免对焊焊接时因高温而使钢筋冷拉后的强度降低。如果焊接接头被拉断,可以切除该焊区约 200～300 mm 长,重新焊接后,再进行冷拉,但一般不得超过两次。

(8)钢筋时效一般可采用自然时效,即钢筋冷拉后在 15℃～20℃ 情况下,放置 7～14 天就可使用。

(9)由于钢筋冷拉后其晶体间的间隙增大、性质尚未稳定,遇水后很容易变脆且生锈,因此钢筋冷拉后应防止雨淋和水湿。

五、钢筋冷拉的控制方法

1. 控制冷拉率的方法

钢筋的冷拉率是指钢筋冷拉伸长的数值与钢筋冷拉前的长度值的比值,这是钢筋冷拉非常重要的技术指标。控制冷拉率的操作方法非常简单,只需要按照规定的冷拉率控制值,将钢筋拉伸到一定的长度即可。

　　钢筋冷拉率控制值需通过试验确定。在确定同炉批钢筋冷拉率控制值时,其试样不得少于 4 个,在万能试验机上按表 5-9 中规定的冷拉应力对每个试件进行拉伸,记录其相应的伸长率,并取平均值作为该批钢筋实际采用的冷拉率控制值。如果用这种试验方法求出的冷拉率控制值低于 1%,则取 1% 作为冷拉率控制值。HPB235 级钢筋的冷拉率控制值一般不通过试验确定,可直接选用 8% 作为其冷拉率控制值。

表 5-9　测定冷拉率时钢筋的冷拉应力

钢筋级别	钢筋直径(mm)	冷拉控制应力(N/mm²)	最大冷拉率(%)
HPB235	≤12	310	10.0
HRB335	≤25	480	5.5
	28～40	460	
HRB400	8～40	530	5.0

　　当多根连接的钢筋也用控制冷拉率的方法冷拉时,仍用冷拉率控制值计算总长度值,但冷拉后多根钢筋中的每根钢筋的冷拉率均不得超过表 5-9 中的规定。不同批号的钢筋,不宜采用控制冷拉率的方法进行冷拉。当冷拉率控制值确定后,即可根据需冷拉钢筋的长度求出冷拉时的伸长值。当钢筋冷拉到规定的伸长值后,应当暂停 2～3 min,待钢筋变形充分发展后,方可放松钢筋,结束冷拉。

　　控制冷拉率法冷拉钢筋的施工非常简单,但当钢筋质量不均匀时,冷拉后钢筋的力学性能也不一致。有时,冷拉率虽然满足设计要求,但强度可能达不到要求,这样就出现钢筋强度偏高或偏低的情况。如果用于预应力钢筋,就会出现在张拉过程中或在张拉后断裂、接头偏离规定的位置、锚具无法使用等缺陷。因此,作预应力用的钢筋在进行冷拉时,多采用控制冷拉应力的方法。

　　2. 控制冷拉应力的方法

　　在采用控制冷拉应力的方法冷拉钢筋时,应按表 5-9 中的数值取用冷拉应力,并在冷拉后检查其冷拉率。如果钢筋已达到表 5-9 中的控制应力,而冷拉率未超过表中的最大冷拉率,则认为合格;如果钢筋已达到表 5-9 中的最大冷拉率,而冷拉应力未达到表中的控制应力值,则认为不合格。

　　多根连接的钢筋,用控制冷拉应力的方法冷拉时,其控制应力和每根钢筋的冷拉率,也应都符合表 5-9 中的规定。

　　3. 冷拉钢筋的质量检验

　　冷拉钢筋应按施工规范要求进行检验,每批冷拉钢筋(直径小于 12 mm 的同钢号和同直径的钢筋每 100 kN 为一批,直径大于 14 mm 的每 200 kN 为一批)中,在任选的两根钢筋上,各取两个试件分别进行拉伸试验和冷弯试验,其质量应符合表 5-10 中的各项指标。如果有一项达不到规定的标准值,则要加倍取样重新试验,如果仍有一项指标达不到规定值,则判定该批冷拉钢筋不合格。在进行冷弯试验时,不得出现裂纹、鳞落和断裂现象;在进行拉伸试验时,应将冷拉后的钢筋放置 24 小时以上再进行判定。

表 5-10 冷拉钢筋的力学性能

强度等级	钢筋直径 d (mm)	屈服强度 (N/mm²)	抗拉强度 (N/mm²)	伸长率 δ_{10} (%)	冷弯性能	
					弯心直径	弯曲角度
HPB235	6～12	280	370	11	3d	180°
HRB335	6～12	450	510	10	3d	90°
	28～40	430	490	10	4d	90°
HRB400	8～40	500	700	8	5d	90°

注：钢筋直径大于 25 mm 的冷拉 HRB335 级和 HRB400 级钢筋，冷弯弯心直径增加 1d。

六、钢筋冷拉的质量问题及防治

1. 质量问题

在进行钢筋冷拉的操作中，施工人员未按国家标准控制钢筋冷拉率，使钢筋冷拉率超过规范中的最大值。这种钢筋如果用于钢筋混凝土结构构件，特别是用作受拉力的主筋，对结构构件的安全性非常不利。

2. 原因分析

（1）对于钢筋的冷拉问题，在施工组织设计中未明确规定，使具体操作人员没有冷拉作业的依据，在冷拉中无具体标准，可能冷拉率较小，也可能超过规定的最大值。

（2）在钢筋冷拉之前，技术人员未向操作人员进行技术交底，使钢筋冷拉标准不清楚，控制不严格，随即出现冷拉率过大的质量问题。

（3）在冷拉的施工过程中，具体操作人员对钢筋冷拉工作不认真、不负责，只凭个人经验操作，不严格按规范作业，必然会出现冷拉率过大的问题。

3. 防治措施

（1）如果工程中所用的钢筋要采取冷拉处理，在施工组织设计中必须明确各种钢筋冷拉率的范围；在正式冷拉之前，技术人员要向操作人员进行技术交底，明确冷拉钢筋的操作要点和注意事项。

（2）在正式冷拉钢筋之前，应对各种钢筋进行冷拉试验，以便确定适宜的冷拉率；在冷拉作业过程中，操作人员要重视钢筋的冷拉，一定严格按照规定的冷拉率作业。

（3）钢筋的冷拉方法可采用控制应力或控制冷拉率的方法，冷拉前首先检验钢筋原材料的质量，必须合格。然后根据钢筋的材质情况由试验结果确定合适的控制应力和拉力。

（4）当采用控制应力的方法冷拉钢筋时，其冷拉控制应力下的钢筋最大冷拉率应符合表 5-7 中的规定。

在冷拉过程中检查钢筋的冷拉率，如果超过表 5-7 中的规定，应对钢筋再进行力学性能试验。

（5）当采用控制冷拉率的方法冷拉钢筋时，冷拉率必须通过试验确定。测定同炉批钢筋冷拉率的试样不得少于 4 个，取其平均值作为该批钢筋实际采用的冷拉率，当钢筋的平均冷拉率低于 1% 时，应按 1% 进行冷拉。

（6）当冷拉多根连接的钢筋时，冷拉率可按总长计，但冷拉后每根钢筋的冷拉率应符合

表 5-7 中的规定。测定冷拉率时钢筋的冷拉应力应符合表 5-8 中的规定。

(7)冷拉钢筋的力学性能必须符合表 5-6 中的规定。对于第一次取样冷拉伸长率试验不合格的钢筋,则另取双倍数量的试样重新再做拉力试验,其中包括屈服强度、抗拉强度和伸长率三个技术指标,如果仍有一个试样不合格,则该批冷拉钢筋为不合格品,应独立堆放在一起,进行合理的处理,不得用于原设计用途的工程中。

第二节　钢　筋　冷　拔

一、冷拔低碳钢丝的性质和用途

冷拔钢筋通过拔丝模(图 5-6)受到拉力和钨合金模孔挤压力的双向作用,使钢筋产生塑性变形进而改变其物理力学性能。

冷拉与冷拔的主要区别是冷拉是纯拉伸的线应力,而冷拔是纵向拉伸与横向压缩共同作用的立体应力。

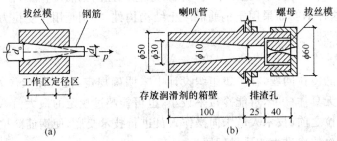

图 5-6　拔丝模的构造与装法
(a)拔丝模的构造;(b)拔丝模装在喇叭管内

冷拉是纯粹的纵向拉伸应力,而与冷拉的钢筋相比,冷拔既有纵向拉伸应力,还有横向挤压应力。光圆钢筋经过强力拉拔、挤压缩径后,钢筋内部晶格产生滑移,冷拔低碳钢丝的强度显著增加,抗拉强度标准值可提高 50%~90%,所以能大量节约钢材。冷拔低碳钢丝具有十分明显的硬性钢的特征,其塑性大幅度降低,没有明显的屈服阶段。

按冷拔低碳钢丝的材质不同,可以分为甲级和乙级两种钢丝。甲级冷拔低碳钢丝主要用于预应力混凝土构件的预应力筋;乙级冷拔低碳钢丝主要用于焊接网、焊接骨架、架立筋、箍筋、构造钢筋和预应力混凝土构件中的非预应力筋。

二、冷拔低碳钢丝的施工机具

冷拔低碳钢丝的施工机具见表 5-11。

表 5-11　冷拔低碳钢丝的施工机具

项目	内　　容
卧式钢筋冷拔机	卧式钢筋冷拔机是低碳钢丝冷拔最常用的设备,具有构造简单、操作方便等优点,多用于现场施工工地钢丝的冷拔。卧式钢筋冷拔机,又分为单卷筒和双卷筒两种,双卷筒卧式钢筋冷拔机生产效率高。双卷筒卧式钢筋冷拔机的构造如图 5-7 所示

（续表）

项目	内　容
立式钢筋冷拔机	立式钢筋冷拔机是电动机通过变速箱使卷筒进行旋转,以强力冷拔钢筋使其直径逐渐变小的钢筋加工机械 建筑工程中常用的立式钢筋冷拔机的型号、规格及主要技术性能见表5-12

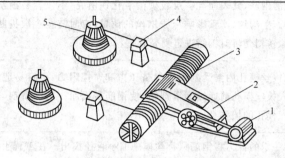

图 5-7　双卷筒卧式钢筋冷拔机的构造

1—电动机;2—变速箱;3—卷筒;4—拔丝模盒;5—承料器

表 5-12　立式钢筋冷拔机的主要技术性能

项　目		型　号		
		1/800 型	4/650 型	4/550 型
卷筒个数及直径(个/mm)		1/800	4/650	4/550
最大进料钢材直径(mm)		14.0	8.0	6.5
最小成品钢丝直径(mm)		6.0	3.0	3.0
钢材抗拉强度(MPa)		1 300	1 450	900～1 200
成品卷筒的转速(r/min)		24	40～80	60～120
成品卷筒的线速度(m/min)		60	80～160	104～207
卷筒电动机	型号	JR125-8	Z2-02	ZJTT-W81-A/6
	功率(kW)	95	40	40
	转速(r/min)	730	1 000～2 000	400～1 320
外形尺寸	长度(mm)	9 725	15 440	14 490
	宽度(mm)	3 340	4 150	3 290
	高度(mm)	2 020	3 700	3 700
质量(kg)		4 500	20 125	12 085

三、冷拔低碳钢丝的工艺过程

1. 钢筋冷拔的工艺过程

钢筋冷拔的工艺过程见表5-13。

表 5-13　钢筋冷拔的工艺过程

项　目	内　　容
轧头	由于拔丝模孔的直径小于钢筋直径,在开始通过拔丝模孔时,钢筋的端头必须经轧头机压细,才能穿过模孔至卷扬机
剥壳	未经过处理的钢筋,其表面有一层较硬的氧化铁渣壳,不仅容易损伤拔丝模的内壁,而且会使钢筋表面产生沟纹,严重影响冷拔钢丝的质量,有时甚至会被拔断。因此,在进入拔丝模孔之前,要用除锈剥壳机对钢筋进行剥壳处理
润滑	由于钢筋在拔丝模孔内要受到很大的挤压力和摩擦阻力,很容易造成对拔丝模孔内壁的损伤,在钢筋进入拔丝模孔前通过润滑剂箱,使钢筋表面涂一层润滑剂,这样可大大降低摩擦阻力,避免对拔丝模孔的损伤
拔丝	拔丝是利用一定的拉力将钢筋从拔丝模中缩小直径拔出。在工程上一般常采用慢速电动卷扬机,其冷拔的速度要适当,速度过快易造成断丝

2. 钢筋冷拔的具体操作

(1)钢筋冷拔前应对原材料进行必要的检验。对于钢号不明或无出厂证明的钢筋,应按有关规定取样检验。遇到截面不规则的扁钢、带刺、过硬、潮湿的钢筋,不得用于钢筋的冷拔,以免损坏拔丝模和影响冷拔钢丝的质量。

(2)在钢筋冷拔前,必须对钢筋进行端部轧头和剥壳除锈处理。除锈装置可利用冷拔机卷筒和盘条的转架,可设置 3~6 个单向错开或上下交错排列的带槽剥壳轮,钢筋经过上下左右的反复弯曲,即可将钢筋表面的锈除掉。另外,也可以使用与钢筋直径基本相同的废弃拔丝模,以机械的方法进行除锈。

(3)为便于钢筋穿过拔丝模,钢筋的端部要轧得细一点,其长度大约为 150~200 mm,轧压至直径比拔丝模孔小 0.5~0.8 mm,这样可使钢筋顺利穿过拔丝模孔。为减少钢筋压头的次数,可用对焊的方法将钢筋连接,但应将焊缝处的凸缝用砂轮打磨光滑,以保证在冷拔时不出现阻挡,保护冷拉设备及拔丝模。

(4)在正式进行钢筋冷拔之前,应按照常规对冷拔设备进行检查,并做空载运转试验。在安装拔丝模时,要分清拔丝模的反正面,安装后应将固定螺栓拧紧。

(5)为减少冷拔拉力的损失和拔丝模的损耗,在冷拔时应涂以润滑剂,一般是在拔丝模前面安装一个润滑盒,使钢筋经过时粘结上润滑剂后再进入拔丝模。

(6)拔丝的速度宜控制在 50~70 m/min。钢筋连拔一般不宜超过三次,如果还需要再冷拔,应对钢筋进行消除内应力处理,即采用 600℃~800℃ 的温度进行退火处理,使钢筋变软。待加热至规定的温度后,将钢筋取出埋入砂中,使其按规定方法缓慢冷却,冷却的速度应控制在 15 ℃/h 以内。

(7)钢筋冷拔后的成品,应随时检查是否有砂孔、沟痕、夹皮等缺陷,以便随时更换拔丝模或调整转速,确保冷拔钢丝的质量。

四、冷拔低碳钢丝的冷拔控制

冷拔低碳钢丝的冷拔控制见表 5-14。

表 5-14 冷拔低碳钢丝的冷拔控制

项目	内　容
冷拔次数的影响	钢筋的冷拔次数应适宜,冷拔次数过多,易使钢筋变脆,并且降低冷拔机的生产率;冷拔次数过少,每次压缩过大,不仅使拔丝模的损耗增加,而且易产生回丝和安全事故。所以冷拔次数主要取决于钢筋冷拔机的拉力大小及钢筋是否被拉断
总压缩率的影响	冷拔后钢筋的抗拉强度,随着冷拔总压缩率的增大而成比例地提高,与冷拔的次数关系不大。但压缩率越大,冷拔次数越多,钢材的塑性越差。为了保证冷拔低碳钢丝强度和塑性的相对稳定,必须控制总压缩率。在进行钢筋冷拔的过程中,钢丝的总压缩率和冷拔次数,可参考表 5-15 中的数值

表 5-15　钢丝的总压缩率和冷拔次数参考值

项次	钢丝直径 d(mm)	盘条直径 d(mm)	冷拔总压缩率(%)	冷拔次数					
				第1次	第2次	第3次	第4次	第5次	第6次
1	5.0	8.0	61.0	6.5 7.0	5.7 6.3	5.0 5.7	— 5.0	—	—
2	4.0	6.5	62.5	5.5 5.7	4.6 5.0	4.0 4.5	— 4.0		
3	3.0	6.5	78.7	5.5 5.7	4.5 5.0	4.0 4.5	3.5 4.0	3.0 3.5	3.0

注:总压缩率$=(d_0^2 - d^2)/d_0^2×100\%$。

五、冷拔低碳钢丝的质量检查

1. 外观检查

冷拔低碳钢丝的外观检查,要求表面无锈蚀、无伤痕、无裂纹和油污。甲级冷拔低碳钢丝直径的允许偏差应符合表 5-16 中的要求。

表 5-16　甲级冷拔低碳钢丝直径的允许偏差

项次	钢丝直径(mm)	直径偏差不大于(mm)	备　注
1	3	±0.06	检查时,应同时测量冷拔低碳钢丝两个垂直方向的直径
2	4	±0.08	
3	5	±0.10	

2. 力学性能

外观检查合格后,应进行有关力学性能和冷弯性能的测定,力学性能主要包括抗拉强度和伸长率两项。甲级冷拔低碳钢丝,应当按规定取样进行检验;乙级冷拔低碳钢丝,可采用同直径钢丝每 50 kN 为一个批次,分批抽样检验,其力学性能要求参考表 5-17。冷弯时不得有裂纹、脱落或断裂现象。

表 5-17　冷拔低碳钢丝力学性能要求

项次	钢丝级别	钢丝直径（mm）	抗拉强度（N/mm²）		伸长率（标距 100 mm）（%）	反复弯曲（180°）次数
			Ⅰ级	Ⅱ级		
			不小于			
1	甲级	5	650	600	3.0	4
		4	700	650	2.5	4
2	乙级	3～5	550		2.0	4

注：(1)甲级钢丝采用符合Ⅰ级热轧钢标准的圆盘条钢筋进行拔制。

(2)甲级钢丝主要用于预应力钢筋,乙级钢丝主要用于焊接网、焊接骨架、箍筋和构造钢筋。

(3)预应力冷拔低碳钢丝经机械调直后,其抗拉强度标准值应降低 50 N/mm²。

六、冷拔钢筋的质量问题及防治

1. 冷拔钢筋的总压缩率过大

(1)质量问题

钢筋在正式冷拔中的次数没有经过试验确定,由于冷拔的次数过多,从而造成冷拔钢丝的塑性和可焊性较差,其伸长率或反复弯曲次数等力学性能达不到现行施工规范中的要求,在加工或使用中很容易造成脆断,用于工程中使钢筋混凝土结构构件存在安全隐患,甚至造成重大事故。

(2)原因分析

1)对于需要冷拔的钢筋原材料未认真进行检查验收,进场后也未按要求进行复验,以致钢筋的质量不符合国家标准的规定,尤其是力学性能和化学成分不合格,很容易使钢筋冷拔的性能不稳定或总压缩率过大。

2)在进行钢筋冷拔之前,未按照要求进行确定钢筋冷拔次数的试验,而是凭以往的施工经验冷拔,结果造成冷拔次数过多,钢筋的总压缩率过大,其性能发生较大变化,尤其是钢筋冷脆性增加,塑性和可焊性变差。

(3)防治措施

1)对于进场需要冷拔的钢筋,一定要按照国家的现行标准进行检查验收,尤其应特别注意力学性能和化学成分的检验,对于不符合要求的钢筋不得用于冷拔。

2)在正式冷拔钢筋之前,应由试验确定冷拔的次数,冷拔的次数不宜过多,同时合理控制钢筋的总压缩率,选择合适的冷拔钢筋的原材料。一般直径 5 mm 的钢丝用直径 8 mm 的光圆钢筋拔制,直径 3 mm 或 4 mm 的钢丝用直径 6.5 mm 的光圆钢筋拔制,要防止总压缩率过大造成脆断。

3)在钢筋进行冷拔的操作过程中,施工人员要严格按照钢筋冷拔操作规程作业,不允许一次收缩直径过多,不得超过规定的钢筋总压缩率。

2. 冷拔钢丝表面有明显擦伤

（1）质量问题

钢筋经过冷拔成为钢丝后,其表面出现明显的擦伤,这些擦伤使钢丝的横截面面积产生差异,在截面面积较小的薄弱部位强度大大降低,如果将这种钢丝用于钢筋混凝土结构构件中,将会存在很大的安全隐患,尤其是预应力混凝土构件中,在荷载的作用下会突然断裂,造成严重的工程事故。

（2）原因分析

1)对于冷拔的钢筋原材料的质量未严格把关,由于钢筋原材料材质不均匀,在冷拔的过程中,很容易出现局部收缩直径过大、表面有明显擦伤等缺陷。

2)在正式冷拔钢筋之前,对冷拔机未进行检查试验,在冷拔的过程中出现运转不正常的现象,导致冷拔的钢丝质量不均匀、不合格,其表面有明显擦伤。

3)在钢筋冷拔前,对所要冷拔的钢筋需要的冷拔力、冷拔次数等,未按现行施工规范做出明确规定,致使操作人员无章可循,造成冷拔钢丝的表面有明显擦伤。

4)冷拔钢筋的操作人员质量意识不强,只追求数量,不讲究质量,违反钢筋冷拔的工艺,快速冷拔钢筋,从而使冷拔钢丝的表面有明显擦伤。

（3）防治措施

1)在冷拔钢丝正式操作之前,首先要弄清用冷拔钢丝制作的构件类型、位置、作用、数量和要求,对于冷拔所用的钢筋原材料质量要严格把关,并进行必要的力学性能和化学成分的检验,然后再按规定进行冷拔。

2)在正式钢筋冷拔之前,要对冷拔机进行试运行和调整,在冷拔设备运转一切正常后,对钢筋进行冷拔试验,以便确定直径减少的标准、钢筋冷拔的次数和冷拔力的大小,作为钢筋正式冷拔时的依据。

3)在钢筋冷拔的操作过程中,施工企业应建立质量保障体系,制定质量保障措施,设置专门的质量检查人员,实行全过程质量管理。

4)在钢筋冷拔的过程中,加强对冷拔钢丝的质量检查验收。按现行规范的要求,冷拔低碳钢丝应符合下列规定:

①在冷拔钢丝完成或钢丝进场后,应当认真检查每一盘冷拔低碳钢丝的外观,钢丝表面不得有裂纹和机械损伤。

②甲级钢丝的力学性能应对每一盘进行检查,从每盘冷拔钢丝上任一端截去不少于500 mm 的长度后再取两个试样,分别做应力和 1800 次反复弯曲试验,并按其抗拉强度确定该盘钢丝的组别。

③乙级钢丝的力学性能可分批抽样检验,以同一直径的钢丝 5 t 为一批,从中任取三盘,每盘各截取两个试样,分别做拉力和反复弯曲试验。如果有一个试样不合格,应在未取过试样

的钢丝中,另取双倍数量的试样,再进行以上各项试验;如果仍有一个试样不合格,则应对该批钢丝全部进行检验,合格者方可使用。

5)在进行冷拔低碳钢丝前,应将钢筋整理顺直,不得有局部弯折现象。冷拔低碳钢丝调直用的调直机应安装合适,调直模的偏移量应根据调直模的磨耗程度和钢筋的性质通过试验确定。上、下辊之间的间隙一般保证在钢丝穿过压辊后为2~3 mm。冷拔低碳钢丝在调直机上调直后,其表面不得有明显擦伤,抗拉强度不得低于设计要求。

6)对于表面已有明显擦伤的冷拔低碳钢丝,不得用于原设计承力的工程部位,必须另外处置,一般是取损伤比较严重的区段截取试件,进行拉力试验和反复弯曲试验,按其试验结果来决定用途。

第三节　钢　筋　冷　轧

一、钢筋冷轧的特点及应用

钢筋冷轧的特点及应用见表 5-18。

表 5-18　钢筋冷轧的特点及应用

项　目	内　容
冷轧带肋钢筋的特点及应用	冷轧带肋钢筋是热轧圆盘条经冷轧或冷拔减径后在其表面冷轧成三面或二面月牙形横肋的钢筋。这类钢筋具有明显的三大优点: (1)抗拉强度高:其抗拉强度比热轧线材提高 50%~100%; (2)塑性比较好:一般冷拔钢筋的伸长率为 2.5%,冷轧带肋钢筋的伸长率大于 4.0%; (3)粘结强度大:与混凝土的粘结强度可提高 2~6 倍。 冷轧带肋钢筋可用于没有振动荷载和重复荷载的工业与民用建筑,也可用于一般构筑物的钢筋混凝土和先张法预应力混凝土中小型结构构件,还可用作砖混房屋的圈梁、构造柱及砌体配筋
冷轧扭钢筋的特点及应用	冷轧扭钢筋又称为冷轧变形钢筋,它是用低碳钢筋经冷轧扭工艺制成,钢筋表面呈连续螺旋形,表面光滑无裂痕。 冷轧扭钢筋具有冷拔低碳钢丝的某些性能,同时其力学性能大大提高,塑性虽然有所下降,但比冷拔钢筋要好。由于冷轧扭钢筋具有连续不断螺旋曲面,使钢筋与混凝土之间产生较强的机械咬合力和法向应力,可明显提高两者之间的粘结强度。 材料试验证明:其力学性能与其母材相比,极限抗拉强度与混凝土的握裹力,分别提高了 1.67 倍和 1.59 倍。冷轧扭钢筋与普通热轧圆盘条钢筋相比,可以节省钢材 36%~40%,节省工时 1/3,降低施工费用 15%左右,技术经济效益比较明显。 冷轧扭钢筋适用于一般房屋和一般构筑物的冷轧扭钢筋混凝土结构工程的设计与施工,尤其适用于现浇钢筋混凝土楼板。目前,冷轧扭钢筋混凝土结构构件,主要以板类和梁等受弯曲构件为主

二、钢筋冷轧的施工机具

1. 冷扎带肋钢筋生产线

冷轧带肋钢筋生产线是由多种机具组合而成的生产线,主要由对焊机、放线架、除锈机、润滑机、冷轧带肋钢筋成型机、拉拔机、应力消除机、收线机及电气操作系统等组成。

2. 冷轧带肋钢筋成型机

冷轧带肋钢筋成型机,是冷轧带肋钢筋生产线中关键的设备,主要有主动式冷轧带肋钢筋成型机和被动式冷轧带肋钢筋成型机两种。在建筑工程中应用较多的是被动式冷轧带肋钢筋成型机,其构造如图5-8所示。

被动式冷轧带肋钢筋成型机主要由机架、调整手轮、传动箱、轧辊组等组成。而轧辊组是冷轧机中最关键的部件,它是由三个互成120°、具有孔槽的辊片、支承轴、压盖和调整垫等构成的,如图5-9所示。

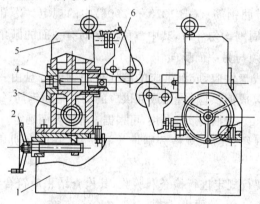

图5-8　被动式冷轧带肋钢筋成型机

1—机架;2—手柄;3—传动系统;4—主轴;
5—箱体;6—轧辊组

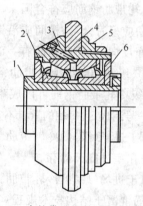

图5-9　冷轧带肋钢筋成型机轧辊组

1—支承座;2—轴承;3—轧辊座;4—轧辊;
5—压盖;6—调整垫

冷轧带肋钢筋成型机是通过三个互成120°带有孔槽的辊片,来完成钢筋的直径缩小或成型。每一冷轧机由两套轧辊组所组成。而两套轧辊组中的辊片交错60°,从而实现两次变形。

三、钢筋冷轧的加工工艺

钢筋冷轧的加工工艺见表5-19。

表5-19　钢筋冷轧的加工工艺

项目	内　　容
冷轧带肋钢筋的 加工工艺	冷轧带肋钢筋的加工工艺非常简单,将热轧圆盘钢筋经冷轧或冷拔减小直径后,在其表面用轧辊冷轧成三面或二面带肋的钢筋
冷轧扭钢筋的 加工工艺	冷轧扭钢筋的生产装置主要由放盘架、调直机、轧机、扭转装置、切断机、落料架、冷却系统和控制系统等组成。

（续表）

项目	内　　容
冷轧扭钢筋的加工工艺	冷轧扭钢筋的加工工艺程序为：圆盘钢筋从放盘架上引出后，经过调直机调直，并清除其表面的氧化薄膜，再经过轧机将圆盘钢筋轧盘；在轧辊的推动下，强迫钢筋通过扭转装置，从而形成表面为连续螺旋曲面的麻花状钢筋，再穿过切断机的圆切刀刀孔进入落料架的料槽；当钢筋触到定位开关后，切断机将钢筋切断落到架上。 冷轧扭钢筋的长度控制，可通过调整定位开关在落料架上的位置而实现。钢筋的调直、扭转及输送的动力，均来自轧辊在轧制钢筋时产生的摩擦力

四、钢筋冷轧的质量控制

1. 冷轧带肋钢筋的质量控制

（1）冷轧带肋钢筋应符合国家标准《冷轧带肋钢筋》（GB 13788—2008）中的规定。冷轧带肋钢筋的肋应呈月牙形，横肋应沿钢筋横截面周围均匀分布，其中三面肋钢筋有一面的倾角必须与另两面反向，二面肋钢筋有一面的倾角必须与另一面反向。

（2）650 级和 800 级冷轧带肋钢筋一般是成盘供应，成盘供应的冷轧带肋钢筋每盘由一根组成；550 级冷轧带肋钢筋可以成盘供应也可以成捆供应；直条成捆供应的冷轧带肋钢筋，每捆应由同一炉号组成，且每捆的重量不宜大于 500 kg。成捆钢筋的长度，可根据工程需要而确定。

（3）对于进场（厂）的冷轧带肋钢筋，应按钢号、级别、规格分别堆放和使用，并应有明显的标志，不得在室外露天储存。

（4）对于进场（厂）的冷轧带肋钢筋，应按现行规定进行检查和验收，其检查结果应符合《冷轧带肋钢筋混凝土结构技术规程》（JGJ 95—2011）中的要求。

（5）经过调直的钢筋，表面不得有明显擦伤；钢筋调直后，不应有局部弯曲，每米长度的弯曲度不应大于 4 mm，总弯曲度不大于钢筋总长度的 4%。

（6）冷轧带肋钢筋不宜在环境温度低于 −30℃ 时使用；550 级钢筋不得采用冷拉方法调直，同时机械调直对钢筋表面不得有明显擦伤。

（7）冷轧带肋钢筋的化学成分应符合表 5-20 中的规定。

表 5-20　冷轧带肋钢筋的化学成分

级别代号	钢筋牌号	化学成分（%）					
		C	Si	Mn	V、Ti	S	P
CRB550	Q215	0.09～0.15	≤0.30	0.25～0.55	—	≤0.050	≤0.045
CRB650	Q235	0.14～0.22	≤0.30	0.30～0.65		≤0.050	≤0.045
CRB800	24MnTi	0.19～0.27	0.17～0.37	1.20～1.60	Ti:0.01～0.05	≤0.045	≤0.045
	20MnSi	0.17～0.25	0.40～0.80	1.20～1.60		≤0.045	≤0.045
CRB970	41MnSiV	0.37～0.45	0.60～1.10	1.00～1.40	V:0.05～0.12	≤0.045	≤0.045
	60	0.57～0.65	0.17～0.37	0.50～0.80	—	≤0.035	≤0.035

(8)冷轧带肋钢筋的力学性能和工艺性能应符合表 5-21 中的规定。

表 5-21　冷轧带肋钢筋的力学性能和工艺性能

钢筋牌号	屈服强度 ≥(MPa)	抗拉强度 ≥(MPa)	伸长率(%) ≥		弯曲试验 180°	反复弯曲次数	应力松弛初始应力应相当公称抗拉强度的70% 1 000 h 的松弛率(%)≤
			$A_{11.3}$	A_{100}			
CRB550	500	550	8.0	—	$D=3d$	—	—
CRB650	585	650	—	4.0	—	3	8
CRB800	720	800	—	4.0	—	3	8
CRB970	875	970	—	4.0	—	3	8

注:表中 D 为弯心直径, d 为钢筋公称直径。

(9)冷轧带肋钢筋反复弯曲试验的弯曲半径应符合表 5-22 中的规定。

表 5-22　冷轧带肋钢筋反复弯曲试验的弯曲半径　(单位:mm)

钢筋公称直径	4	5	6
弯曲半径	10	10	15

(10)冷轧带肋钢筋的尺寸、重量及允许偏差应符合表 5-23 中的规定。

表 5-23　冷轧带肋钢筋的尺寸、重量及允许偏差

公称直径 (mm)	公称横截面积 (mm²)	重量 理论重量 (kg/m)	重量 允许偏差 (%)	横肋中点高 h (mm)	横肋中点高 允许偏差 (mm)	横肋 1/4 处高 h_1 (mm)	横肋顶宽 b (mm)	横肋间隙 l (mm)	横肋间隙 允许偏差 (%)	相对肋面积 ≥
4.0	12.6	0.099		0.30		0.24		4.0		0.036
4.5	15.9	0.125		0.32		0.26		4.0		0.039
5.0	19.6	0.154		0.32		0.26		4.0		0.039
5.5	23.7	0.186		0.40		0.32		4.0		0.039
6.0	28.3	0.222		0.40		0.32		5.0		0.039
6.5	33.2	0.261		0.46	±0.10	0.37		5.0		0.045
7.0	38.2	0.302		0.46	−0.05	0.37		5.0		0.045
7.5	44.2	0.347		0.55		0.44		6.0		0.045
8.0	50.3	0.395	±4.0	0.55		0.44	−0.2d	6.0	±15	0.045
8.5	56.7	0.445		0.55		0.44		7.0		0.045
9.0	63.6	0.499		0.75		0.60		7.0		0.052
9.5	70.8	0.556		0.75	±0.10	0.60		7.0		0.052
10.0	78.5	0.617		0.75		0.60		7.0		0.052
10.5	86.5	0.679		0.75		0.60		7.4		0.052
11.0	95.0	0.746		0.85		0.68		7.4		0.056
11.5	103.8	0.815		0.95		0.75		8.4		0.056
12.0	113.1	0.888		0.95		0.76		8.4		0.056

(11)冷轧带肋钢筋混凝土结构的混凝土强度等级不宜低于C20;预应力冷轧带肋钢筋混凝土结构构件的混凝土强度等级不宜低于C25;处于室内高湿度或露天冷轧带肋钢筋混凝土结构的混凝土强度等级不宜低于C30。

2. 冷扎扭钢筋的质量要求

(1)冷轧扭钢筋的原材料必须经过检验,应符合《碳素结构钢》(GB/T 700—2006)及《低碳钢热轧圆盘条》(GB/T 701—2008)中的规定。

(2)冷轧扭钢筋的轧扁厚度对力学性能有很大影响,应控制在允许范围内,其螺距也应符合规范的要求。

(3)冷轧扭钢筋轧制品的检验应按《冷轧扭钢筋混凝土构件技术规程》(JGJ 115—2006)中的有关规定进行,严格检验成品,严把质量关。

(4)冷轧扭钢筋成品不宜露天堆放,以防止钢筋产生锈蚀。钢筋成品储存时间不宜过长,尽量做到即时轧制即时使用。

(5)当采用冷轧扭钢筋时,处于室内正常环境中的构件,其混凝土强度等级不宜低于C20处于露天或室内潮湿环境中的构件,其混凝土强度等级不宜低于C25。

(6)冷轧扭钢筋的轧扁厚度和节距应符合表5-24中的规定。

表 5-24　冷轧扭钢筋轧扁厚度和节距

冷轧扭钢筋类型	标准直径(mm)	轧扁厚度(mm)不小于	节距(mm)不大于
Ⅰ型	6.5	3.7	75
	8.0	4.2	95
	10	5.3	110
	12	6.2	150
	14	8.0	170
Ⅱ型	12	8.0	145

(7)冷轧扭钢筋的规格及截面参数应符合表5-25中的规定。

表 5-25　冷轧扭钢筋的规格及截面参数

标准直径 (mm)		公称截面面积 (mm²)	公称重量 /(kg/m)	等效直径 d_0 (mm)	截面周长 (mm)
Ⅰ型	6.5	29.5	0.232	6.1	23.4
	8.0	45.3	0.356	7.6	30.0
	10	68.3	0.536	9.2	36.4
	12	93.3	0.733	10.9	42.5
	14	132.7	1.042	13.0	49.2
Ⅱ型	12	97.8	0.768	11.2	51.5

注:(1)Ⅰ型为矩形截面,Ⅱ型为菱形截面。

(2)等效直径 d_0 为由公称截面面积等效为圆形截面的直径。

（8）冷轧扭钢筋的力学性能应符合表 5-26 中的规定。

表 5-26 冷轧扭钢筋的力学性能

抗拉强度标准值 （MPa）	抗拉强度设计值 （MPa）	抗压强度设计值 （MPa）	弹性模量 MPa	伸长率 δ （%）	冷弯 180° （弯心直径 $D=3d$）
≥580	360	360	1.9×10^5	≥4.5	受弯曲部位表面 不得产生裂纹

（9）冷轧扭钢筋的混凝土最小厚度应符合表 5-27 中的规定。

表 5-27 冷轧扭钢筋的混凝土最小厚度 （单位：mm）

环境条件	构件类别	混凝土强度等级		
		C20	C25 及 C30	≥C35
室内正常环境	板	15		
	梁	25		
露天或室内 潮湿环境	板	—	25	15
	梁	—	35	25
埋入土中	基础	35		

（10）纵向受拉冷轧扭钢筋的最小锚固长度应符合表 5-28 中的规定。

表 5-28 纵向受拉冷轧扭钢筋的最小锚固长度

混凝土强度等级	C20	C25	≥C30
最小锚固长度（mm）	$45d$	$40d$	$35d$

第六章

钢筋的冬期施工技术

第一节　钢筋冬期施工的基本要求

一、钢筋在冬期低温下的选用

（1）对于在低温下承受静荷载作用的钢筋混凝土结构构件,其主要受力钢筋可选用符合国家标准及设计、施工规范规定的热轧钢筋、余热处理钢筋、热处理钢筋、高强度圆形钢丝、钢绞线、冷拉钢筋、冷轧带肋钢筋和冷拔低碳钢丝等。

（2）对于在低温（负温）下直接承受中、重级工作制起重机的构件,其主要受力钢筋的选用原则是:

当温度在－20℃～－50℃时,可选用热轧钢筋、余热处理钢筋、高强度圆形钢丝、钢绞线,不宜采用冷拉钢筋、冷轧带肋钢筋和冷拔低碳钢丝。

当温度在－20℃～－40℃时,除有可靠的试验依据外,宜选用较小直径且碳、合金元素为中、下限的钢筋。

二、钢筋在冬期低温下的结构构造与施工工艺

工程实践充分证明,造成结构低温脆断的因素除材料本身和使用温度外,还与结构构造与施工工艺密切相关,合理的结构构造并保证良好的施工质量,是减少钢筋低温脆断的重要措施之一。在一般低温情况下,结构构造与施工工艺的选用,应符合下列要求:

（1）设计在低温（负温）下使用的结构时,应在构造上避免使钢筋产生严重的缺陷或出现缺口。钢筋应尽量选用直径较小的,并在结构中分散配置,不应采用排列较密的焊接配筋。在预应力混凝土构件中,不宜采用无粘结预应力的构造形式,后张法施工的预应力混凝土构件,孔道灌浆一定要确保密实,以便保证混凝土与钢筋粘结牢固、共同工作,不得使钢筋预应力降低或进而失效。

（2）在低温（负温）下使用的钢筋焊接接头,应当优先选用闪光对焊接头、机械连接接头,也可选用气压焊接头、电渣压力焊接头和电弧焊接头,这样可在构造上防止接头处产生偏心受力

状态。在整个焊接的施工过程中,应当严格防止产生过热、烧伤、咬伤和裂纹等缺陷。

（3）如果要在低温（负温）下施工或使用钢筋的挤压接头、锥螺纹连接接头,那么必须经过低温（负温）试验验证。

（4）对于在寒冷地区缺乏使用经验的特殊构造和在特殊条件下使用的结构构件,以及能使预应力钢筋产生刻痕或咬伤的锚具夹具,一般也应当进行构造、构件和锚具夹具的低温性能试验,合格后才能正式施工。

（5）对于要在低温（负温）条件下使用的钢筋,在施工过程中要加强管理和检验。钢筋在运输、加工的过程中注意防止出现撞击、刻痕等现象,特别是在使用 HRB500 级钢筋及其他高强度钢筋时尤其需要注意。

三、钢筋在冬期低温下的力学性能

1. 低温（负温）下钢筋的力学性能

（1）工业与民用建筑工程中各种常用钢筋在不同温度下的强度、塑性见表 6-1。

表 6-1　钢筋在不同温度下的强度和塑性

钢筋种类	钢筋直径 （mm）	试验温度 （℃）	屈服点 （N/mm²）	抗拉强度 （N/mm²）	断后伸长率（%）		
					δ_5	δ_{10}	δ_{100}
20MnSi	16	+20	382	579	30.0		
		0	392	592	29.8		
		−20	431	614	27.7		
		−40	437	632	24.0		
25MnSi	12	+20	425	648	28.6		
		0	450	683	—		
		−20	454	689	25.8		
		−40	461	694	23.0		
25MnSi	25	+20	454	617	28.8		
		0	—	—	—		
		−20	472	624	25.8		
		−40	482	625	23.4		
20MnSiV	16	+20	519	698	27.9		
		0	—	—	—		
		−20	—	—	—		
		40	563	735	27.6		
20MnTi	16	+20	493	657	30.3		
		0	—	—	—		
		−20	—	—	—		
		−40	524	688	28.8		

（续表）

钢筋种类	钢筋直径（mm）	试验温度（℃）	屈服点（N/mm²）	抗拉强度（N/mm²）	断后伸长率(%)		
					δ_5	δ_{10}	δ_{100}
余热处理 20MnSi	16	+20	515	659	28.4		
		0	—	—	—		
		−20	—	—	—		
		−40	551	703	27.6		
45Si2MnTi	12	+20	567	836	22.5		
		0	584	855	22.1		
		−20	589	856	21.5		
		−40	604	886	21.5		
冷拔低碳钢丝	5	+20	509	603			5.75
		0	—	—			—
		−20	554	637			4.58
		−40	587	679			4.25
48Si2Mn	8.2	+20	1 383	1 530		8.96	
		0	—	—		—	
		−20	1 451	1 608		8.80	
		−40	1 491	1 628		8.90	
冷拉（20MnSi）	16	+20	466	544	25.0		
		0	480	551	25.4		
		−20	488	583	28.7		
		−40	488	586	26.3		
冷拉（25MnSi）	12	+20	550	649	26.3		
		0	576	679	21.3		
		−20	578	685	21.6		
		−40	587	696	21.3		
冷拉（40Si2MnV）	12	+20	745	912		16.1	
		0	—	—		—	
		−20	761	937		13.6	
		−40	800	949		11.9	

从表 6-1 中的试验结果可知：

与常温（+20℃）下相比，在−40℃温度条件下，热轧钢筋的屈服点提高幅度：HRB335 级、

HRB400 级钢筋为 6%～14%；HRB500 级钢筋约为 7%。抗拉强度提高幅度：HRB335 级、HRB400 级钢筋为 1%～9%；HRB500 级钢筋约为 6%。余热处理 RRB400 级钢筋屈服点提高 15%，抗拉强度提高 13%。冷拔低碳钢丝屈服点提高 15%，抗拉强度提高 13%。

钢筋伸长率降低幅度：热轧 HRB335 级、HRB400 级钢筋为 19%～20%；热轧 HRB500 级钢筋为 4%；余热处理 RRB400 级钢筋为 3%；冷拔低碳钢丝为 26%。

（2）工业与民用建筑工程中各种常用钢筋在不同温度下的冲击韧性见表 6-2。

表 6-2　钢筋在不同温度下的冲击韧性

钢筋种类	钢筋直径 (mm)	冲击韧性（J/cm²）			
		+20℃	0℃	−20℃	−40℃
20MnSi	20	253	270	214	176
25MnSi	20	119	98	70	27
20MnSiV	25	174	158	128	107
20MnTi	25	179	169	152	113
余热处理 20MnSi	25	170	137		103
40Si2MnV	22	55	47	26	18
45SiMnV	20	51	32	28	—
45Si2MnTi	20	36		25	11
冷拉（20MnSi）	20	211	206	175	128
冷拉（25MnSi）	20	105	105	21	15
冷拉（45Si2MnV）	25	25	25	10	6

从表 6-2 中的试验结果可知：

在 −40℃温度条件下，各种钢筋的 V 形缺口冲击试验的冲击韧性：20MnSi 钢筋为 176 J/cm²，25MnSi 为 27 J/cm²，20MnSiV 为 107 J/cm²，20MnTi 为 113 J/cm²，45Si2MnTi 为 11 J/cm²，余热处理 20MnTi 钢筋为 103 J/cm²。由此可知，热轧钢筋经冷拉后，冲击韧性要比冷拉前下降 50%～70%。

2. 影响钢筋低温力学性能的主要因素

影响钢筋低温力学性能的主要因素见表 6-3。

表 6-3　影响钢筋低温力学性能的主要因素

项目	内容
化学成分的影响	从钢筋的主要技术性能中了解到，化学成分是决定钢筋强度的主要因素。对于碳素钢，碳元素是决定钢筋强度高低的主要化学成分，随着含碳量的增加，钢筋的强度增加，塑性及韧性降低，冷脆倾向也随之加大。对于合金钢，碳和其他合金元素（如锰、硅、钛等）决定钢筋的强度。随着钢筋强度的增加，塑性及韧性降低，冷脆倾向也随之加大

项　目	内　　容
钢筋冷拉的影响	钢筋冷拉试验证明：经过冷拉后，钢筋的屈服点明显提高，而钢筋的塑性和韧性降低，同时增加了钢筋的冷脆倾向。钢筋经过冷拉后的塑性和冲击韧性，与冷拉的程度密切相关，通常随钢筋的冷拉率或冷拉应力的增大而降低，因而钢筋的冷拉程度越高，钢筋的冷脆倾向越大
钢筋直径的影响	对于同一钢种，当化学成分基本相同时，由于轧制规格不同，其力学性能往往不同，直径大的钢筋，轧制压缩比小，结构致密性差，产生冶金缺陷的概率就大，因而其塑性和冲击韧性偏低，强度自然也会偏低。由此可见，直径大的钢筋比直径小的钢筋对缺口的敏感性及冷脆倾向大
焊接连接的影响	钢筋经过焊接后，在高温的作用下，焊接接头区域的冶金组织发生变化，不仅易产生缺陷引起韧性降低，而且在焊接热循环过程中发生塑性应变引起热应变脆化，从而增加了冷脆倾向
工艺缺陷的影响	在钢筋运输、加工和储存等过程中，如果不按照有关规范进行，可能会在钢筋表面造成质量缺陷，如刻痕、撞击伤痕和焊接缺陷等。由于这些质量缺陷的存在，很容易在钢筋有缺陷的地方产生应力集中，继而导致钢筋脆断

第二节　钢筋冬期施工工艺

一、钢筋冬期冷拉的工艺要求

钢筋冷拉试验证明在不同的温度下对钢筋冷拉，当冷拉应力一定时，冷拉率随着温度的降低而减小；当冷拉率一定时，冷拉应力随着温度的降低而增大。

如果采用规范规定的常温下冷拉控制应力，在低温（负温）条件下进行冷拉，然后在常温下进行拉力试验检验其强度，则会发现冷拉钢筋在常温下的屈服点低于冷拉控制应力，不能满足设计规范中对钢筋设计强度的要求。因此在低温（负温）下采用控制应力方法进行钢筋冷拉时，必须根据低温（负温）情况相应提高钢筋冷拉控制应力。

如果钢筋采用同一冷拉率分别在常温和低温下冷拉，冷拉后在常温下进行拉力试验检验钢筋强度，发现低温（负温）冷拉钢筋与常温冷拉钢筋屈服点基本相同。因此，在低温（负温）下采用控制冷拉率方法进行钢筋冷拉时，可采用常温下的冷拉率对钢筋进行冷拉。

为确保在低温（负温）下钢筋冷拉的质量，在具体操作中应遵守以下规定：

(1)在低温（负温）下采用控制应力方法冷拉钢筋时，其控制应力及最大冷拉率应符合表 5-1 中的规定。

(2)在低温（负温）下采用控制冷拉率方法冷拉钢筋时，其冷拉率应与常温下的冷拉率相同。所用控制冷拉率应在常温下由试验确定。测定同炉批钢筋冷拉率的冷拉应力，应符合表

5-5 中的规定。试验时抽取的钢筋试样不应少于 4 个,取其试样试验结果的算术平均值作为该批钢筋实际应用的冷拉率。

(3)进行严格的质量验收。低温(负温)下钢筋冷拉的质量验收,主要包括外观检查和力学性能试验,力学性能试验包括拉伸试验和弯曲试验。

1)质量验收抽取数量。外观检查应逐根进行。力学性能试验,应从每批冷拉的钢筋中抽取 2 根钢筋,在每根钢筋上取两个试样,分别进行拉伸试验和弯曲试验。每批冷拉钢筋由不大于 20 吨的同级别、同直径的冷拉钢筋组成。

2)钢筋的外观检查。钢筋的表面不得有裂纹和局部颈缩等质量缺陷。

3)力学性能试验。如果试样在拉伸试验中,有 1 个试样的屈服点、抗拉强度和伸长率的其中一项不符合规定值,或者在冷弯试验中,有 1 个试件产生裂纹或起层现象,应另取双倍数量的试样重新做各项试验,如果仍有 1 个试样不合格,则该批冷拉钢筋判为不合格品。

二、钢筋冬期闪光对焊的工艺要求

1. 钢筋低温(负温)闪光对焊的适用范围

钢筋低温闪光对焊的适用范围主要包括:

(1)热轧 HPB235 级、HRB335 级和 HRB400 级钢筋,钢筋直径范围为 10～40 mm;

(2)热轧 HRB500 级钢筋,钢筋直径范围为 10～25 mm;

(3)余热处理钢筋,钢筋直径范围为 10～25 mm。

2. 钢筋低温(负温)闪光对焊的焊接工艺

钢筋闪光对焊焊接试验证明:在施工环境温度低于−5℃的条件下进行闪光对焊,宜采用预热闪光焊或闪光—预热—闪光焊工艺。当钢筋的端面比较平整时,宜采用预热闪光焊;当钢筋的端面不够平整时,宜采用闪光—预热—闪光焊。

对于 HRB400 级和 HRB500 级钢筋,必要时应在对焊机上进行焊后热处理,处理后要符合下列要求:

(1)待钢筋接头冷却至常温时,应将电极钳口调至最大间距,使接头居中,并重新将钢筋夹紧。

(2)宜对钢筋采用最低变压器级数,进行脉冲式通电加热。此过程包括通电和停歇时间,每次约 3 s。

(3)钢筋焊接后进行热处理的温度应在 750℃～850℃范围内进行选择,随后应在施工环境温度下自然冷却。

当带有螺丝的端部与钢筋进行对焊时,宜事先对带有螺丝的端部进行预热,并适当减小调伸长度。钢筋一侧的电极应适当垫高,以确保两者的轴线一致。

3. 钢筋低温(负温)闪光对焊的焊接参数

因为热轧钢筋与余热处理钢筋对焊接的要求不同,热轧钢筋焊接的热影响区长度宜控制长些,尤其是 HRB400 级钢筋,以减小温度梯度并延缓冷却速度;余热处理钢筋焊接的热影响区长度宜控制短些,以使钢筋的冷却速度加快。因此,在低温(负温)下,钢筋采用闪光对焊工艺时,应注意合理选择下述焊接参数:

(1)钢筋调伸长度以顶锻后不产生旁弯为准,并宜采用较大的调伸长度,但余热处理钢筋应适当减小。

(2)变压器级数的选择以闪光顺利为准,低温(负温)下宜采用较低的变压器级数,而余热处理钢筋应适当提高。

(3)钢筋烧化留量:钢筋的一次烧化留量等于两钢筋在断料时端面的不平整度加切断机刀口严重压伤的部分;钢筋的二次烧化留量一般不小于 10 mm。

(4)钢筋预热留量:钢筋预热程度的控制宜采用预热留量和预热次数相结合的办法。

1)预热留量:热轧钢筋为 1~3 mm,余热处理钢筋为 1~2 mm;

2)预热次数:热轧钢筋为 1~5 次,余热处理钢筋为 1~4 次。每次接触预热的时间应为 1.5~2.0s,间歇时间应为 3~4s,即为接触时间的 1 倍以上。

(5)钢筋顶锻留量:钢筋的顶锻留量应为 4~13 mm,其中有电顶锻留量约占 1/3 左右,并应随着钢筋直径的增大和钢筋级别的提高而增加。

4. 钢筋低温(负温)闪光对焊的质量验收

对于在低温(负温)下采用闪光对焊工艺的钢筋的质量,必须按照现行规范的要求进行认真验收。其中主要包括外观检查和力学性能试验,力学性能试验又包括拉伸试验和弯曲试验。

(1)钢筋接头抽样的规定

1)按照《钢筋焊接接头试验方法》(JGJ/T 27—2001)中的规定,外观检查每批抽查 10%的接头,并不得少于 10 个。

2)力学性能试验,应从每批经外观检查合格的钢筋接头中切取 6 个试件,其中 3 个进行拉伸试验,另外 3 个进行弯曲试验。

3)在同一台班内,由同一焊工完成的 300 个同级别、同直径钢筋焊接接头应作为一批。当同一台班内焊接的接头数量较少时,可在一周内累计计算。当累计仍不足 300 个接头时,仍作为一批计算。

4)在焊接等长的预应力钢筋(包括螺丝端杆与钢筋)时,可按生产时的同等条件制作模拟试件。螺丝端杆接头可只进行拉伸试验。

(2)钢筋接头的外观检查

1)检查所有钢筋接头的外观,在钢筋的接头处不得有横向裂纹。

2)与电极接触的钢筋外观表面:对于 HRB235 级钢筋不得有明显的烧伤;对于其他钢筋均不得有烧伤。

3)两根钢筋的轴线应在同一条直线上,接头处的弯折角不应大于 3°。

4)钢筋接头处的轴线不得出现大的偏移,不应大于钢筋直径的 0.1 倍,且应不大于 2 mm。当试件中有 1 个接头不符合要求时,应对全部接头进行检查,剔除不合格的接头,切除热影响区后重新进行焊接。

(3)接头的力学性能试验

接头的力学性能试验见表 6-4。

表 6-4　接头的力学性能试验

项目	内　　容
钢筋接头的拉伸试验	根据行业标准《钢筋焊接接头试验方法》(JGJ/T 27—2001)中的规定,钢筋接头的拉伸试验结果应符合下列要求: 3 个热轧钢筋接头试件的抗拉强度,均不得小于该级别钢筋规定的抗拉强度值。3 个余热处理钢筋接头试件的抗拉强度,均不得小于热轧 HRB400 级钢筋抗拉强度值 (570 MPa)。 在拉伸试验过程中,3 个试件至少有 2 个断于焊缝之外,并呈延性断裂。当检验结果有 1 个试件的抗拉强度小于上述规定,或有 2 个试件在焊缝或热影响区发生脆性断裂时,应再取 6 个试件进行复验。复验的结果,当仍有 1 个试件的抗拉强度小于规定,或有 3 个试件断裂于焊缝或热影响区,且呈脆性断裂,应确认该批钢筋接头为不合格品。 模拟试件的检验结果不符合要求时,复验应从成品中再切取试件进行复验,其数量和要求与初始试验时相同
钢筋接头的弯曲试验	根据行业标准《钢筋焊接接头试验方法》(JGJ/T 27—2001)中的规定,钢筋接头的弯曲试验结果应符合下列要求: 弯曲试验可在万能机或手动液压弯曲器上进行,并应将受压面的金属毛刺和镦粗变形的部分消除,且与母材的外表齐平,焊缝应处于弯曲的中心点,弯心直径应符合表 6-7 中的规定,弯曲至 90°时,至少有 2 根试件不得发生断裂。 当检验结果有 2 个试件发生断裂,应再切取 6 个试件进行复验。复验的结果,当仍有 3 个试件发生断裂,应确认该批钢筋接头为不合格品

5. 钢筋低温(负温)闪光对焊的注意事项

为确保钢筋低温闪光对焊的质量,在施工过程中应注意如下事项:

(1)焊接时应随时观察电源电压的波动情况,当电源电压下降大于 5% 时,应采取提高焊接变压器级数的措施;当电源电压升高大于 8% 时,不得再进行焊接。

(2)钢筋的对焊机应经常维修保养和定期检修,以确保对焊机的正常使用和钢筋对焊接头的质量。

(3)在钢筋焊接施工之前,应首先清除钢筋或钢板焊接部位与电极接触的钢筋表面上的锈斑、油污、灰尘和杂物等;当对焊的钢筋端部有弯折、扭曲或砸伤等质量缺陷时,应予以矫直或切除。

(4)在施工现场进行焊接时,如果风速超过 7.9 m/s,应采取有效的遮蔽措施,或者不焊接。

(5)当在焊接中出现异常现象或焊接缺陷时,应及时查明原因,采取有效措施进行纠正或消除。

三、钢筋冬期电弧焊的工艺要求

1. 钢筋低温(负温)电弧焊的适用范围

按照钢筋低温(负温)电弧焊的接头形式和工艺不同,主要分为帮条焊、搭接焊和坡口焊三

种,它们的适用范围应符合下列要求:

(1)帮条焊的适用范围。对于热轧钢筋,钢筋直径为 10～40 mm;对于余热处理钢筋,钢筋直径为 10～25 mm。

(2)搭接焊的适用范围。对于热轧钢筋,钢筋直径为 10～40 mm;对于余热处理钢筋,钢筋直径为 10～25 mm。

(3)坡口焊的适用范围。对于热轧钢筋,钢筋直径为 18～40 mm;对于余热处理钢筋,钢筋直径为 18～25 mm。

2. 钢筋低温(负温)电弧焊的准备工作

工程实践证明,在钢筋低温(负温)电弧焊的施工过程中,应当特别注意的事项是:焊条的选择和焊前的准备。

(1)焊条的选择

钢筋低温(负温)电弧焊所用的焊条,对焊接速度和焊接质量均有很大的影响。因此,钢筋低温(负温)电弧焊所用的焊条,其性能应符合《碳钢焊条》(GB/T 5117—1995)、《低合金钢焊条》(GB/T 5118—1995)中的规定,其型号应根据设计要求选用,如果设计中无规定可参考表 6-5 选用。

表 6-5   钢筋电极焊焊条的型号

项　次	钢筋牌号	帮条焊、搭接焊	坡口焊
1	HPB235	E4303	E4303
2	HRB335	E4303	E5003
3	HRB400	E5003	E5003

当采用低氢型碱性焊条时,应当按照说明书的要求烘焙后才能使用;酸性焊条如果在运输或存放中受潮,使用前也应烘焙才能使用。

(2)焊前的准备

1)钢筋在焊接施工之前,必须清除钢筋或钢板焊接部位和电极接触的钢筋表面的锈斑、油污、灰尘和杂物等;当对的钢筋端部有弯折、扭曲或砸伤等质量缺陷时,应予以矫直或切除。

2)钢筋接头采用帮条焊或搭接焊时,宜选用双面焊;当不能进行双面焊时,也可以采用单面焊。帮条焊或搭接焊的两根钢筋的重合焊接长度见表 6-6。

表 6-6   帮条焊或搭接焊的两根钢筋的重合焊接长度

项　次	钢筋牌号	焊缝型式	帮条或搭接的长度
1	HPB235	单面焊	≥8d
		双面焊	≥4d
2	HRB335、HRB400	单面焊	≥10d
		双面焊	≥5d

3）帮条的级别与主筋相同时，帮条直径可与主筋相同或小一个规格；帮条直径与主筋相同时，帮条的级别可与主筋相同或低一个级别。

4）当采用帮条焊时，两根主筋之间的间隙应为 2～5 mm。当采用搭接焊时，焊接端钢筋应按要求进行预弯折，并应使两根钢筋的轴线在同一轴线上。

5）当采用坡口焊焊接工艺时，其准备工作应符合下列要求：

①所焊接的坡口面应平顺，切口边缘不得有裂纹或较大的毛边、缺棱等质量缺陷。

②当采用坡口平焊时，V 形坡口的角度为 55°～65°；当采用坡口立焊时，坡口角度为 40°～55°，其中下钢筋为 0°～10°，上钢筋为 35°～45°。

③钢垫板长度为 40～60 mm，厚度为 4～6 mm。当采用坡口平焊时，钢垫板的宽度应为钢筋直径加上 10 mm；当采用坡口立焊时，钢垫板的宽度应等于钢筋直径。

④钢筋根部的间隙：当采用坡口平焊时，为 4～6 mm；当采用坡口立焊时，为 3～5 mm。最大间隙均不宜超过 10 mm。

6）为确保焊接操作安全和焊接质量，焊接地线与钢筋应接触良好，特别应注意防止因接触不良而烧伤主钢筋。

7）在钢筋焊接的施工现场，当风速超过 7.9 m/s 时，应采取有效的遮蔽措施。

3. 钢筋低温（负温）电弧焊的焊接工艺

钢筋低温（负温）电弧焊的焊接质量，关键在于根据钢筋级别、直径、接头形式和焊接位置选择适宜的焊接工艺和焊接参数。既要防止焊接后冷却速度过快，也要防止接头过热。在钢筋低温（负温）电弧焊的焊接过程中，应及时进行清渣，焊缝表面应光滑，焊缝余高应平缓过渡，电弧凹坑应填补饱满。采用的焊接方式不同，对焊接工艺的要求也有所不同，对于帮条焊、搭接焊、坡口焊，应分别符合下述要求。

（1）帮条焊及搭接焊的焊接工艺

1）采用帮条焊工艺时，帮条与主筋之间应当用 4 点定位焊固定；采用搭接焊工艺时，应当用 2 点定位焊固定。定位焊缝距离帮条端部或搭接端部的距离应大于 20 mm。

2）在进行焊接时，应在帮条焊或搭接焊形成的焊缝中引弧；在端头的收弧前应填满电弧凹坑，并应使主焊缝与定位焊缝始端熔合良好。

当采用帮条焊或搭接焊时，第一层焊缝应在中间引弧。当采用坡口平焊时，应从中间向两端施焊；当采用坡口立焊时，应先从中间向上端施焊，再从下端向中间施焊。以后各层焊缝，采取控温施焊，各层间的焊接温度宜控制在 150℃～350℃ 之间。

3）帮条接头或搭接接头的焊缝厚度，应不小于 0.3 倍的钢筋直径，焊缝的宽度不应小于主钢筋直径的 0.8 倍。焊缝的尺寸如图 6-1 所示。

4）热轧钢筋多层施焊时，可采用回火焊道进行施焊；回火焊道的长度宜比前焊道后缩 4～6 mm，如图 6-2(a)、图 6-2(b)所示。

（2）坡口焊的焊接工艺

1）坡口焊的焊缝根部、坡口端面、钢筋及钢板之间应当熔合良好。在焊接过程中应当经常进行清渣。为了确保钢筋与钢垫板焊接牢固，在钢筋与钢垫板之间，应加焊二三层侧面焊缝。

2）为防止钢筋接头过热，几个钢筋接头应轮流进行施焊。

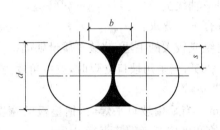

图 6-1　焊缝尺寸示意图

b—焊缝宽度;s—焊缝厚度;d—钢筋直径

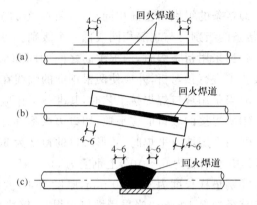

图 6-2　钢筋低温电弧焊回火焊道示意图

(a)帮条焊;(b)搭接焊;(c)坡口焊

3)焊缝的宽度应超过 V 形坡口边缘 2~3 mm,余高也应为 2~3 mm,并平缓过渡至钢筋表面。焊缝余高应分两层控温施焊。

4)热轧钢筋多层施焊时,焊后可采用回火焊道进行施焊,其回火焊道的长度比前一焊道在两端后缩 4~6 mm,如图 6-2(c)所示。

5)如果发现钢筋接头中有弧焊凹坑、气孔及咬边等质量缺陷,应立即进行补焊。HRB400 级钢筋接头冷却后补焊时,需用氧乙炔预热。

4. 钢筋低温(负温)电弧焊的质量验收

钢筋低温(负温)电弧焊的质量验收主要包括外观检查和拉伸试验。拉伸试验应按《钢筋焊接接头试验方法》(JGJ/T 27—2001)中的规定进行。

(1)焊接接头的抽样数量

1)钢筋焊接接头外观检查抽样应在清渣后逐个进行目测或量测。

2)钢筋焊接接头拉伸试验抽样:从成品中每批切取 3 个接头进行拉伸试验。对于装配式结构节点的钢筋焊接接头,可按生产条件制作模拟试件。在工厂焊接条件下,300 个同接头形式、同钢筋级别的接头为 1 批。在施工现场安装条件下,每 1 至 2 楼层中以 300 个同接头形式、同钢筋级别的接头为 1 批,不足 300 个时,仍作为 1 批。

(2)焊接接头的外观检查

钢筋低温(负温)电弧焊接头的外观检查的结果应符合下列要求:

1)钢筋接头焊缝表面应平整,不得有较大的凹陷或焊瘤。

2)钢筋焊接接头区域不得有裂纹。

3)坡口焊接头的焊缝余高为 2~3 mm。

外观检查不合格的钢筋接头,经修整补强后可提交进行二次验收。

(3)焊接接头的拉伸试验

钢筋低温(负温)电弧焊接头的拉伸试验的结果应符合下列要求:

1)3 个接头试件均应断于焊缝之外,并至少有两个试件应呈延性断裂。

2)3 个热轧钢筋接头试件的抗拉强度均不得小于该级别钢筋规定的抗拉强度值。余热处理钢筋接头试件的抗拉强度均不得小于该级别钢筋规定的抗拉强度值(570 MPa)。

当钢筋接头检验结果有 1 个试件的抗拉强度小于现行规定,或有 1 个试件断裂于焊缝处,或有两个试件发生脆性断裂时,应取 6 个试件进行复验。复验结果仍有 1 个试件强度小于现行规定,或有 1 个试件断裂于焊缝处,或有两个试件发生脆性断裂时,应确认该批钢筋接头为不合格品。

模拟试件的数量和要求应与从成品中切取的试件数量和要求相同。当模拟试件的结果不符合试验要求时,复验应从成品中切取,其数量和要求应与初试时相同。

四、钢筋冬期气压焊的工艺要求

1. 钢筋低温(负温)气压焊的适用范围

钢筋低温(负温)气压焊的适用范围主要包括钢筋级别和钢筋直径、钢筋焊接位置两个方面:

(1)钢筋低温(负温)气压焊主要适用于热轧钢筋 20MnSiV、20MnTi,钢筋的直径为 14～40 mm。

(2)钢筋低温(负温)气压焊主要适用于垂直位置、水平位置或倾斜位置的钢筋对焊。当对焊连接的两根钢筋直径不同时,两直径之差不得大于 7 mm。

2. 钢筋低温(负温)气压焊的焊接工艺

(1)在钢筋接头施焊前,其端面应当切平,并与钢筋轴线相垂直;在钢筋端部两倍直径长度范围内如果有水泥等附着物,应将其清除干净;钢筋边角毛刺及端面上的铁锈、油污和氧化膜等要认真清除,并打磨使钢筋呈现出金属光泽,不得有氧化现象,这样才能确保钢筋焊接的质量。

(2)在安装夹具和钢筋时,应将两根钢筋分别夹紧,并使两根钢筋的轴线在同一条直线上,钢筋安装完毕后应加压顶紧,两根钢筋之间的局部缝隙不得大于 3 mm。

(3)根据焊接的钢筋直径和焊接设备等,选用一次加压法、二次加压法或三次加压法焊接工艺。在两钢筋缝隙密合和镦粗的过程中,对钢筋施加的轴向压力,按钢筋截面面积计算,一般应为 30～40 MPa。

(4)钢筋低温(负温)气压焊的焊接工艺应符合下列要求:

气压焊开始阶段宜采用碳化焰,对准两根钢筋的接缝处集中加热,并使其内焰包住缝隙,并应防止钢筋端面产生氧化。

在确认两根钢筋的缝隙完全密合后,应改用中性焰,以压焊面为中心,在两侧各 1 倍钢筋直径长度范围内往复宽幅加热。钢筋端面的加热温度应当控制在 1 150℃～1 250℃范围内,钢筋镦粗区表面的加热温度应当稍高于该温度,并应当根据钢筋直径大小产生的强度梯度确定。

通过最终的加热加压,应使钢筋接头镦粗区形成规定的形状,然后停止加热,稍微停留一段时间,减除施加的压力,拆下焊接用的夹具。

(5)在钢筋接头加热的过程中,当在钢筋端面缝隙完全密合之前发生夹头中断的现象时,应将钢筋取下重新打磨、安装,然后点燃火焰进行焊接。当发生在钢筋端面缝隙完全密合之后,则可以继续加热加压进行焊接。

（6）在钢筋焊接生产过程中，焊接操作人员应按规定进行自检，当发现焊接缺陷时，应查找原因、采取措施、及时消除。

3. 钢筋低温（负温）气压焊的质量验收

钢筋低温（负温）气压焊焊接完毕后，应对焊接质量进行检查和验收，主要包括外观检查和力学性能试验，力学性能试验包括拉伸试验和弯曲试验。力学性能试验应参照《钢筋焊接接头试验方法》（JGJ/T 27—2001）中的规定进行。

（1）钢筋低温（负温）气压焊的抽样数量。

1）钢筋低温（负温）气压焊的接头应逐个进行外观检查。

2）钢筋低温（负温）气压焊的接头性能试验，应从每批钢筋接头中随机切取 3 个接头进行拉伸试验，根据工程需要，也可另切取 3 个接头进行弯曲试验。

在一般构筑物中，以 200 个接头为一批；在现浇钢筋混凝土房屋结构中，同一楼层中应以 200 个接头为一批，不足 200 个接头仍应作为一批。

（2）钢筋低温（负温）气压焊的焊接接头外观检查结果，应符合下列要求：

1）两根钢筋的偏心量不得大于钢筋直径的 0.15 倍，且不得大于 4 mm。当不同直径钢筋焊接时，应按小直径钢筋计算。当偏心量大于规定值时，应切除重新焊接。

2）两根钢筋的轴线应在同一条直线上，且轴线的弯折角不得大于 3°，当大于规定值时，应重新加热进行矫正。

3）接头镦粗的直径不应小于钢筋直径的 1.4 倍，当小于这个规定时，应重新加热进行镦粗。

4）接头镦粗的长度不应小于钢筋直径的 1.0 倍，且要求凸出的部分平缓圆滑。当小于这个规定时，应重新加热镦粗。

（3）钢筋低温（负温）气压焊的力学试验：

1）钢筋低温（负温）气压焊的焊接接头拉伸试验结果，应符合下列要求：

3 个试件的抗拉强度均不得小于该级别钢筋规定的抗拉强度值，并应拉断于压焊面之外，呈延性断裂。

当有 1 个试件不符合要求时，应再随机切取 6 个试件进行复验，复验如果仍有 1 个试件不符合要求，应确认该批钢筋接头为不合格品。

2）钢筋低温（负温）气压焊的焊接接头弯曲试验，应符合下列要求：

在进行弯曲试验时，应将试件受压面的凸出部分消除，并应与钢筋母材的外表面齐平。钢筋的弯心直径应当按表 6-7 中的数值选用。

表 6-7　气压焊接头弯曲试验弯心直径

钢筋牌号	弯心直径	
	$d \leqslant 25mm$	$d > 25mm$
HPB235	$2d$	$3d$
HRB335	$4d$	$5d$
HRB400	$5d$	$6d$

注：d 为钢筋的直径，单位：mm。

钢筋接头弯曲试验可在万能试验机或手动液压弯曲试验器上进行,压焊面应处在弯曲中心点。当弯曲至90°时,3个试件不得在压焊面发生断裂。

钢筋接头的弯曲试验结果,当有1个试件不符合要求时,应再随机切取6个试件进行复验。复验结果,当仍有1个试件不符合要求时,应确认该批钢筋接头为不合格品。

4. 钢筋低温(负温)气压焊的注意事项

(1)钢筋采用低温(负温)气压焊施工时,对气源设备应采取保温防冻措施。当温度低于-15℃时,应对钢筋接头采取预热和保温缓降措施;当施工现场的风速超过5.4 m/s时,应采取挡风措施。

(2)焊接所用氧气的质量应符合《工业氧》(GB/T 3863—2008)规定的要求,其纯度应大于99.2%。焊接所用乙炔的质量应符合现行国家标准《溶解乙炔》(GB 6819—2004)规定的要求,其纯度应大于98.0%。

(3)钢筋低温(负温)气压焊所用的主要设备有:供气装置、多嘴环管加热器、加压器和焊接夹具等。为确保气压焊的施工质量,这些主要设备应符合表6-8中规定。

表6-8 钢筋低温(负温)气压焊对设备的要求

项目	内容
对供气装置的基本要求	供气装置包括氧气瓶、溶解乙炔瓶(中压乙炔发生器)、干式回火防止器、减压器及胶管等。氧气瓶和溶解乙炔瓶的供气能力,应满足施工现场最大直径钢筋焊接时对供气量的要求,当供气不能满足使用要求时,可多个瓶并联一起使用
对多嘴环管加热器的基本要求	氧气和乙炔混合室的供气量,应能满足加热圈气体消耗量的需要。多嘴环管加热器应配备多种规格的加热圈,多束火焰应燃烧均匀,调整火焰应方便
对加压器的基本要求	加压器主要包括油泵、油管、油压表和顶压油缸等;其加压能力应达到现场最大直径钢筋焊接时所需要的轴向压力
对焊接夹具的基本要求	焊接用的夹具应能夹紧钢筋,当钢筋承受最大轴向压力时,钢筋与夹具之间不得产生相对滑移,应便于钢筋的安装定位,并在钢筋施焊的过程中保持刚度;活动夹具与固定夹具应同心,并且当不同直径钢筋焊接时,也应保持同心;活动夹具应保证施工现场最大直径钢筋焊接时所需要的有效行程

五、钢筋低温电渣压力焊的工艺要求

1. 钢筋低温(负温)电渣压力焊的适用范围

(1)热轧钢筋,钢筋的直径为14~40 mm。

(2)适用于现浇钢筋混凝土结构(如柱、墙、烟囱等)竖向(倾斜度在4∶1范围内)受力钢筋的连接,不得用于梁、板等构件中水平钢筋的连接。

2. 钢筋低温(负温)电渣压力焊的焊接工艺

钢筋低温(负温)电渣压力焊的工艺过程和操作应符合下列要求:

（1）焊接夹具的上下钳口应夹紧于上、下钢筋的适当位置，钢筋一经夹具夹紧，不得再出现晃动现象。

（2）焊接时进行引弧，可以采用铁丝圈或焊条引弧法，也可以采用直接引弧法。

（3）在引燃电弧后，先进行电弧过程，电弧后转变为电渣过程的延时，最后在断电的同时，迅速下压上钢筋，挤出熔化的金属和熔渣，并敲去渣壳，使四周的焊包比较均匀，凸出钢筋表面的高度应大于或等于4 mm，其接头如图6-3所示。

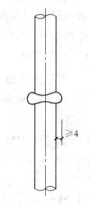

图6-3　钢筋低温电渣
压力焊接头示意

（4）钢筋接头焊接完毕后，应停歇适当的时间，才可以回收焊剂和卸下焊接夹具。

（5）钢筋低温（负温）电渣压力焊的主要焊接参数包括：焊接电流、焊接电压和通电时间。一般是在常温下焊接工艺参数的基础上进行适当调整。

（6）在进行电渣压力焊的生产过程中，焊接操作人员应对所焊接头进行自检，当发现有偏包、弯折、烧伤等焊接缺陷时，应查找原因、采取措施、及时消除。

3. 钢筋低温（负温）电渣压力焊的注意事项

（1）钢筋低温（负温）电渣压力焊，与常温条件下相比，应适当增加焊接电流、通电时间及接头保温时间。

（2）当焊接用的电源电压下降大于5％时，不宜再进行焊接。

（3）焊剂应根据钢筋级别选用，一般可采用HJ431焊剂或其他性能合适的焊剂。焊剂应存放在干燥的库房内，当焊剂受潮时，在使用前应在250℃～300℃温度下烘焙2小时。在焊接使用中回收的焊剂，应清除混入的熔渣和杂物，并要与新的焊剂混合均匀后再使用。

（4）宜采用次级空载电压较高的交流或直流焊接电源，焊机容量应根据所焊接的钢筋直径确定。

（5）焊接所用的夹具应具有一定的刚度，在最大允许荷载下应移动灵活，操作起来比较便利，焊剂罐的直径应与所焊接钢筋的直径相适应。焊机中的电压表、时间显示器应当配备齐全。

六、钢筋冬期焊接注意事项

钢筋在低温（负温）的冬期施工，是属于一种特殊气候条件下的操作，对于操作的要求不同于常温情况。为确保钢筋的焊接质量符合现行规范的要求，在焊接施工过程中应注意如下事项：

（1）冷拉钢筋采用闪光对焊或电弧焊工艺时，应在钢筋冷拉前进行。

（2）在直接承受中级、重级工作制起重机的钢筋混凝土构件中，受力钢筋不得采用绑扎接头，且不宜采用焊接接头，除端头进行锚固外，不得在钢筋上焊有任何附件。

（3）当设计允许采用闪光对焊时，对非预应力筋和预应力筋均应当除去截面处焊接的毛刺和卷边。在钢筋直径45倍区段范围内，焊接接头截面面积占受力钢筋总截面面积的比例不得超过25％。

（4）设计中需要进行疲劳验算的钢筋混凝土构件，不得采用有焊接接头的冷拉 HRB500 级钢筋。

（5）轴心受拉和小偏心受拉杆件中的钢筋接头，均应采用焊接。普通混凝土中直径大于 22 mm 的钢筋和轻集料混凝土中直径大于 20 mm 的 HPB235 级钢筋及直径大于 25 mm 的 HRB335 级、HRB400 级钢筋的接头，均宜采用焊接。

（6）对于轴心受压和偏心受压柱子中的受压钢筋的接头，当钢筋直径大于 25 mm 时，也应采用焊接。

（7）对于有抗震要求的受力钢筋接头，宜优先采用焊接或机械连接。当采用焊接接头时，应符合下列规定：

纵向钢筋的接头，对于有一级抗震要求的，应采用焊接接头；对于有二级抗震要求的，宜采用焊接接头。

框架底层柱、剪力墙的加强部位纵向钢筋接头，对于有一、二级抗震要求的，应采用焊接接头；对于有三级抗震要求的，宜采用焊接接头。

钢筋接头不宜设置在梁端、柱端的箍筋加密区范围内。

（8）当受力钢筋采用焊接接头时，设置在同一构件内的焊接接头应相互错开。在任一钢筋焊接接头的中心至长度为钢筋直径 d 的 35 倍且不小于 500 mm 的区段 L 内，如图 6-4 所示，同一根钢筋上也不得有两个接头，在该区段内有接头的受力钢筋截面面积占受力钢筋总截面面积的百分率应符合下列规定：

非预应力筋：受拉区的钢筋不宜超过 50%，受压区和装配式构件连接处不限制。

预应力筋：受拉区不宜超过 25%，当有可靠保证措施时，可以放宽至 50%；受压后和后张法的螺丝端杆不限制。

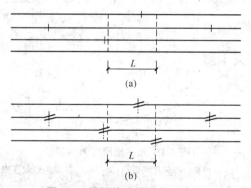

图 6-4　焊接接头的设置示意图

(a)对焊接头；(b)搭接焊接头

注：图中所示 L 区段内有接头的钢筋面积按两根计。

（9）以上钢筋接头应设置在受力较小的部位，且在同一根钢筋上宜少设接头。承受均布荷载作用的屋面板、楼板、檩条等简支受弯曲的构件，当在受拉区内配置的受力钢筋少于 3 根时，可在跨度两端各 1/4 范围内设置一个焊接接头。

（10）焊接接头距离钢筋的弯折处，不应小于钢筋直径的 10 倍，且不宜位于构件的最大弯矩处。

第七章

预应力钢筋工程施工技术

第一节 构造要求

一、常用预应力钢筋的介绍

1. 无粘结预应力钢筋

无粘结预应力钢筋是以专用防腐润滑脂作涂料层,以聚乙烯(或聚丙烯)塑料作护套的钢绞线或碳素钢丝束制作而成。

无粘结预应力钢筋按网筋种类和直径分类有三种:12 的钢绞线、15 的钢绞线和 75 的碳素钢丝束,形状如图 7-1 所示。

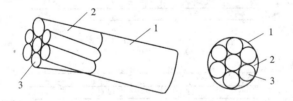

图 7-1 无粘结预应力钢筋

1—塑料护套;2—防腐润滑脂;3—钢绞线(或高强钢丝束)

2. 高强碳素钢丝

预应力混凝土用钢丝的分类,按交货状态分为冷拉钢丝和消除应力钢丝两种;按外形分为光面钢丝、刻痕钢丝、螺旋肋钢丝三种;按松弛性能分为两级,即Ⅰ级松弛和Ⅱ级松弛。

预应力混凝土用光面、刻痕和螺旋肋的冷拉或消除应力的高强度钢丝的规格与力学性能,应符合国家标准《预应力混凝土用钢丝》(GB/T 5223—2002/XG2—2008)的规定。其外形如图 7-2~图 7-4 所示,其尺寸及允许偏差见表 7-1~表 7-4,碳素钢丝力学性能见表 7-5,预应力钢丝强度标准值与设计值见表 7-6。

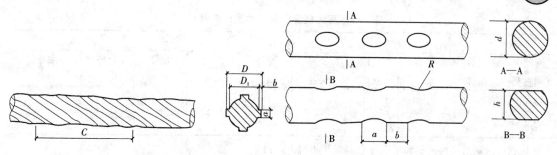

图 7-2 预应力螺旋肋钢丝外形图　　　　图 7-3 两面刻痕钢丝外形图

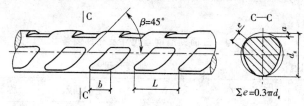

图 7-4 三面刻痕钢丝外形图

表 7-1 螺旋肋钢丝尺寸及允许偏差

公称直径 (mm)	螺旋肋 数量(条)	螺旋肋公称尺寸				
		基圆直径 D_1(mm)	外轮廓 直径 D (mm)	单肋尺寸		螺旋肋 导程 c (mm/360°)
				宽度 a (mm)	b (mm)	
4.00	3	3.85±0.05	4.25±0.05	1.00~1.50	0.20±0.05	>32.00~36.00
5.00	4	4.80±0.05	5.40±0.10	1.20~1.80	0.25±0.05	>34.00~40.00
6.00	4	5.80±0.05	6.50±0.10	1.30~2.00	0.35±0.05	>38.00~45.00
7.00	4	6.70±0.05	7.50±0.10	1.80~2.20	0.40±0.05	>35.00~56.00
8.00	4	7.70±0.05	8.60±0.10	1.80~2.40	0.45±0.05	>55.00~65.00

表 7-2 光面钢丝尺寸及允许偏差

钢丝公称直径 (mm)	直径允许偏差 (mm)	横截面积 (mm²)	每米理论重量 (kg · m⁻¹)
3.00	±0.04	7.07	0.055
4.00		12.57	0.099
5.00	±0.05	19.63	0.154
6.00		28.27	0.222
7.00		38.48	0.302
8.00	±0.05	50.26	0.394
9.00		63.62	0.499

注:计算钢丝理论重量时钢的密度为 7.85 g/cm³。

表 7-3　两面刻痕钢丝尺寸及允许偏差　　　　　　　　（单位：mm）

d		h		a		b		R	
钢丝公称直径	允许偏差	公称尺寸	允许偏差	公称尺寸	允许偏差	公称尺寸	允许偏差	公称尺寸	允许偏差
5.00	±0.05	4.60	0.10	3.50	±0.50	3.00	±0.50	4.50	±0.50
7.00		6.60							

注：(1)钢丝的横截面积和单重与光面钢丝相同。

(2)两面刻痕允许任意错位，错位后一面压痕公称深度为 0.2 mm。

(3)尺寸参照图 7-3。

表 7-4　三面刻痕钢丝尺寸及允许偏差　　　　　　　　（单位：mm）

公称直径 d_n	刻痕深度		刻痕长度		节距	
	公称深度 a	允许偏差	公称长度 b	允许偏差	公称节距 L	允许偏差
≤5.00	0.12	±0.05	3.5	±0.05	5.5	±0.05
>5.00	0.15		5.0		8.0	

注：公称直径指横截面积等同于光圆钢丝横截面积时所对应的直径。

表 7-5　碳素钢丝力学性能

种类	公称直径 (mm)	抗拉强度 (MPa) ≥	规定非比例伸长应力 σ_p (MPa) ≥	伸长率 (%) (L_0 = 100 mm) ≥	弯曲次数		松弛			备注
					次数 (180°) ≥	弯曲半径 (mm)	初始应力相当于公称抗拉强度的百分数 /(%)	1 000 h 应力损失(%) ≤		
								Ⅰ级松弛	Ⅱ级松弛	
消除应力及螺旋肋钢丝	4.00	1 470	1 250		3	10	60	4.5	1.0	Ⅰ级松弛即普通松弛，Ⅱ级松弛为低松弛，$\sigma_{p0.2} \geq 0.85\sigma_b$
		1 570	1 330							
	5.00	1 670	1 410							
		1 770	1 500	4						
	6.00	1 570	1 330			15	70	8	2.5	
		1 670	1 420							
	7.00	1 470	1 250		4	20	80	12	4.5	
	8.00									
	9.00	1 570	1 330			25				
冷拉钢丝	3.00	1 470	1 100	2	4	7.5				$\sigma_{p0.2} \geq 0.75\sigma_b$
		1 570	1 180							
	4.00	1 670	1 250			10				
	5.00	1 470	1 100	3	5	15				
		1 570	1 180							
		1 670	1 250							

（续表）

种类	公称直径（mm）	抗拉强度（MPa）≥	规定非比例伸长应力 σ_p（MPa）≥	伸长率（%）（$L_0=$100 mm）≥	次数（180°）≥	弯曲半径（mm）	初始应力相当于公称抗拉强度的百分数（%）	1 000 h 应力损失（%）≤ I级松弛	II级松弛	备注
刻痕钢丝	≤5.00	1 470 1 570	1 250 1 340	4	3	15	70	8	25	$\sigma_{p0.2}\geq$ 0.85σ_b
	>5.00	1 470 1 570	1 250 1 340			20				

表 7-6　预应力钢丝强度标准值与设计值

种类		符号	d（mm）	f_{ptk}（MPa）	f_{py}（MPa）	f'_{py}（MPa）
消除应力钢丝	光面 螺旋肋	Φ^P Φ^H	4、5	1 770	1 250	410
				1 670	1 180	
				1 570	1 110	
			6	1 670	1 180	
				1 570	1 110	
			7、8、9	1 570	1 110	
	刻痕	Φ^I	5、7	1 570	1 110	410

注：消除应力钢丝（光面钢丝、螺旋肋钢丝、刻痕钢丝）弹性模量 E_s（×10^5 MPa）为 2.05。

3. 冷拔低碳钢丝

冷拔低碳钢丝是由 HPB235 级热轧小直径盘圆钢筋拔制而成，价格低廉。冷拔低碳钢丝有较高的抗拉强度，目前仍为我国小型构件，尤其是短向圆孔板的主要预应力钢材。冷拔低碳钢丝的强度标准值见表 7-7。

表 7-7　冷拔低碳钢丝的强度

级　别	直　径（mm）	标准强度（MPa） I组	II组
甲级	$\phi4$	700	650
	$\phi5$	650	600
乙级	$\phi3\sim\phi5$	550	

对无明显物理缺陷的冷拔低碳钢丝，可取 $0.8\sigma_b$（σ_b 为国家标准规定的极限抗拉强度）为该钢筋设计强度，其强度设计值见表 7-8。

表 7-8　冷拔低碳钢丝强度设计值

种　类		f_y 或 f_{py}(MPa)	f'_y 或 f'_{py}(MPa)
冷拔低碳钢丝	甲级：	I组　　II组	400
	$\phi4$ mm	460　　430	
	$\phi5$ mm	430　　400	
	乙级：		
	$\phi3\sim\phi5$ mm		
	用于焊接骨架和焊接网	320	320
	用于绑扎骨架和绑扎网	250	250

冷拔低碳钢丝的主要缺点是塑性太小，$\phi4$ mm 或 $\phi5$ mm 的冷拔低碳钢丝的伸长率 δ_{100}（以 100 mm 为标距测量伸长率）仅为 $1.5\%\sim3.0\%$。因此，采用这种钢丝配筋的预应力构件，破坏前的变形预兆很小，大多呈现出突发性的"脆性断裂"特征。

二、混凝土结构平法施工图

1. 梁平法施工图

（1）梁平法施工图的表示方法

梁平法施工图是在梁平面布置图上采用平面注写方式或截面注写方式表达的施工图。

梁平面布置图，应分别按梁的不同结构层（标准层），将全部梁和与其相关联的柱、墙、板一起采用适当比例绘制。

在梁平法施工图中，应按国家建筑标准设计图集 11G101—1 中的相关规定注明各结构层的顶面标高及相应的结构层号。

对于轴线未居中的梁，应标注其偏心定位尺寸（贴柱边的梁可不注）。

（2）平面注写方式

1）平面注写方式是在梁平面布置图上分别在不同编号的梁中各选一根梁，并在其上注写截面尺寸和配筋具体数值的方式，表达梁平法施工图。

平面注写包括集中标注与原位标注，集中标注表达梁的通用数值，原位标注表达梁的特殊数值。当集中标注中的某项数值不适用于梁的某部位时，则将该项数值原位标注。施工时，原位标注取值优先，如图 7-5 所示。

2）梁编号由梁类型代号、序号、跨数及有无悬挑代号几项组成，并应符合表 7-9 的规定。

3）梁集中标注的内容有五项必注值及一项选注值（集中标注可以从梁的任意一跨引出），规定如下：

①梁编号见表 7-9，该项为必注值。

②梁截面尺寸，该项为必注值。

当为等截面梁时，用 $b\times h$ 表示。

当为竖向加腋梁时，用 $b\times h$　$GYc_1\times c_2$ 表示，其中 c_1 为腋长，c_2 为腋高（图 7-6）。

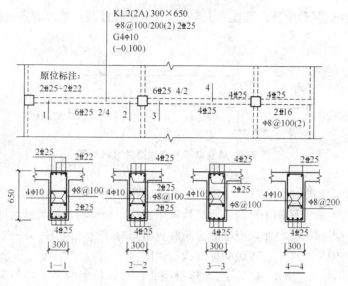

图 7-5 平面注写方式示例图

表 7-9 梁编号

梁类型	代号	序号	跨数及是否带有悬挑
楼层框架梁	KL	××	(××)、(××A)或(××B)
屋面框架梁	WKL	××	(××)、(××A)或(××B)
框支梁	KZL	××	(××)、(××A)或(××B)
非框架梁	L	××	(××)、(××A)或(××B)
悬挑梁	XL	××	
井字梁	JZL	××	(××)、(××A)或(××B)

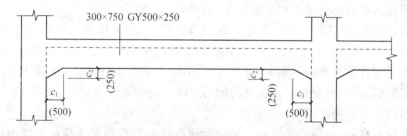

图 7-6 竖向加腋截面注写示意图

当为水平加腋梁时,一侧加腋时用 $b×h$　$PYc_1×c_2$ 表示,其中 c_1 为腋长,c_2 为腋宽,加腋部位应在平面图中绘制出(图 7-7)。

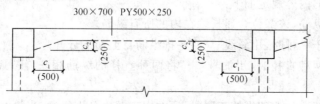

图 7-7 水平加腋截面注写示意图

当有悬挑梁且根部和端部的高度不同时,用斜线分隔根部与端部的高度值,即为 $b \times h_1/h_2$ (图 7-8)。

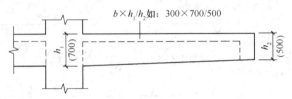

图 7-8　悬挑梁不等高截面注写示意图

③梁箍筋,包括钢筋级别、直径、加密区与非加密区间距及肢数,该项为必注值。

箍筋加密区与非加密区的不同间距及肢数需用斜线"/"分隔;当梁箍筋为同一种间距及肢数时,则不需用斜线;当加密区与非加密区的箍筋肢数相同时,则将肢数注写一次;箍筋肢数应写在括号内。加密区范围见相应抗震等级的标准构造详图。

当抗震设计中的非框架梁、悬挑梁、井字梁及非抗震设计中的各类梁采用不同的箍筋间距及肢数时,也用斜线"/"将其分隔开来。注写时,先注写梁支座端部的箍筋(包括箍筋的箍数、钢筋级别、直径、间距与肢数),在斜线后注写梁跨中部分的箍筋间距及肢数。

④梁上部通长筋或架立筋配置(通长筋可为相同或不同直径采用搭接连接、机械连接或焊接的钢筋),该项为必注值。

所注规格与根数应根据结构受力要求及箍筋肢数等构造要求而定。当同排纵筋中既有通长筋又有架立筋时,应用加号"＋"将通长筋和架立筋相联。注写时需将角部纵筋写在加号的前面,架立筋写在加号后面的括号内,以示不同直径及与通长筋的区别。当全部采用架立筋时,则将其写入括号内。

当梁的上部纵筋和下部纵筋为全跨相同,且多数跨配筋相同时,此项可加注下部纵筋的配筋值,用分号将上部与下部纵筋的配筋值分隔开来。

⑤梁侧面纵向构造钢筋或受扭钢筋配置,该项为必注值。

当梁腹板高度 $h_w \geqslant 450$ mm 时,需配置纵向构造钢筋,所注规格与根数应符合规范规定。此项注写值以大写字母 G 开头,接续注写设置在梁两个侧面的总配筋值,且对称配置。

当梁侧面需配置受扭纵向钢筋时,此项注写值以大写字母 N 开头,接续注写配置在梁两个侧面的总配筋值,且对称配置。受扭纵向钢筋应满足梁侧面纵向构造钢筋的间距要求,且不再重复配置纵向构造钢筋。

⑥梁顶面标高高差,该项为选注值。梁顶面标高高差是指相对于结构层楼面标高的高差值,对于位于结构夹层的梁,则指相对于结构夹层楼面标高的高差。有高差时,需将其写入括号内,无高差时不注。

4)梁原位标注的内容规定如下:

①梁支座上部纵筋,该部位含通长筋在内的所有纵筋。

当上部纵筋多于一排时,用斜线"/"将各排纵筋自上而下分开。

当同排纵筋有两种直径时,用加号"＋"将两种直径的纵筋相联,注写时将角部纵筋写在前面。

当梁中间支座两边的上部纵筋不同时,须在支座两边分别标注;当梁中间支座两边的上部纵筋相同时,可仅在支座的一边标注配筋值,另一边省去不注(图7-9)。

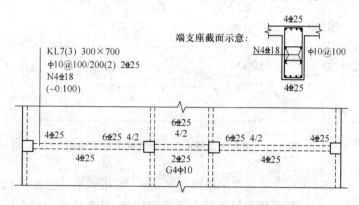

图 7-9 大小跨梁的注写示意图

②梁下部纵筋。

当下部纵筋多于一排时,用斜线"/"将各排纵筋自上而下分开。

当同排纵筋有两种直径时,用加号"+"将两种直径的纵筋相联,注写时角部纵筋写在前面。

当梁下部纵筋不全部伸入支座时,将梁支座下部纵筋减少的数量写在括号内。

当梁的集中标注中已按相关规定分别注写了梁上部和下部均为通长的纵筋值时,则不需在梁下部重复做原位标注。

当梁设置竖向加腋时,加腋部位下部斜纵筋应在支座下部以 Y 开头注写在括号内(图7-10);当梁设置水平加腋时,水平加腋内上、下部斜纵筋应在加腋支座上部以 Y 开头注写在括号内,上下部斜纵筋之间用"/"分隔(图7-11)。

③当在梁上集中标注的内容(即梁截面尺寸、箍筋、上部通长筋或架立筋,梁侧面纵向构造钢筋或受扭纵向钢筋,以及梁顶面标高高差中的某一项或几项数值)不适用于某跨或某悬挑部分时,则将其不同数值原位标注在该跨或该悬挑部位,施工时应按原位标注数值取用。

当在多跨梁的集中标注中已注明加腋,而该梁某跨的根部却不需要加腋时,应在该跨原位标注等截面的 $b \times h$,以修正集中标注中的加腋信息(图7-10)。

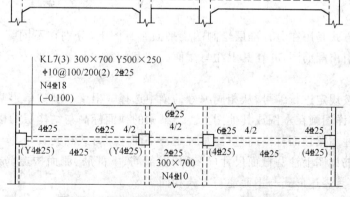

图 7-10 梁竖向加腋平面注写方式表达示例图

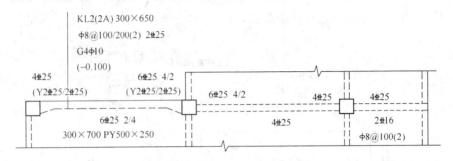

图 7-11　梁水平加腋平面注写方式表达示例图

④附加箍筋或吊筋,将其直接画在平面图中的主梁上,用线引注总配筋值(附加箍筋的肢数注在括号内)(图 7-12)。当多数附加箍筋或吊筋相同时,可在梁平法施工图上统一注明,少数与统一注明值不同时,再原位引注。

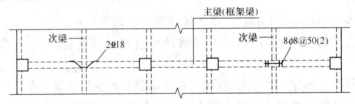

图 7-12　附加箍筋和吊筋的画法示例图

⑤井字梁通常由非框架梁构成,并以框架梁为支座(特殊情况下以专门设置的非框架大梁为支座)。在此情况下,为明确区分井字梁与作为井字梁支座的梁,井字梁用单粗虚线表示(当井字梁顶面高出板面时可用单粗实线表示),作为井字梁支座的梁用双细虚线表示(当梁顶面高出板面时可用双细实线表示)。

⑥井字梁的端部支座和中间支座上部纵筋的伸出长度 a_0 值,应由设计者在原位加注具体数值予以说明。

⑦在梁平法施工图中,当局部梁的布置过密时,可将过密区用虚线框出,适当放大比例后再用平面注写方式表示。

(3)截面注写方式

1)截面注写方式是用在分标准层绘制的梁平面布置图上,分别在不同编号的梁中各选择一根梁用剖面号引出配筋图,并在其上注写截面尺寸和配筋具体数值的方式来表达梁平法施工图。

2)对所有梁按规定进行编号,从相同编号的梁中选择一根梁,先将"单边截面号"画在该梁上,再将截面配筋详图画在本图或其他图上。当某梁的顶面标高与结构层的楼面标高不同时,应继其梁编号后注写梁顶面标高高差(注写规定与平面注写方式相同)。

3)在截面配筋详图上注写截面尺寸($b \times h$)、上部筋、下部筋、侧面构造筋或受扭筋以及箍筋的具体数值时,其表达形式与平面注写方式相同。

4)截面注写方式既可以单独使用,也可与平面注写方式结合使用。

(4)梁支座上部纵筋的长度规定

1)为方便施工,框架梁的所有支座和非框架梁(不包括井字梁)的中间支座上部纵筋的伸出长度 a_0 值在标准构造详图中统一取值为:第一排非通长筋及与跨中直径不同的通长筋从柱(梁)边起伸出至 $l_n/3$ 位置;第二排非通长筋伸出至 $l_n/4$ 位置。 l_n 的取值规定为:对于端支座, l_n 为本跨的净跨值;对于中间支座, l_n 为支座两边较大一跨的净跨值。

2)悬挑梁(包括其他类型梁的悬挑部分)上部第一排纵筋伸出至梁端头并下弯,第二排伸出至 $3l/4$ 位置, l 为自柱(梁)边算起的悬挑净长。当具体工程需要将悬挑梁中的部分上部钢筋从悬挑梁根部开始斜向弯下时,应由设计者另加注明。

3)设计者在执行关于梁支座端上部纵筋伸出长度的统一取值规定时,特别是在大小跨相邻和端跨外为长悬臂的情况下,还应注意按《混凝土结构设计规范》(GB 50010)的相关规定进行校核,若不满足时应根据规范规定进行变更。

(5)不伸入支座的梁下部纵筋长度规定

当梁(不包括框支梁)下部纵筋不全部伸入支座时,不伸入支座的梁下部纵筋截断点距支座边的距离,在标准构造详图中统一取为 $0.1l_{ni}$ (l_{ni} 为本跨梁的净跨值)。

当确定不伸入支座的梁下部纵筋的数量时,应符合《混凝土结构设计规范》(GB 50010)的有关规定。

2.柱平法施工图

(1)柱平法施工图的表示方法

1)柱平法施工图是在柱平面布置图上采用列表注写方式或截面注写方式表达。

2)柱平面布置图可采用适当比例单独绘制,也可与剪力墙平面布置图合并绘制。

3)在柱平法施工图中,应按国家建筑标准设计图集 11G101—1 中的相关规定注明各结构层的楼面标高、结构层高及相应的结构层号,应注明上部结构嵌固部位位置。

(2)列表注写方式

1)列表注写方式是在柱平面布置图上(一般只需采用适当比例绘制一张柱平面布置图,包括框架柱、框支柱、梁上柱和剪力墙上柱),分别在同一编号的柱中选择一个(有时需要选择几个)截面标注几何参数代号;在柱表中注写柱编号、柱段起止标高、几何尺寸(含柱截面对轴线的偏心情况)与配筋的具体数值,并配以各种柱截面形状及其箍筋类型图的方式表达柱平法施工图。

2)柱表注写内容规定如下:注写柱编号,柱编号由类型代号和序号组成,应符合表 7-10 的规定。

表 7-10　柱编号

柱类型	代　号	序　号
框架柱	KZ	××
框支柱	KZZ	××
芯柱	XZ	××

（续表）

柱类型	代　号	序　号
梁上柱	LZ	××
剪力墙上柱	QZ	××

注：编号时，当柱的总高、分段截面尺寸和配筋均对应相同，仅截面与轴线的关系不同时，仍可将其编为同
　　一柱号，但应在图中注明截面与轴线的关系。

注写各段柱的起止标高，自柱根部往上以变截面位置或截面未变但配筋改变位置为界分段注写。框架柱和框支柱的根部标高是指基础顶面标高；芯柱的根部标高是指根据结构实际需要而定的起始位置标高；梁上柱的根部标高是指梁顶面标高；剪力墙上柱的根部标高为墙顶面标高。

对于矩形柱，柱截面尺寸($b×h$)及与轴线关系的几何参数代号(b_1、b_2 和 h_1、h_2)的具体数值，需对应于各段柱分别注写。其中 $b=b_1+b_2$，$h=h_1+h_2$。当截面的某一边收缩变化至与轴线重合或偏到轴线的另一侧时，b_1、b_2 和 h_1、h_2 中的某项为零或为负值。

对于圆柱，表中"$b×h$"一栏改用在圆柱直径数字前加"d"表示。为表达简单，圆柱截面与轴线的关系也用 b_1、b_2 和 h_1、h_2 表示，并使 $d=b_1+b_2=h_1+h_2$。

对于芯柱，根据结构需要，可以在某些框架柱的一定高度范围内，在其内部的中心位置设置（分别引注其柱编号）。芯柱截面尺寸按构造确定，并按图集标准构造详图施工，设计不需注写；当设计者采用与构造详图不同的做法时，应另行注明。芯柱定位随框架柱，不需要注写其与轴线的几何关系。

注写柱纵筋。当柱纵筋直径相同，各边根数也相同时（包括矩形柱、圆柱和芯柱），将纵筋注写在"全部纵筋"一栏中；除此之外，柱纵筋的角部纵筋、截面 b 边中部筋和 h 边中部筋三项分别注写（对于采用对称配筋的矩形截面柱，可仅注写一侧中部筋，对称边省略不注）。

箍筋类型号及箍筋肢数，应在箍筋类型栏内按国家建筑标准设计图集 11G101—1 规定的箍筋类型号与肢数注写。

注写柱箍筋，包括钢筋级别、直径与间距。

当为抗震设计时，用斜线"/"区分柱端箍筋加密区与柱身非加密区长度范围内箍筋的不同间距。施工人员需根据标准构造详图的规定，在规定的几种长度值中取其最大者作为加密区长度。当框架节点核芯区内箍筋与柱端箍筋设置不同时，应在括号中注明核芯区箍筋直径及间距。

当箍筋沿柱全高为一种间距时，则不使用"/"线。

当圆柱采用螺旋箍筋时，需在箍筋前加"L"。

3）具体工程所设计的各种箍筋类型图以及箍筋复合的具体方式，需画在表的上部或图中的适当位置，并在其上标注与表中相对应的 b、h 和类型号。

注：当为抗震设计时，确定箍筋肢数时要满足对柱纵筋"隔一拉一"以及箍筋肢距的要求。

（3）截面注写方式

1）截面注写方式是在柱平面布置图的柱截面上，分别在同一编号的柱中选择一个截面，以直接注写截面尺寸和配筋具体数值的方式来表达柱平法施工图。

2)对除芯柱之外的所有柱截面按国家建筑标准设计图集 11G101—1 的相关规定进行编号,从相同编号的柱中选择一个截面,按另一种比例原位放大绘制柱截面配筋图,并在各配筋图上在其编号后注写截面尺寸($b×h$)、角筋或全部纵筋(当纵筋采用一种直径且能够图示清楚时)、箍筋的具体数值,以及在柱截面配筋图上标注柱截面与轴线关系 b_1、b_2、h_1、h_2 的具体数值。

当纵筋采用两种直径时,需再注写截面各边中部筋的具体数值(对于采用对称配筋的矩形截面柱,可仅在一侧注写中部筋,对称边省略不注)。

当在某些框架柱的一定高度范围内,在其内部的中心位设置芯柱时,首先按照国家建筑标准设计图集 11G101—1 的相关规定进行编号,在其编号之后注写芯柱的起止标高、全部纵筋及箍筋的具体数值,芯柱截面尺寸按构造确定,并按标准构造详图施工,设计不注;当设计者采用与构造详图不同的做法时,应另行注明。芯柱定位随框架柱,不需要注写其与轴线的几何关系。

3)在截面注写方式中,如果柱的分段截面尺寸和配筋均相同,仅截面与轴线的关系不同时,可将其编为同一柱号。但此时应在未画配筋的柱截面上注写该柱截面与轴线关系的具体尺寸。

三、先张预应力

(1)先张法预应力筋的混凝土保护层最小厚度应符合表 7-11 的规定。

表 7-11　先张法预应力筋的混凝土保护层最小厚度

环境类别	构件类型	混凝土强度等级	
		C30～C45	≥C50
一类	板(mm)	15	15
	梁(mm)	25	25
二类	板(mm)	25	20
	梁(mm)	35	30
三类	板(mm)	30	25
	梁(mm)	40	35

注:混凝土结构的环境分类应符合国家标准《混凝土结构设计规范》(GB 50010)的规定。

(2)当先张法预应力钢丝难以按单根方式配筋时,可采用相同直径钢丝并筋方式配筋。并筋的等效直径,对双并筋应取单筋直径的 1.4 倍,对三并筋应取单筋直径的 1.7 倍。并筋的保护层厚度、锚固长度和预应力传递长度等均应按等效直径考虑。

(3)先张法预应力筋的净间距不应小于其公称直径或等效直径的 1.5 倍,且应符合下列规定:对单根钢丝,不应小于 15 mm;对 1×3 钢绞线,不应小于 20 mm;对 1×7 钢绞线,不应小于 25 mm。

(4)对先张法混凝土构件,预应力筋端部周围的混凝土应采取下列加强措施:

1)对单根配置的预应力筋,其端部宜设置长度不小于 150 mm,且不少于 4 圈的螺旋筋;当有可靠经验时,也可利用支座垫板上的插筋代替螺旋筋,但插筋数量不应少于 4 根,其长度不宜小于 120 mm。

2)对分散布置的多根预应力筋,在构件端部 10d(d 为预应力筋的直径)范围内应设置 3～5 片与预应力筋垂直的钢筋网。

3)对采用预应力钢丝配筋的薄板,在板端 100 mm 范围内应适当加密横向钢筋。

(5)当采用先张长线法生产有端横肋的预应力混凝土肋形板时,应在设计和制作上采取防止放先张预应力筋时端横肋产生裂缝的有效措施。

对采用先张长线法生产有端肋的预应力肋形板,应采取防止放张预应力筋时端横肋产生裂缝的有效措施:在纵肋与端横肋交接处配置构造钢筋或在端肋内侧面与板面交接处做出一定的坡度或做成大圆弧;也可采用活动端模或活动胎模。

四、后张有粘结预应力

(1)预应力筋孔道的内径宜比预应力筋和需穿过孔道的连接器外径大 10～15 mm,孔道截面面积宜取预应力筋净面积的 3.5～4.0 倍。

后张法有粘结预应力筋孔道的内径,应根据预应力筋根数、曲线孔道形状、穿筋难易程度等确定。对预应力钢丝束或钢绞线束,其孔道截面积与预应力筋的净面积比值调整为 3.5～4.0,直线孔道取小值。为使穿筋方便,多跨曲线孔道内径可适当放大。

(2)预应力筋孔道的净间距和保护层应符合下列规定:

1)对预制构件,孔道的水平净间距不宜小于 50 mm,孔道至构件边缘的净间距不宜小于 30 mm,且不宜小于孔道直径的一半。

2)在现浇框架梁中,预留孔道在竖直方向的净间距不应小于孔道外径,水平方向的净间距不宜小于孔道外径的 1.5 倍。从孔壁算起的混凝土保护层厚度:梁底不应小于 50 mm;梁侧不应小于 40 mm;板底不应小于 30 mm。

(3)预应力筋孔道的灌浆孔宜设置在孔道端部的锚垫板上;灌浆孔的间距不宜大于 30 m。对竖向构件,灌浆孔应设置在孔道下端;对超高的竖向孔道,宜分段设置灌浆孔。灌浆孔直径不宜小于 20 mm。预应力筋孔道的两端应设有排气孔。曲线孔道的高差大于 0.5 m 时,在孔道峰顶处应设置泌水管,泌水管可兼作灌浆孔。

(4)曲线预应力筋的曲率半径不宜小于 4 m;对折线配筋的构件,在预应力筋弯折处曲率半径可适当减小。曲线预应力筋的端头,应有与曲线段相切的直线段,直线段长度不宜小于 300 mm。

(5)预应力筋张拉端可采取凸出式和凹入式做法。采取凸出式做法时,锚具位于梁端面或柱表面,张拉后用细石混凝土封裹。采取凹入式做法时,锚具位于梁(柱)凹槽内,张拉后用细石混凝土填平。凸出式锚固端锚具的保护层厚度不应小于 50 mm。外露预应力筋的混凝土保护层厚度:处于一类环境时,不应小于 20 mm;处于二、三类易受腐蚀环境时,不应小于 50 mm。

(6)预应力筋张拉端锚具的最小间距应满足配套的锚垫板尺寸和张拉用千斤顶的安装要求。锚固区的锚垫板尺寸、混凝土强度、截面尺寸和间接钢筋(网片或螺旋筋)配置等必须满足局部受压承载力的要求。锚垫板边缘至构件边缘的距离不宜小于 50 mm。当梁端面较窄或钢筋稠密时,可将跨中处同排布置的多束预应力筋转变为张拉端竖向多排布置或采取加腋处理。

(7)预应力筋固定端可采取与张拉端相同的做法或采取内埋式做法。内埋式固定端的位置应位于不需要预压应力的截面外,且不宜小于 100 mm。对多束预应力筋的内埋式固定端,宜采取错开布置方式,其间距不宜小于 300 mm,且距构件边缘不宜小于 40 mm。

(8)多跨超长预应力筋的连接,可采用对接法和搭接法。采用对接法时,混凝土逐段浇筑和张拉后,用连接器接长。采用搭接法时,预应力筋可在中间支座处搭接,分别从柱两侧梁的顶面或加宽的梁侧面处伸出张拉,也可从加厚的楼板延伸至次梁处张拉。

多跨超长预应力筋的连接,采用对接法可节约预应力筋,施工方便,但构件截面需要增大,且需分段施工。采用搭接法,其节点构造较复杂,预应力筋和锚具用量增多,但可连续施工,因而在一般框架结构施工中采用较多。

五、后张无粘结预应力

(1)为满足不同耐火等级的要求,无粘结预应力筋的混凝土保护层最小厚度应符合表7-12、表7-13 的规定。

表 7-12 板的混凝土保护层最小厚度

约束条件	耐火极限(h)			
	1	1.5	2	3
简支(mm)	25	30	40	55
连续(mm)	20	20	25	30

表 7-13 梁的混凝土保护层最小厚度

约束条件	梁宽	耐火极限(h)			
		1	1.5	2	3
简支(mm)	$200 \leqslant b < 300$	45	50	65	采取特殊措施
	$\geqslant 300$	40	45	50	65
连续(mm)	$200 \leqslant b < 300$	40	40	45	50
	$\geqslant 300$	40	40	40	45

注:当防火等级较高、混凝土保护层厚度不能满足表列要求时,应使用防火涂料。

(2)板中无粘结预应力筋的间距宜采用 $200 \sim 500$ mm,最大间距可取板厚的 6 倍,但不宜大于 1 m。抵抗温度应力用无粘结预应力筋的间距不受此限制。单根无粘结预应力筋的曲率半径不宜小于 2.0 mm。板中无粘结预应力筋采取带状(2～4 根)布置时,其最大间距可取板厚的 12 倍,且不宜大于 2.4 m。

(3)当板上开洞时,板内被孔洞阻断的无粘结预应力筋可从两侧绕过洞口铺设。无粘结预应力筋至洞口的距离不宜小于 150 mm,水平偏移的曲率半径不宜小于 6.5 m,洞口四周应配置构造加强钢筋。

（4）在现浇板柱节点处，每一方向穿过柱的无粘结预应力筋不应少于2根。

（5）梁中集中布置无粘结预应力筋时，宜在张拉端分散为单根布置，间距不宜小于60 mm，合力线的位置应不变。当一块整体式锚垫板上有多排预应力筋时，宜采用钢筋网片。

（6）无粘结预应力筋的张拉端宜采取凹入式做法。锚具下的构造可采用不同体系，但必须满足局部受压承载力的要求。无粘结预应力筋和锚具的防护应符合结构耐久性要求。

（7）无粘结预应力筋的固定端宜采取内埋式做法，设置在构件端部的墙内，梁柱节点内或梁、板跨内。当固定端设置在梁、板跨内时，无粘结预应力筋跨过支座处不宜小于1 m，且应错开布置，其间距不宜小于300 mm。

六、钢筋构造措施

（1）对不受其他构件约束的后张预应力构件的端部锚固区，在局部受压钢筋配置区外，构件端部长度 l 应在不小于 $3e$（e 为预应力筋合力点至邻近边缘的距离）且不大于 $1.2h$（h 为构件端部截面高度）、高度为 $2e$ 的范围内，应均匀配置附加箍筋或网片，其体积配筋率不应小于0.5%（图7-13）。

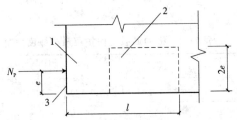

图7-13　防止沿孔遭劈裂的配筋的范围
1—局部受压间接钢筋配置区；2—附加配筋区；3—构件端面

当锚固区位于梁柱节点时，由于柱的截面尺寸大，一般不会出现裂缝。当锚固区位于悬臂梁端或简支梁端且梁的宽度较窄时，应防止沿预应力筋孔道劈裂。

（2）在构件中凸出或凹进部位锚固时，应在折角部位混凝土中配置附加加强钢筋。对于内埋式固定端，必要时应在锚垫板后面配置传递拉力的构造钢筋。

在构件中凸出或凹进部位，混凝土截面急剧变化，施加预应力后在折角部位附近的混凝土中会产生较大的应力，出现斜裂缝。因此，需要在折角部位配置双向附加钢筋。对内埋式固定端，张拉力压缩其前方的混凝土，而拉开其后方的混凝土，应根据混凝土厚度、有无抵抗拉力的钢筋，确定是否需要配置加强钢筋。

（3）构件中预应力筋弯折处应加密箍筋或沿弯折处内侧设置钢筋网片。

（4）当构件截面高度处有集中荷载时，如该处的附加吊筋影响预应力筋孔道铺设，可将吊筋移位，或改为等效的附加箍筋。

（5）弯梁中配置预应力筋时，应在水平曲线预应力筋内侧设置U形防崩裂的构造钢筋，并与外侧钢筋骨架焊牢。

（6）当框架梁的负弯矩钢筋在梁端向下弯折碰到锚垫板等埋件时，可缩进下弯、侧弯或上弯，但必须满足锚固长度的要求。

（7）在框架柱节点处，预应力筋张拉端的锚垫板等埋件受柱主筋影响时，宜将柱的主筋移位,但应满足柱的正截面承载力要求。

(8)在现浇结构中,受预应力筋张拉影响可能出现裂缝的部位,应配置附加构造钢筋。

为防止与预应力混凝土楼盖结构相连的钢筋混凝土梁板内出现受拉裂缝,预应力筋应伸入相连的钢筋混凝土梁内,并分批截断与锚固。相邻一跨梁板内的非预应力筋也应加强。

在现浇混凝土楼板中,梁端张拉力沿 30°～40°向板中扩散而产生拉应力;如板的厚度薄,则会出现斜裂缝,应在预应力传递的边区格和角区格内加配附加钢筋。对预应力混凝土大梁端部的短柱,为防止张拉阶段产生剪切裂缝,应沿柱高全程加密箍筋或采用适当的临时减小短柱抗侧移刚度的措施。

七、减少约束力措施

(1)大面积预应力混凝土梁板结构施工时,考虑到多跨梁板施加预应力和混凝土早期收缩受柱或墙约束的不利因素,宜设置后浇带或施工缝。后浇带的间距宜取 50～70 m,间距应根据结构受力特点、混凝土施工条件和施加预应力方式等确定。

(2)梁板施加预应力的方向有相邻边墙或剪力墙时,应使梁板与墙之间暂时隔开,待预应力筋张拉后,再浇筑混凝土。

(3)同一楼层中,当预应力梁板周围有多跨钢筋混凝土梁板时,两者宜暂时隔开,待预应力筋张拉后,再浇筑混凝土。

(4)当预应力梁与刚度大的柱或墙刚接时,可将梁柱节点设计成在框架梁施加预应力阶段无约束的滑动支座,张拉后做成刚接。

八、钢结构预应力

(1)钢结构预应力筋的布置原则是:在预应力作用下,应使结构具有最多数量的卸载杆和最少数量的增载杆。

(2)钢结构的弦杆由钢管组成时,预应力筋可穿在弦杆钢管内,利用定位支架或隔板居中固定。钢结构弦杆由型钢组成时,预应力筋应对称布置在弦杆截面之外,并在节点处与钢弦杆相连。

(3)当采用设置于钢套管内的裸露钢绞线时,应在张拉后灌浆防护。钢套管的截面面积宜为预应力筋净面积的 2.5～3.0 倍。预应力筋采用无粘结钢绞线时,护套的厚度不应小于1.2 mm。

(4)预应力筋锚固节点的尺寸应满足张拉锚固体系的要求,并要考虑多根预应力筋的合力应作用在弦杆截面的形心上。锚固节点应采取加劲肋加强措施,并应验算节点的局部承载力和稳定性。

(5)预应力筋的转折处应设置转向块(如弧形板或弧形钢管等),保证集中荷载均匀、可靠地传递。

(6)钢结构张拉端锚具防护应采用封锚钢罩,罩内应充填水泥浆或防腐油脂。

九、预应力筋下料长度的计算

(1)后张法预应力混凝土构件和钢构件中采用钢绞线束夹片锚具时,钢绞线的下料长度 L

可按下列公式计算(图 7-14):

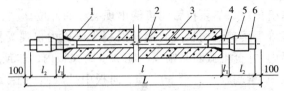

图 7-14　采用夹片锚具时钢绞线的下料长度

1—混凝土构件;2—预应力筋孔道;3—钢绞线;4—夹片式工作锚;

5—张拉用千斤顶;6—夹片式工具锚

1)两端张拉时,钢绞线的下料长度 L:

$$L = l + 2(l_1 + l_2 + 100) \tag{7-1}$$

2)一端张拉时,钢绞线的下料长度 L:

$$L = l + 2(l_1 + 100) + l_2 \tag{7-2}$$

式中,l——构件的孔道长度(mm),对抛物线形孔道,可按有关规定计算;

l_1——夹片式工作锚厚度(mm);

l_2——张拉用千斤顶长度(含工具锚)(mm),采用前卡式千斤顶时仅算至千斤顶体内工具锚外。

(2)后张法混凝土构件中采用钢丝束镦头锚具时,钢丝的下料长度 L 可按预应力筋张拉后螺母位于锚杯中部计算(图 7-15):

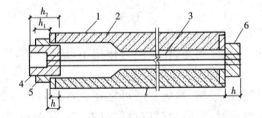

图 7-15　采用镦头锚具时钢丝的下料长度

1—混凝土构件;2—孔道;3—钢丝束;4—锚杯;5—螺母;6—锚板

$$L = l + 2(h + s) - K(h_2 - h_1) - \Delta L - c \tag{7-3}$$

式中,l——构件的孔道长度,按实际尺寸(mm);

h——锚杯底部厚度或锚板厚度(mm);

s——钢丝镦头留量,中 对 5 取 10 mm;

K——系数,一端张拉时取 0.5,两端张拉时取 1.0;

h_2——锚杯高度(mm);

h_1——螺母高度(mm);

ΔL——钢丝束张拉伸长值;

c——张拉时构件的弹性压缩值。

(3)先张法构件采用长线台座生产工艺时,预应力筋的下料长度 L 可按式(7-4)计算(图 7-16):

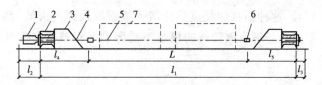

图 7-16 长线台座法预应力筋的下料长度

1—张拉装置；2—钢横梁；3—台座；4—工具式拉杆；5—预应力筋；6—连接器；7—待浇混凝土构件

$$L = l_1 + l_2 + l_3 - l_4 - l_5 \tag{7-4}$$

式中，l_1——长线台座长度（mm）；

l_2——张拉装置长度（含外露工具式拉杆长度）（mm）；

l_3——固定端所需长度（mm）；

l_4——张拉端工具式拉杆长度（mm）；

l_5——固定端工具式拉杆长度（mm）。

同时，预应力筋下料长度应满足构件在台座上的排列要求。预应力筋直接在钢横梁上张拉和锚固时，可取消 l_4 与 l_5 值。

十、预应力筋张拉力的计算

(1)预应力筋的张拉力 P_j 应按式(7-5)计算：

$$P_j = \sigma_{con} A_p \tag{7-5}$$

式中，σ_{con}——预应力筋的张拉控制应力，应在设计图纸上标明；

A_p——预应力筋的截面面积。

在混凝土结构施工中，当预应力筋需超张拉时，其最大张拉控制应力：对预应力钢丝和钢绞线为 $0.8 f_{ptk}$（f_{ptk} 为预应力筋抗拉强度标准值）；对高强钢筋为 $0.95 f_{ptk}$（f_{ptk} 为预应力筋屈服强度标准值）。但锚具下口建立的最大预应力值：对预应力钢丝和钢绞线不宜大于 $0.7 f_{ptk}$，对高强钢筋不宜大于 $0.85 f_{ptk}$。

(2)预应力筋中建立的有效预应力值 σ_{pe} 可按式(7-6)计算：

$$\sigma_{pe} = \sigma_{con} - \sum_{i=1}^{5} \sigma_{Li} \tag{7-6}$$

式中，$\sum\limits_{i=1}^{5}\sigma_{Li}$——各项预应力损失之和。

在混凝土结构施工中，对预应力钢丝、钢绞线，其有效预应力值 σ_{pe} 不宜大于 $0.6 f_{ptk}$。

(3)在钢结构设计图样上标明的张拉力设计值，应为有效张拉力值，施工时应增加有关的预应力损失，以确定初始张拉力。

第二节 张拉和放张

一、基础知识

1. 多孔夹片锚固体系

多孔夹片锚具是在一块多孔的锚板上，利用每个锥形孔装一副夹片夹持一根钢绞线的一种楔紧式锚具(图 7-17)。这种锚具的优点是任何一根钢绞线锚固失效,都不会引起整束锚固失效,但构件端部需要扩孔。每束钢绞线的根数不受限制。对锚板与夹片的要求与单孔夹片锚具相同。

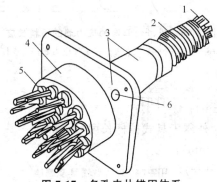

图 7-17　多孔夹片锚固体系

1—钢绞线;2—金属螺旋管;3—带预埋板的喇叭管;4—锚板;5—夹片;6—灌浆孔

这种锚具在现代预应力混凝土工程中广泛应用,主要的产品有:XM 型、QM 型、OVM 型、BS 型等。

(1)XM 型锚具

XM 型锚具适用于锚固 3～37 根 Φ^j15 钢绞线束或 3～12 根 7 Φ^s35 钢丝束。

XM 型锚具是由锚板与夹片组成,如图 7-18 所示。锚板的锥形孔沿圆周排列,对 Φ^j15 钢绞线,间距不小于 36 mm。锥形孔中心线的倾角为 120°。锚板顶面应垂直于锥形孔中心线,以利于夹片均匀塞入。夹片采用三片斜开缝形式。XM 型锚具下设钢垫板、喇叭管与螺旋筋等。

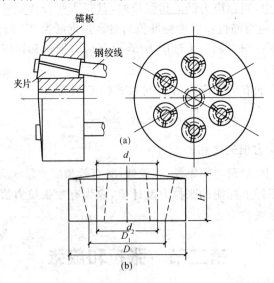

图 7-18　XM 型锚具

(a)装配图;(b)锚板

(2)QM 型锚固体系

QM 型锚具适用于锚固 4～31 $\Phi^j12.7$ 钢绞线和 3～19 Φ^j15 钢绞线。QM 型锚具是由锚

板与夹片组成,如图 7-19 所示。锚板顶面为平面,锥形孔为直孔;夹片为三片式直开缝。由于钢绞线在锚板处有两个折角,增大了锚口预应力损失。

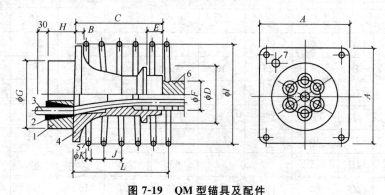

图 7-19　QM 型锚具及配件

1—锚板;2—夹片;3—钢绞线;4—喇叭形铸铁垫板;

5—弹簧圈;6—预留孔道用的螺旋管;7—灌浆孔

　　QM 型锚固体系配有专门的工具锚,以保证每次张拉后退楔方便,并减少安装工具锚所花费的时间。锚下构造措施(图 7-19):采用铸铁喇叭管与螺旋筋。铸铁喇叭管是将承压垫板与喇叭管铸成整体,可解决混凝土承受大吨位局部压力及承压钢板垂直于预应力筋孔道的问题。垫板上还设有灌浆孔。其各部分尺寸是按照钢绞线抗拉强度(1 860 MPa)、张拉时锚固区混凝土强度不小于 35 MPa 设计的。当实际使用的钢绞线强度低于上述值时,垫板的平面尺寸可减小。QM 型锚固体系的尺寸见表 7-14。

表 7-14　QM 型锚具及配件尺寸

(一)QM12、13 系列(mm)

孔　数		4	5	6、7	8	9	12	14	19	27	31
垫　板	A	135	145	175	180	200	220	240	285	330	350
	B	25	25	30	30	30	30	40	40	40	40
	C	135	165	165	220	220	300	350	360	465	500
	ϕD	115	12	125	140	140	160	160	210	240	250
	E	40	40	50	55	55	55	55	60	60	60
管道	ϕF	40	40	55	55	60	70	70	85	100	105
锚板	ϕG	90	100	115	130	140	160	160	195	240	250
	H	50	50	50	55	55	60	65	70	80	80
螺旋筋	ϕl	150	170	200	210	240	250	290	350	410	450
	J	45	50	50	50	50	50	50	50	55	55
	ϕK	10	12	12	14	14	14	14	14	16	16
	L	180	190	240	300	300	350	400	420	500	550

（续表）

（二）QM15、15.7 系列（mm）

孔　数		3	4	5	6、7	8	9	12	14	19
垫　板	A	135	155	175	203	220	240	265	285	330
	B	26	25	30	30	30	40	40	40	40
	C	135	155	165	190	300	350	300	380	465
	ϕD	115	120	125	140	160	160	200	210	245
	E	40	50	50	55	55	55	60	60	60
管　道	ϕF	45	50	55	65	70	75	85	90	95
锚　板	ϕG	90	105	120	135	150	160	175	195	220
	H	50	50	50	60	60	60	70	70	80
螺旋筋	ϕl	150	170	200	230	250	290	320	350	470
	J	45	45	45	50	50	50	50	50	55
	ϕK	10	10	10	12	14	14	14	16	18
	L	180	210	250	300	350	400	400	420	500
	圈数	4.5	5.5	6.5	7.5	7.5	8.5	8.5	8.5	9.5

（3）BS 型锚固体系

BS 型锚固体系适用于锚固 3～55 根Φ15 钢绞线。该体系组成如图 7-20 所示。锚下采用钢垫板、焊接喇叭管与螺旋筋。灌浆孔设置在喇叭管上，由塑料管引出。BS 型锚固体系尺寸见表 7-15。

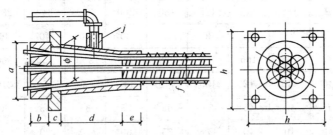

图 7-20　BS 型锚固体系

表 7-15　BS 型锚具及配件尺寸

型　号	a	b	c	d	e	f	h	ϕ	j
Z15.2	88	50	16	100	50	50	120	60	G3/4″
Z15.3	88	50	16	100	50	50	120	60	G3/4″
Z15.4	98	50	20	110	50	60	160	70	G3/4″

（续表）

型　号	a	b	c	d	e	f	h	ϕ	j
Z15.5	118	50	20	120	50	60	180	80	G3/4″
Z15.6	128	60	25	160	60	70	200	90	G3/4″
Z15.7	128	60	25	160	60	70	200	90	G3/4″
Z15.8	145	60	25	170	60	80	220	100	G3/4″
Z15.9	155	60	25	180	60	80	220	110	G3/4″
Z15.12	168	60	30	200	60	85	240	125	G1″
Z15.19	155	60	25	180	60	80	220	110	G1$\frac{1}{2}$″
Z15.27	248	80	40	320	80	110	360	190	G1$\frac{1}{2}$″
Z15.55	358	100	50	620	100	180	520	260	G2″

2. 挤压锚具

挤压锚具是利用液压压头机将套筒挤紧在钢绞线端头上的一种握裹式锚具。套筒采用45 号钢,不调质,其尺寸:对Φ15 钢绞线为 $\phi35\times58$ mm,对Φ13 钢绞线为 $\phi35\times50$ mm。套筒内衬有硬钢丝螺旋圈。锚具下设有钢垫板与螺旋筋,如图 7-21 所示。

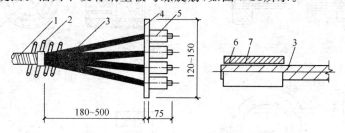

图 7-21　挤压锚具、钢垫板与螺旋筋

1—螺旋管;2—螺旋筋;3—钢绞线;4—钢垫板;

5—挤压锚具;6—套筒;7—硬钢丝螺旋圈

从挤压头切开检查后看出:硬钢丝已全部脆断,一半嵌入外钢套,一半压入钢绞线,从而增加钢套筒与钢绞线之间的摩阻力;外钢套与钢绞线之间没有任何空隙,紧紧夹住。这种锚具适用于固定端单根无粘结钢绞线与多根有粘结钢绞线。

3. 压花锚具

压花锚具是利用液压压花机将钢绞线端头压成梨形散花头的一种握裹式锚具,如图 7-22 所示。

梨形头的尺寸:对Φ15 钢绞线不小于 $\phi95\times150$ mm。多根钢绞线的梨形头应分排埋置在混凝土内,如图 7-23 所示。为提高压花锚四周混凝土及梨形散花头根部混凝土抗裂强度,在散花头头部配置构造筋、根部配置螺旋筋。混凝土强度不低于C30,压花锚距构件截面边缘不小于 30 mm,第一排压花锚的锚固长度,对Φʲ15 钢绞线不小于 900 mm,每排相隔至少为 300 mm。这种锚具适用于固定端空间较大的有粘结钢绞线。

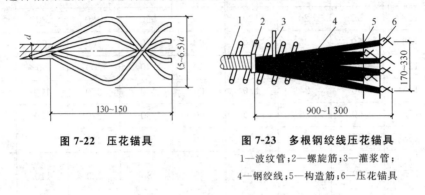

图 7-22　压花锚具　　　　图 7-23　多根钢绞线压花锚具

1—波纹管;2—螺旋筋;3—灌浆管;

4—钢绞线;5—构造筋;6—压花锚具

4.镦头锚具

镦头锚具适用于锚固任意根数Φᵖ 与Φᵖ7 钢丝束。镦头锚具的形式与规格可根据需要自行设计。常用的镦头锚具分为 A 型与 B 型。A 型由锚杯与螺母组成,用于张拉端。B 型为锚板,用于固定端。如图 7-24 所示。

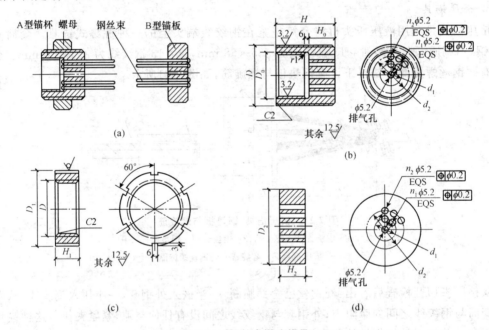

图 7-24　钢丝束镦头锚具

(a)装配图;(b)A 型锚杯;(c)螺母;(d)B 型锚板

锚具材料:锚杯与锚板采用 45 号钢,螺母采用 30 号钢或 45 号钢。锚具的加工要求如下:

(1)制作锚杯与锚板时,应先将 45 号钢粗加工至接近设计尺寸,再调质热处理(硬度251~283HB),然后精加工至设计尺寸;

(2)锚杯、螺母和张拉用连接杆的配合精度为 3 级,且要求具有互换性;

(3)锚杯内螺纹的退刀槽,应严格按图中要求加工,不得超过齿根;

(4)锚杯与锚板中的孔洞间距应力求准确,尤其要保证锚杯内螺纹一面的孔距准确。

此外,镦头锚具还可设计成图 7-25 的形式。锚环型锚具[图 7-25(a)]由锚环与螺母组成;锚孔布置在锚环上,且内螺纹穿通,以便孔道灌浆。锚杆型锚具[图 7-25(b)]由锚杆、螺母和半环形垫片组成,锚杆直径小,构件端部无需扩孔。锚板型锚具[图 7-25(c)]由带外螺纹的锚板与垫片组成,但另端锚板应由锚板芯与锚板环用螺纹连接,以便锚芯穿过孔道。后两种锚具宜用于短束,以免垫片过多。图 7-25(d)所示为固定端锚板,属于半粘式锚具。

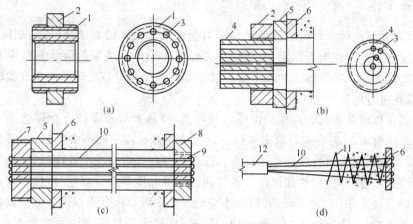

图 7-25　其他类型镦头锚具

(a)锚环型;(b)锚杆型;(c)锚板型;(d)固定镦头锚板

1—锚环;2—螺母;3—锚孔;4—锚杆;5—半环形垫片;6—预埋钢板;

7—带外螺纹的锚板;8—锚板环;9—锚芯;10—钢丝束;11—螺旋筋;12—套管

5. 精轧螺纹钢筋锚具

精轧螺纹钢筋锚具是利用与该钢筋螺纹匹配的特制螺母锚固的一种支承式锚具。精轧螺纹钢筋锚具包括螺母与垫板,如图 7-26 所示。

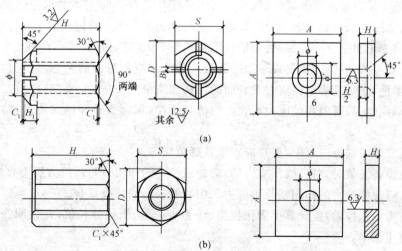

图 7-26　精轧螺纹钢筋锚具

(a)锥面螺母与垫板;(b)平螺母与垫板

螺母分为平面螺母和锥面螺母两种。锥面螺母可通过锥体与锥孔的配合,保证预应力筋的正确对中;开缝的作用是增强螺母对预应力筋的夹持能力。螺母材料采用45号钢,调质热处理硬度为215±15HB,抗拉强度为750~860 MPa。螺母的内螺纹是按钢筋尺寸公差和螺母尺寸之和设计的。只要钢筋尺寸在允许范围内,都能实现较好的连接。垫板相应地分为平面垫板与锥面垫板两种。由于螺母传给垫板的压力沿45°方向向四周传递,故垫板的边长等于螺母最大外径加2倍垫板厚度。

二、准备工作

(1)预应力筋张拉设备和仪表应满足预应力筋张拉或放张的要求,且应定期维护和标定。张拉用千斤顶和压力表应配套标定、配套使用。标定时千斤顶活塞的运动方向应与实际张拉工作状态一致。张拉设备的标定期限不应超过半年。当张拉设备出现不正常现象时或千斤顶检修后,应重新进行标定。

预应力筋张拉设备和仪表应根据预应力筋种类、锚具类型和张拉力合理选用。张拉设备的正常使用范围宜为25%~90%额定张拉力。张拉设备行程一般不受限制,如果锚具对重复张拉有限制时,应选用合适行程的张拉设备。张拉设备在正常情况下使用时,一般与标定状态相同;当油管超长、超高时,应单独标定。油泵用液压油黏度有明显变化时,也应重新标定。张拉用压力表的直径宜采用150 mm,其精度不应低于1.6级。标定张拉设备的试验机或测力计精度不应低于±2%。千斤顶用于张拉预应力筋时,应标定千斤顶进油的主动工作状态;用于预应力筋固定端测试孔道摩擦阻力或其他显示回程压力时,应标定试验机压千斤顶的被动工作状态。

(2)预应力筋张拉或放张时,混凝土强度应符合设计要求;当设计无具体要求时,不应低于设计采用的混凝土强度等级的75%。现浇结构施加预应力时,混凝土的龄期要求:对后张楼板不宜小于5天,对后张大梁不宜小于7天。为防止混凝土出现早期裂纹而施加预应力时,可不受上述限制。

预应力筋张拉力是由锚固区传递给结构,因此张拉或放张时实体结构应达到设计要求的强度,并满足锚固区局部受压承载力的要求。早龄期施加预应力的构件由于弹性模量低,会产生较大的压缩变形和徐变,因此对后张楼板不宜小于5天,对后张大梁不宜小于7天。

(3)锚具安装前,应清理锚垫板端面的混凝土残渣和喇叭管内的杂物,且应检查锚垫板后的混凝土密实性,同时应清理预应力筋表面的浮锈和渣土。

锚垫板端面、喇叭管内和预应力筋表面应清理干净,保证张拉和锚固质量,防止出现断丝和滑丝现象。

(4)锚具安装时锚板应对中,夹片应夹紧且缝隙均匀。

(5)张拉设备安装时,对直线预应力筋,应使张拉力的作用线与预应力筋中心线重合;对曲线预应力筋,应使张拉力的作用线与预应力筋中心线末端的切线重合。

(6)预应力筋张拉前,应计算所需张拉力、压力表读数、张拉伸长值,并说明张拉顺序和方法,填写张拉申请单。

三、预应力筋张拉

1. 一般要求

(1)预应力构件的张拉顺序,应根据结构受力特点、是否方便施工、安全操作等因素确定。对于现浇预应力混凝土楼面结构,宜先张拉楼板、次梁,后张拉主梁。对于预制屋架等平卧叠浇构件,应从上而下逐个张拉。预应力构件中预应力筋的张拉顺序,应遵循对称张拉原则。

预应力筋的张拉顺序应使混凝土不产生超应力、构件不扭转与侧弯、结构不变位,因此,对称张拉是一个重要原则。同时,还应尽量减少张拉设备的移动次数。若构件截面平行配置的两束预应力筋不同时张拉,其张拉力相差不应大于设计值的 50%,即先将第 1 束张拉 0~50% 的力,再将第 2 束张拉 0~10% 的力,最后将第 1 束张拉 50%~100% 的力。

(2)预应力筋的张拉方法,应根据设计和施工计算要求采取一端张拉或两端张拉的方式。采用两端张拉时,宜两端同时张拉;也可一端先张拉,另端补张拉。直线预应力筋应采取一端张拉。曲线预应力筋锚固时由于孔道反向摩擦的影响,张拉端锚固损失最大,沿构件长度逐步减至零。当锚固损失的影响长度 $I_f \geqslant L/2$(L 为构件长度)时,张拉端锚固后预应力筋的应力等于或小于固定端的应力,应采取一端张拉;当 $I_f \leqslant L/2$ 时,应采取两端张拉,但对简支构件或采取超张拉措施满足固定端拉力后,也可改用一端张拉。

(3)对同一束预应力筋,应采用相应吨位的千斤顶整束张拉。对直线形或平行排放的预应力钢绞线束,在各根钢绞线不受叠压时,也可用小型千斤顶逐根张拉。

在一般情况下,对同一束预应力筋应采取整束张拉,以使各根预应力筋建立的应力比较均匀。在一些特殊情况下(如张拉千斤顶吨位不足,张拉端局部受压承载力不够,或张拉空间受限制等),对扁锚束、直线束或弯曲角度不大的单波曲线束,可采取单根张拉。

(4)预应力筋的张拉步骤,应从零应力加载至初拉力,测量伸长值初读数,再以均匀速度分级加载、分级测量伸长值至终拉力。钢绞线束张拉至终拉力时,宜保持荷载 2 min。

(5)采用应力控制方法张拉时,应校核预应力筋张拉伸长值。实际伸长值与计算伸长值的偏差不应超过 ±6%。如超过允许偏差,应查明原因,采取措施后方可继续张拉。

(6)对特殊预应力构件或预应力筋,应根据设计和施工要求采取专门的张拉工艺,如分阶段张拉、分批张拉、分级张拉、分段张拉、变角张拉等。分阶段张拉是指在后张传力梁中,为了平衡各阶段的荷载,采取分阶段施加预应力的方法。分批张拉是指不同束号先后错开张拉的方法。分级张拉是指同一束号按不同程度张拉的方法。分段张拉是指多跨连续梁分段施工时,统长的预应力筋需要逐段张拉的方法。变角张拉是指张拉作业受到空间限制,需要在张拉端锚具前安装变角块,使预应力筋改变一定的角度后进行张拉的工艺。经实际测试,变角 10°~25°时,应超张拉 2%~3%;变角 25°~40°时,应超张拉 5%,以弥补预应力损失。

(7)对于多波曲线预应力筋,可采取超张拉回松技术提高内支座处的张拉应力,并降低锚具下口的张拉应力。

(8)先张法预应力筋可采用单根张拉或成组张拉。当采用成组张拉时,应预先调整初应力。

(9)钢桁架施加预应力宜在该桁架和部分支撑安装就位后进行。根据钢桁架承担的荷载情况,可采取一次张拉或多次张拉。

（10）预应力筋张拉时，应对张拉力、压力表读数、张拉伸长值、异常现象等做详细记录。

2. 张拉程序

预应力筋张拉程序有以下两种：

（1）$0 \rightarrow 105\% \sigma_{con} \rightarrow$ 持荷 $2\min \rightarrow \sigma_{con}$。

（2）$0 \rightarrow 103\% \sigma_{con}$。

以上两种张拉程序是等效的，施工中可根据构件设计标明的张拉力大小、预应力筋与锚具品种、施工速度等选用。

预应力筋进行超张拉（103%～105%控制应力）主要是为了减少松弛引起的应力损失。所谓应力松弛是指钢材在常温高应力作用下，由于塑性变形使应力随时间延续而降低的现象。这种现象在张拉后的头几分钟内发展得特别快，之后则趋于缓慢。

3. 张拉控制应力

预应力筋的张拉工作是预应力施工中的关键工序，应严格按设计要求进行。预应力筋张拉控制应力的大小直接影响预应力效果，以及构件的抗裂度和刚度，因此控制应力不能过低。但是，控制应力也不能过高，不允许超过其屈服强度，以使预应力筋处于弹性工作状态的情况发生。否则会使构件出现裂缝的荷载与破坏荷载很接近，这是很危险的。

过大的超张拉会造成反拱过大，预拉区出现裂缝也是不利的。预应力筋的张拉控制应力应符合设计要求。当施工中预应力筋需要超张拉时，可比设计要求提高5%，但其最大张拉控制应力不得超过表7-16的规定。

表 7-16　最大张拉控制应力允许值

钢筋种类	张拉方法	
	先张法	后张法
碳素钢丝、刻痕钢丝、钢绞线	$0.80 f_{ptk}$	$0.75 f_{ptk}$
冷拔低碳钢丝、热处理钢筋	$0.75 f_{ptk}$	$0.70 f_{ptk}$
冷拉热轧钢筋	$0.95 f_{ptk}$	$0.90 f_{ptk}$

注：f_{ptk} 为张拉力（N/mm²）。

钢丝、钢绞线属于硬钢，冷拉热轧钢筋属于软钢。硬钢和软钢可根据它们是否存在屈服点来划分，由于硬钢无明显屈服点，塑性较软钢差，所以其控制应力系数较软钢低。

4. 张拉力

预应力筋的张拉力根据设计的张拉控制应力与钢筋截面积及超张拉系数之积而定。

$$N = m\sigma_{con}A_y \tag{7-7}$$

式中，N——预应力筋张拉力（N）；

　　m——超张拉系数，取值为 1.03～1.05；

　　σ_{con}——预应力筋张拉控制应力（N/mm²）；

　　A_y——预应力筋的截面积（mm²）。

预应力筋张拉锚固后实际应力值与工程设计规定检验值的相对允许偏差为 ±5%。预应力钢丝的应力可利用 2CN-Ⅰ型钢丝测力计或半导体频率测力计测量。

张拉时为避免台座承受过大的偏心压力,应先张拉靠近台座面重心处的预应力筋,再轮流对称张拉两侧的预应力筋。

5. 张拉伸长值校核

采用应力控制方法张拉时,应校核预应力筋的伸长值,如实际伸长值比计算伸长值大 10%或小 5%,应暂停张拉,在查明原因、采用措施予以调整后,方可继续张拉。预应力筋的计算伸长值 Δl 可按式(7-8)计算:

$$\Delta l = F_p l A_p E_s \tag{7-8}$$

式中,F_p——预应力筋的平均张拉力(kN),直线筋取张拉端的拉力,两端张拉的曲线筋,取张拉端的拉力与跨中扣除孔道摩擦阻力损失后拉力的平均值;

A_p——预应力筋的截面面积(mm^2);

l——预应力筋的长度(mm);

E_s——预应力筋的弹性模量(kN/mm^2)。

预应力筋的实际伸长值,宜在初应力为张拉控制应力 10%左右时开始量测,但必须加上初应力以下的推算伸长值;对后张法,还应扣除混凝土构件在张拉过程中的弹性压缩值。

6. 预应力筋张拉

(1)单根预应力钢筋张拉,可采用 YC18 型、YC200 型、YC60 型或 YL60 型千斤顶在双横梁式台座或钢模上单根张拉,用螺杆式夹具或夹片锚固。热处理钢筋或钢绞线用优质夹片或夹具锚固。

(2)在三横梁式或四横梁式台座上生产大型预应力构件时,可采用台座式千斤顶成组张拉预应力钢筋(图 7-27)。张拉前应调整初应力(可取 5%～10%σ_{con}),使每根均匀一致,然后再进行张拉。

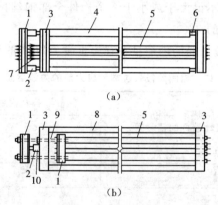

(a)

(b)

图 7-27 预应力筋张拉

(a)三横梁式成组预应力筋张拉;(b)四横梁式成组预应力筋(丝)张拉

1—活动横梁;2—千斤顶,3—固定横梁;4—槽式台座;5—预应力筋(丝);

6—放松装置;7—连接器;8—台座传力柱;9—大螺杆;10—螺母

(3)单根冷拔低碳钢丝张拉可采用 10 kN 电动螺杆张拉机或电动卷扬张拉机,用弹簧测力计测力,用锥锚式夹具锚固[图7-28(a)]。单根刻痕钢丝可采用20～30 kN电动卷扬张拉机单根张拉,并用优质锥塞式夹具或镦头螺杆夹具锚固[图7-28(b)]。

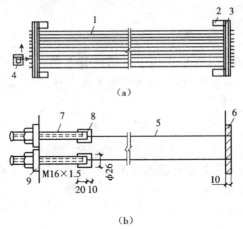

图7-28　单根钢丝及刻痕钢丝张拉

(a)用电动卷场机张拉单根钢丝;(b)用镦头螺杆夹具固定单根刻痕钢丝

1—冷拔低碳钢丝;2—台墩;3—钢横梁;4—电动卷扬张拉机;5—刻痕钢丝;

6—锚板;7—螺杆;8—锚杯;9—U形垫板

(4)在预制厂以机组流水法生产预应力多孔板时,可在钢模上用镦头梳筋板夹具成批张拉。张拉时钢丝两端镦粗,一端卡在固定梳筋板上,另一端卡在张拉端的活动梳筋板上,通过张拉钩和拉杆式千斤顶进行成组张拉。

(5)单根张拉钢筋(丝)时,应按对称位置进行,并考虑下批张拉所造成的预应力损失。

(6)多根预应力筋同时张拉时,必须事先调整初应力,使其相互间的应力一致。张拉过程中,应抽查预应力值,其偏差不得大于或小于一个构件全部钢丝预应力总值的5%;其断丝或滑丝数量不得大于钢丝总数的3%。

(7)锚固阶段张拉端预应力筋的内缩量不宜大于表7-17中的规定。

表7-17　锚固阶段张拉端预应力筋的内缩量允许值

锚具类别	内缩量允许值(mm)
支承式锚具(镦头锚、带有螺丝端杆的锚具等)	1
锥塞式锚具	5
夹片式锚具	5
每块后加的锚具垫板	1

注:(1)内缩量值系指预应力筋锚固过程中,由于锚具零件之间和锚具与预应力筋之间相对移动和局部塑性变形造成的回缩量。

　　(2)当设计对锚具内缩量允许值有专门规定时,可按设计规定确定。

(8)张拉应以稳定的速率逐渐加大拉力,并保证使拉力传到台座横梁上,而不应使预应力筋或夹具产生次应力(如钢丝在分丝板、横梁或夹具处产生尖锐的转角或弯曲)。锚固时,敲击锥塞或楔块应先轻后重;与此同时,倒开张拉机,放松钢丝,两者应密切配合,既要减少钢丝滑移,又要防止锤击力过大,导致钢丝在锚固夹具与张拉夹具处因受力过大而断裂。张拉设备应逐步放松。

7. 张拉注意事项

(1)张拉前应先查混凝土试块的强度资料,确认混凝土强度达到张拉时的要求,才可进行张拉施工。

(2)张拉前要检查模板有无下沉现象,构件(梁等)有无裂缝等质量问题和混凝土疵病。如问题严重应研究处理,不应轻率进行张拉。

(3)对张拉设备及锚具进行检查校验。

(4)制定施工安全措施。施工中应注意安全。张拉时,正对钢筋两端禁止站人。敲击锚具的锥塞或楔块时,不能用力过猛,以免预应力筋断裂伤人,要锚固可靠。当气温低于2℃时,应考虑预应力筋容易脆断的危险。张拉后为了检验各钢丝的内力是否一致,可采用测力计测定钢丝的内力。

(5)准备张拉记录表格及记录人员。

(6)注意张拉中的情况,如发现滑丝或断裂,要及时停止张拉进行检查。根据规定,对于后张法构件,断裂、滑丝严禁超过同一截面预应力钢材总根数的3%,且一束钢丝只允许出现一根。当超过上述规定时,要重新更换预应力筋,或对锚具进行检查,无误后才可恢复施工。

(7)张拉完毕后要进行记录资料的整理,并检查各个结果是否正常,最后作为技术资料归档。

四、预应力筋放张

1. 一般规定

(1)先张法预应力筋的放张顺序应符合设计要求;当设计无具体要求时,可按下列规定放张:

1)对承受轴心预压力的构件(如压杆、桩等),所有预应力筋应同时放张。

2)对承受偏心预压力的构件(如梁等),应先同时放张预压力较小区域的预应力筋,后同时放张预压力较大区域的预应力筋。

3)当不能按上述规定放张时,应分阶段、对称、相互交错地放张。

(2)先张法预应力筋宜采取缓慢放张方法,可采用千斤顶或螺杆等机具进行单独或整体放张。

(3)后张法预应力筋张拉锚固后,如遇到特殊情况需要放张,宜在工作锚上安装拆锚器,采用小型千斤顶逐根放张。

(4)后张法预应力结构拆除或开洞时,应有专项预应力放张方案,防止高应力状态的预应力筋弹出伤人。

2. 放张要求

先张法施工的预应力筋放张时,预应力混凝土构件的强度必须符合设计要求。设计无具体要求时,其强度不低于设计的混凝土强度标准值的75%。过早放张预应力筋会引起较大的预应力损失或使预应力钢丝产生滑动。对于薄板等预应力较低的构件,预应力筋放张时,混凝土的强度可适当降低。预应力混凝土构件在预应力筋放张前要对试块进行试压。

预应力混凝土构件的预应力筋为钢丝时,放张前,应根据预应力钢丝的应力传递长度,计算出预应力钢丝在混凝土内的回缩值,以检查预应力钢丝与混凝土的粘结效果。若实测的回缩值小于计算的回缩值,则预应力钢丝与混凝土的粘结效果满足要求,可进行预应力钢丝的放张。

预应力钢丝理论回缩值,可按式(7-9)进行计算:

$$a = 12\sigma_{y1} E_s l_a \qquad (7-9)$$

式中,a——预应力钢丝的理论回缩值(cm);

σ_{y1}——第一批损失后,预应力钢丝建立起来的有效预应力值(N/mm^2);

E_s——预应力钢丝的弹性模量(N/mm^2);

l_a——预应力钢筋的应力传递长度(mm),见表7-18。

表7-18 预应力钢筋的应力传递长度 l_a

项次	钢筋种类	放张时,混凝土强度			
		C20	C30	C40	≥C50
1	刻痕钢丝 $d < 5$ mm	150d	100d	65d	50d
2	钢绞线 $d = 7.5 \sim 15$ mm	—	85d	70d	70d
3	冷拔低碳钢丝 $d = 3 \sim 5$ mm	110d	90d	80d	80d

注:(1)确定传递长度 l_a 时,表中混凝土强度等级应按传力锚固阶段混凝土立方体抗压强度确定。

(2)当刻痕钢丝的有效预应力值 σ_{y1} 大于或小于 1 000 MPa 时,其传递长度应根据本表"项次1"的数值按比例增减。

(3)当采用骤然放张预应力钢筋的施工工艺时,l_a 的起点应从距离构件末端 0.25l_a 处开始计算。

(4)冷拉Ⅱ、Ⅲ级钢筋的传递长度 l_a 可不考虑。

(5)d 为钢筋(丝)的直径。

预应力钢丝实测的回缩值,必须在预应力钢丝的应力接近 σ_{y1} 时进行测定。

3. 放张顺序

为避免预应力筋放张时对预应力混凝土构件产生过大的冲击力,引起构件端部开裂、构件翘曲和预应力筋断裂等现象,预应力筋放张必须按以下规定进行:

(1)对于配筋不多的预应力钢丝混凝土构件,预应力钢丝放张可采用剪切、割断和熔断的方法逐根放张,并应自中间向两侧进行。对于配筋较多的预应力钢丝混凝土构件,预应力钢丝放张应同时进行,不得采用逐根放张的方法,以防止最后的预应力钢丝因应力增加过大而断裂或使构件端部开裂。

(2)对于预应力钢筋混凝土构件,预应力钢筋放张应缓慢进行。若预应力钢筋数量较少,可逐根放张;若预应力钢筋数量较多,则应同时放张;对于轴心受压的预应力混凝土构件,预应力筋应同时放张。对于偏心受压的预应力混凝土构件,应先同时放张预压应力较小区域的预应力筋,后同时放张预压应力较大区域的预应力筋。

（3）若轴心受压或偏心受压预应力混凝土构件不能按上述规定进行预应力筋放张，则应采用分阶段、对称、相互交错的放张方法，以防止在放张过程中，预应力混凝土构件发生翘曲，出现裂缝和预应力筋断裂等现象。

（4）采用湿热养护的预应力混凝土构件宜热态放张，不宜降温后放张。

4. 放张方法

可采用千斤顶、楔块、螺杆张拉架或砂箱等工具（图7-29）进行放张。

对于预应力混凝土构件，为避免预应力筋一次放张时对构件产生过大的冲击力，可利用楔块或砂箱装置进行缓慢放张。

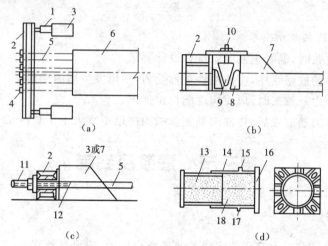

图 7-29　预应力筋（丝）的放张方法

（a）千斤顶放张；（b）楔块放张；（c）螺杆放张；（d）砂箱放张

1—千斤顶；2—横梁；3—承力支架；4—夹具；5—预应力钢筋（丝）；6—构件；

7—台座；8—钢块；9—钢楔块；10—螺杆；11—螺纹端杆；12—对焊接头；

13—活塞；14—钢箱套；15—进砂口；16—箱套底板；17—出砂口；18—砂子

楔块装置放置在台座与横梁之间，放张预应力筋时，旋转螺母使螺杆向上运动，带动楔块向上移动，横梁向台座方向移动，预应力筋得到放松。砂箱装置放置在台座与横梁之间。砂箱装置由钢制的套箱和活塞组成，内装石英砂或铁砂。预应力筋放张时，将出砂口打开，砂子缓慢流出，从而使预应力筋慢慢地放张。

五、质量要求

1. 预应力筋张拉的质量要求

（1）预应力筋张拉时，混凝土强度应符合设计要求。

（2）预应力筋的张拉力、张拉顺序和张拉工艺应符合设计及施工技术方案的要求。

（3）预应力筋张拉伸长实测值与计算值的偏差不应超过±6％，其合格点率应达到95％，且最大偏差不应超过±10％。

（4）预应力筋张拉锚固后，实际建立的预应力值与设计规定检验值的相对偏差不应超过±5％。

(5)预应力筋张拉过程中应避免断裂或滑脱。如若发生断裂或滑脱,对于后张法预应力结构构件,其数量严禁超过同一截面上预应力筋总根数的3%,且每束钢丝不超过1根;对于多跨连续双向板和密肋梁,同一截面应按开间计算;对于先张法预应力构件,在浇筑混凝土前发生断裂或滑脱的预应力筋必须予以更换。

(6)锚固阶段张拉端预应力筋的内缩值,应符合设计要求。

(7)预应力筋锚固后,夹片顶面宜平齐,其错位不宜大于2 mm,且不应大于4 mm。

(8)后张法预应力筋张拉后,应检查构件有无开裂现象。如出现有害裂缝,应会同设计单位处理;先张法预应力筋张拉后与设计位置的偏差不应大于5 mm,且不得大于构件截面短边长的4%。

2. 预应力筋放张的质量要求

(1)预应力筋放张时,混凝土强度应符合设计要求。

(2)先张法构件的放张顺序,应使构件对称受力,不可发生翘曲变形。

(3)先张法预应力筋放张时,应使构件能自由伸缩。

(4)先张法预应力筋放张后,构件端部钢丝的内缩值不宜大于1.0 mm。

第三节　灌浆及封锚

一、准备工作

(1)后张法中粘结预应力筋张拉完毕并经检查合格后,应尽早灌浆。

(2)灌浆前应全面检查预应力筋孔道、灌浆孔、排气孔、泌水管等是否畅通。对抽芯成型的混凝土孔道宜用水冲洗后灌浆;对预埋管成型的孔道不得用水冲洗孔道,必要时可采用压缩空气清孔。

(3)灌浆设备的配备必须确保连续工作的条件,根据灌浆高度、长度、形态等条件选用合适的灌浆泵。灌浆泵应配备计量校验合格的压力表。灌浆前应检查配套设备、输浆管和阀门的可靠性。在锚垫板上灌浆孔处宜安装单向阀门。注入泵体的水泥浆应经筛滤,滤网孔径不宜大于2 mm。与输浆管连接的出浆孔孔径不宜小于10 mm。

(4)灌浆前,对锚具夹片空隙和其他可能漏浆处需采用高标号水泥浆或结构胶等封堵,待封堵料达到一定强度后方可灌浆。

二、制浆要求

(1)孔道灌浆用水泥浆应采用普通硅酸盐水泥和水拌制。水泥浆的水灰比不应大于0.42,拌制后3小时泌水率不宜大于2%,且不应大于3%,泌水应在24小时内全部重新被水泥浆体吸收。

(2)水泥浆中宜掺入高性能外加剂。严禁掺入各种含氯盐或对预应力筋有腐蚀作用的外加剂。掺入外加剂后,水泥浆的水灰比可降为0.35~0.38。所采购的外加剂应与水泥做适应性试验并确定掺量后,方可使用。

(3)水泥浆的可灌性以流动度控制:采用流尚法测定时应为130~180 mm,采用流锥法测定时应为 12～18 s。

（4）水泥浆应采用机械拌制,应确保灌浆材料搅拌均匀。水泥浆停留时间过长发生沉淀离析时,应进行二次搅拌。

三、灌浆工艺

1. 一般要求

（1）灌浆顺序宜为先灌下层孔道,后灌上层孔道。灌浆应缓慢连续进行,不得中断,并应排气通顺。在灌满孔道封闭排气孔后,应再继续加压至 0.5～0.7 MPa,稳压 1～2 min 后封闭灌浆孔。当发生孔道阻塞、串孔或中断灌浆时,应及时冲洗孔道或采取其他措施重新灌浆。

（2）当孔道直径较大,采用不掺微膨胀剂或减水剂的水泥浆灌浆时,可采用下列措施。

1）二次压浆法：二次压浆的间隔时间可为 30～45 min。

2）重力补浆法：在孔道最高点 400 mm 以上,连续不断补浆,直至浆体不下沉为止。

（3）采用连接器连接的多跨连续预应力筋的孔道灌浆,应在连接器分段的预应力筋张拉后随即进行,不得在各分段全部张拉完毕后一次连续灌浆。

（4）竖向孔道灌浆应自下而上进行,并应设置阀门,阻止水泥浆回流。为确保其灌浆密实性,除掺微膨胀剂成减水剂外,同时应采用重力补浆。

（5）对于超长、超高的预应力筋孔道,宜采用多台灌浆泵接力灌浆,接力灌浆时应从前置灌浆孔灌浆,直至后置灌浆孔冒浆,后置灌浆孔方可续灌。

（6）灌浆孔内的水泥浆凝固后,应将泌水管等切至构件表面;如管内有空隙,应仔细补浆。

（7）当室外温度低于 5℃时,孔道灌浆应采取抗冻保温措施。当室外温度高于 35℃时,宜在夜间进行灌浆。水泥浆灌入前的温度不应超过 35℃。

（8）孔道灌浆应填写施工记录,标明灌浆日期、水泥品种、强度等级、配合比、灌浆压力和灌浆情况。

2. 孔道灌浆

有粘结的预应力,其管道内必须灌浆,灌浆需要设置灌浆孔（或泌水孔）,从经验得知:设置泌水孔道的曲线预应力管道的灌浆效果好。一般以一根梁上设三个点为宜,灌浆孔宜设在低处,泌水孔可相对高些,灌浆时可使孔道内的空气或水从泌水孔顺利排出。其设置如图 7-30 所示。

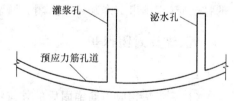

图 7-30　灌浆孔、秘水孔设置示意图

在波纹管安装固定后,用钢锥在波纹管上凿孔,再在其上覆盖海绵垫片与带嘴的塑料弧形压板,用钢丝绑扎牢固,再用塑料管接在嘴上,并将其引出梁面 40～60 mm。

预应力筋张拉、锚固完成后,应立即进行孔道灌浆工作,防止锈蚀,以加强结构的耐久性。

灌浆用的水泥浆,除应满足强度和粘结力的要求外,应具有较大的流动性和较小的干缩性、泌水性。应采用标号不低于 42.5 级的普通硅酸盐水泥;水灰比宜为 0.4 左右。对于空隙大的孔道可采用水泥砂浆灌浆,水泥浆及水泥砂浆的强度均不得小于 20 N/mm²。为增加灌浆密实度和强度,可使用一定比例的膨胀剂和减水剂。膨胀剂和减水剂均应事前检验,不得含有导致预应力钢材锈蚀的物质。建议拌后的收缩率应小于 2%,自由膨胀率不大于 5%。

灌浆前孔道应湿润、洁净。对于水平孔道,灌浆顺序应先灌下层孔道,后灌上层孔道。对于竖直孔道,应自下而上分段灌注,每段高度视施工条件而定,下段顶部及上段底部应分别设置排气孔和灌浆孔。灌浆压力以 0.5~0.6 MPa 为宜。灌浆应缓慢均匀地进行,不得中断,并应排气通畅。不掺外加剂的水泥浆,可采用二次灌浆法,以提高密实度。

孔道灌浆前应检查灌浆孔和泌水孔是否通畅。灌浆前,孔道应用高压水冲洗、湿润,并用高压风吹去积在低点的水,孔道应畅通、干净。灌浆应先灌下层孔道,对于一条孔道必须在一个灌浆口一次把整个孔道灌满。灌浆应缓慢进行,不得中断,并应排气通顺;在灌满孔道并封闭排气孔(泌水口)后,宜再继续加压至 0.5~0.6 MPa,稍后再封闭灌浆孔。

如果遇到孔道堵塞,必须更换灌浆口。此时,必须在第二灌浆口灌入整个孔道的水泥浆量,直至把第一灌浆口灌入的水泥浆排出,使两次灌入水泥浆之间的气体排出,以保证灌浆饱满密实。

冬期施工灌浆,要求把水泥浆的温度提高到 20℃ 左右,并掺入减水剂,以防止水泥浆中的游离水造成冻害裂缝。

四、真空辅助灌浆

(1)真空辅助灌浆除采用传统的灌浆设备外,还需配备真空泵及其配件等。

(2)真空辅助灌浆的孔道应具有良好的密封性。

(3)真空辅助灌浆采用的水泥浆应优化配合比,宜掺入适量的缓凝高效减水剂。根据不同的水泥浆强度等级要求,其水灰比可为 0.33~0.40。制浆时宜采用高速搅浆机。

(4)预应力筋孔道灌浆前,应切除外露的多余钢绞线并进行封锚。

(5)孔道灌浆时,在灌浆端先将灌浆阀、排气阀全部关闭。在排浆端启动真空泵,使孔道真空度达到 -0.08~0.1 MPa,并保持稳定,然后启动灌浆泵开始灌浆。在灌浆过程中,真空泵应保持连续工作,待抽真空端有浆体经过时关闭通向真空泵的阀门,同时打开位于排浆端上方的排浆阀门,排出少许浆体后关闭。灌浆工作继续按常规方法完成。

五、锚具封闭保护

1. 一般要求

(1)后张法预应力筋锚固后的外露部分宜采用机械方法切割。预应力筋的外露长度不宜小于其直径的 1.5 倍,且不宜小于 25 mm。

(2)锚具封闭保护应符合设计要求。

(3)锚具封闭前应将周围的混凝土冲洗干净、凿毛,对于凸出式锚头应配置钢筋网片。

(4)锚具封闭保护宜采用与构件同强度等级的细石混凝土,也可采用微膨胀混凝土、低收缩砂浆等。

(5)无粘结预应力筋锚具封闭前,无粘结预应力筋端头和锚具夹片应涂防腐蚀油脂,并套上塑料帽,也可涂刷环氧树脂。

(6)对处于二类、三类环境条件下的无粘结预应力筋与锚具部件的连接以及其他部件之间的连接,应采用密封装置或采取连续封闭措施。

2. 锚头端部的处理

无粘结预应力束通常采用镦头锚具,其外径较大。钢丝束两端留有一定长度的孔道,其直径略大于锚具的外径[图 7-31(a)、(b)],其中塑料套筒供钢丝束张拉时,锚环从混凝土中拉出来用,塑料套筒内的空隙用油枪通过锚环的注油孔注满防腐油,最后用钢筋混凝土圈梁将板端外露锚具封闭。采用无粘结钢绞线夹片或锚具时,张拉后端头钢绞线预留长度应不小于15 cm,多余部分割掉,并将钢绞线散开打弯,埋在圈梁内进行锚固[图 7-31(c)]。钢丝束张拉锚固以后,其端部便留下孔道,且该部分钢丝没有涂层,必须采取保护措施,防止钢丝锈蚀。

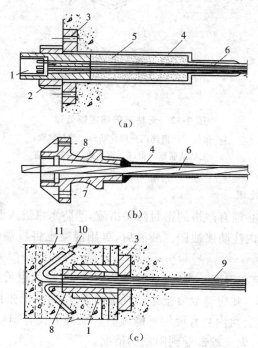

图 7-31 无粘结筋(丝)、钢绞线张拉端处理
1—锚环;2—螺母;3—承压板;4—塑料保护套筒;5—油脂;
6—无粘结钢丝束;7—锚体;8—夹片;9—钢绞线;10—散开打弯钢丝;11—圈梁

关于无粘结预应力束锚头端部的处理,目前常用的有两种办法:一是在孔道中注入油脂并加以封闭;二是在两端留设的孔道内注入环氧树脂水泥砂浆,将端部孔道全部灌注密实,以防预应力筋发生局部锈蚀。灌注用环氧树脂水泥砂浆的强度不得低于 35 MPa。灌浆的同时将锚环也用环氧树脂水泥砂浆封闭,既可防止钢丝锈蚀,又可起一定的锚固作用。最后浇筑混凝土或外包钢筋混凝土,或用环氧树脂水泥砂浆将锚具封闭。用混凝土做堵头封闭时,要防止产生收缩裂缝。当不能采用混凝土或环氧树脂水泥砂浆作封闭保护时,预应力筋锚具要全部涂刷防锈漆或油脂,并加其他保护措施。

无粘结筋的固定端可设在构件内。采用无粘结钢丝束时,固定端可采用镦头锚板,并用螺栓加强[图 7-32(a)]。如端部无结构配筋,则需配置构造钢筋。采用无粘结钢绞线时,钢绞线在固定端需要散花,可用压花成型[图 7-32(b)、(c)],放置在设计部位。压花锚亦可用压花机成型。浇筑固定端的混凝土强度等级应大于 C30,以形成可靠的粘结式锚头。

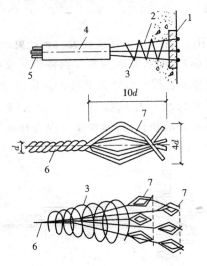

图 7-32　无粘结筋固定端处理

1—锚板；2—钢丝；3—螺栓筋；4—塑料软管；
5—无粘结筋钢丝束；6—钢绞线；7—压花锚

3. 无粘结筋端部的处理

无粘结筋的锚固区，必须有严格的密封防护措施，严防水汽进入而锈蚀预应力筋。当锚环被拉出后，应向端部空腔内注防腐油脂。灌油后，再用混凝土将板端外露锚具封闭好，避免长期与大气接触造成锈蚀。

固定端头可直接浇筑在混凝土中，以确保其锚固能力，钢丝束可采用镦头锚板，钢绞线可采用挤压锚头或压花锚头，并应待混凝土达到规定的强度后，才能张拉。

挤压锚头（图 7-33），套筒内衬有硬钢丝螺旋圈。锚具下设有钢垫板与螺旋筋。这种锚具适用于构件端部的设计力大或端部受到限制的情况。

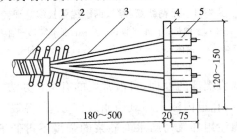

图 7-33　挤压锚具、钢垫板与螺旋筋

1—波纹管；2—螺旋筋；3—钢绞线；4—钢垫板；5—挤压锚具

压花锚头（图 7-34）是利用液压压花机将钢绞线端头压成梨形散花头的一种粘结式锚具。多根钢绞线梨形散花头应分排埋置在混凝土内。为增强压花锚头四周混凝土及散花头根部混凝土的抗裂度，在散花头头部可配置构造筋，在散花头根部配置螺旋筋。

无粘结短束固定端锚固可分为用锚板形成有粘结段固定端和用钢筋弯钩形成有粘结段固定端两种锚固形式，如图 7-35 所示。

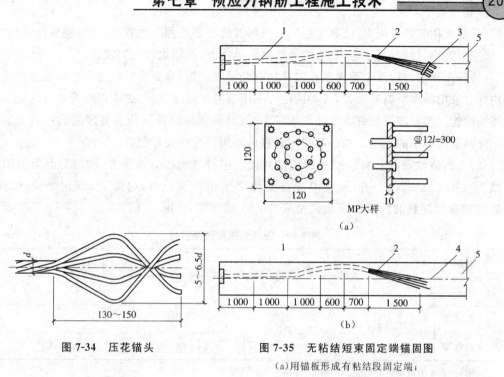

图 7-34 压花锚头 　　图 7-35 无粘结短束固定端锚固图
(a)用锚板形成有粘结段固定端；
(b)用钢筋弯钩形成有粘结段固定端
1—无粘结段；2—有粘结段；3—MP锚板；4—弯钩；5—构件

六、质量要求

1.孔道灌浆的质量要求

(1)孔道内的水泥浆应饱满、密实,当有疑问时,可采用无损探测或钻孔检查。

(2)施工中水泥浆的配合比不得任意更改,其水灰比和泌水率应符合设计规定。

(3)孔道灌浆压力不得小于 0.5 MPa。

(4)水泥浆试块采用边长为 70.7 mm 的立方体试模制作,标准养护 28 天的抗压强度不应小于 30 MPa。

2.锚具封闭保护的质量要求

(1)无粘结预应力筋端头和锚具夹片应达到密封要求,对处于二类、三类环境条件下的无粘结预应力筋及其锚固系统应达到全封闭保护状态。

(2)凸出式锚固端的保护层厚度应符合设计规定。

(3)封锚混凝土应密实、无裂纹。

第四节　制作与安装

一、制孔管材

金属波纹管是由薄钢带用卷管机经压波后卷成的,具有重量轻、刚度好、弯折方便、连接简单、与混凝土粘结好等优点,已普遍使用。塑料波纹管是一种新型管材,具有密封性好、柔韧性好、摩擦损失小、耐疲劳、不导电、可弯成小曲率等优点,有较大的发展前景。

(1)后张预应力构件中预埋制孔用管材有金属波纹管(螺旋管)、钢管和塑料波纹管等。梁类构件宜采用圆形金属波纹管,板类构件宜采用扁形金属波纹管,施工周期较长时应选用镀锌金属波纹管。塑料波纹管宜用于曲率半径小、密封性能好以及抗疲劳要求高的孔道。钢管宜用于竖向分段施工的孔道。抽芯制孔用管材可采用钢管或夹布胶管。

(2)金属波纹管和塑料波纹管的规格和性能应符合现行行业标准《预应力混凝土用金属波纹管》(JG 225—2007)和《预应力混凝土桥梁用塑料波纹管》(JT/T 529—2004)的规定。金属波纹管和塑料波纹管的规格可按表 7-19~表 7-22 选用。

表 7-19　圆形金属波纹管规格　　　　　　　　(单位：mm)

管内径		40	45	50	55	60	65	70	75	80	85	90	95	100	105	110	115	120
允许偏差		+0.5													+1.0			
钢带厚	标准型	0.25		0.30														
	增强型							0.40					0.50					

注:波纹高度为单波 2.5 mm,双波 3.5 mm。

表 7-20　扁形金属波纹管规格　　　　　　　　(单位：mm)

内短轴	长度	19				22			
	允许偏差	+0.5				+1.0			
内长轴	长度	47	60	73	86	52	57	82	98
	允许偏差	+1.0				+2.0			
钢带厚度		0.3							

表 7-21　圆形塑料波纹管规格　　　　　　　　(单位：mm)

管内径	50	60	75	90	100	115	130
管外径	63	73	88	106	116	131	146
允许偏差	±1.0			±2.0			
管壁厚	2			2.5			

注:壁厚偏差+0.5 mm,不圆度 6%。

表 7-22　扁形塑料波纹管规格　　　　　　　　(单位：mm)

内短轴	长度	22			
	允许偏差	+0.5			
内长轴	长度	41	55	72	90
	允许偏差	±1.0			

（续表）

管壁厚	标准值	2.5	3.0
	允许偏差	+0.5	

金属波纹管的钢带厚度、波高和咬口质量是关键控制指标。双波纹金属波纹管的弯曲性能优于单波纹金属波纹管。当使用单位能提供近期采用的相同品牌和型号波纹管的检验报告或有可靠的工程经验时，可不作刚度、抗渗漏性能或密封性能的进场复验。波纹管经运输、存放可能会出现伤痕、变形、锈蚀、污染等，因此使用前应进行外观质量检查。

（3）波纹管进场时每一合同批应附有质量证明书，并做进场复验。

1）波纹管的内径、波高和壁厚等尺寸偏差不应超过允许值。

2）金属波纹管的内外表面应清洁、无油污、无锈蚀、无孔洞、无不规则的褶皱，咬口不应有开裂或脱扣。

3）塑料波纹管的外观应光滑，色泽均匀，内外壁不允许有隔体破裂、气泡、裂口、硬块和影响使用的划伤。

对波纹管用量较少的一般工程，当有可靠依据时，可不做刚度、抗渗漏性能或密封性能的进场复验。

二、预留孔道

预留孔道是后张法施工的一道关键工序。孔道有直线和曲线之分，成孔方法有无缝钢管抽芯法、胶管加压抽芯法和预埋管法。

钢筋抽芯法用于留设直线孔道，胶管抽芯法可用于留设直线、曲线及折线孔道。这两种方法主要用于预制构件，管道可重复使用，成本较低。

预埋管法可采用薄钢管、镀锌钢管与波纹管（金属波纹管或塑料波纹管）等。用金属波纹管留孔，一般均用于采用钢绞线或钢丝作为预应力筋的大型构件中，竖向结构留孔可用钢管。

对于连续结构中的多波曲线束，且高差较大时，应在孔道的每个峰顶处设置泌水孔；起伏较大的曲线孔道，应在弯曲的低点处设置排水孔。排气孔及灌浆孔的设置方法如下：

在波纹管上开洞，然后将特制的带嘴塑料弧形接头板用钢丝同管子绑在一起，再用塑料管或钢管与嘴连接，并将其引到构件外面400~600 mm，一般应高出混凝土顶面至少500 mm，接头板的周边可用宽塑料胶带缠绕数层封严，或在接头板与波纹管之间垫以海绵垫片。泌水孔、排气孔必要时可考虑作为灌浆孔用，如图7-36所示。

波纹管的连接可采用大一号的同型波纹管，接头管的长度：当管径为 $\phi 40~65$ 时取200 mm；为 $\phi 70~85$ 时取250 mm；为 $\phi 90~100$ 时取300 mm，管两端用密封胶带或塑料热缩管封裹，以防漏浆。波纹管安装过程中应尽量避免反复弯曲，以防管壁开裂，同时还应防止电焊火花烧伤管壁。波纹管安装后管壁如有破损，应及时修补。波纹管安装后，应检查波纹管的位置、开头是否符合设计要求，波纹管固定是否牢固，接

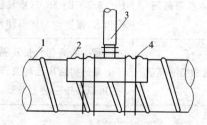

图 7-36　波纹管上开孔示意图

1—波纹管；2—带嘴的塑料弧形压板与海绵垫；

3—塑料管；4—钢丝绑扎

头是否完好,有无破损现象等,如有破损,及时用粘胶带修补。

三、穿束

穿束,即将预应力筋穿入孔道,分先穿束法和后穿束法。

先穿束法是在浇筑混凝土前穿束,按穿束与预埋波纹管之间的配合又可分为先穿束后装管、先装管后穿束、两者组装后放入三种情况,以先装管后穿束较为多用。可直接将下好料的钢绞线、钢丝在孔道成型前就穿入波纹管中,这样可简化穿束工作,但应注意在浇筑混凝土和在混凝土初凝之前要不断来回拉动预应力筋,防止预应力钢筋被渗漏的水泥浆粘住而增大张拉时的摩擦阻力。

后穿束法是在浇筑混凝土之后进行,可在混凝土养护期内操作,不占工期,可在张拉前进行,便于防锈,但穿束较为费力,多用于直线孔道。施工时也可预先穿入长钢丝或尼龙绳,在钢丝或尼龙绳的中部固定直径略小于孔道直径的套板,在浇筑混凝土和混凝土初凝之前来回拉动,进行通孔。

钢丝束应整束穿,钢绞线优先采用整束穿,也可单根穿,穿束工作可由人工、卷扬机或穿束机进行。整束穿时,束的前端装特制牵引头或网套;单根穿时,钢绞线前套一个子弹头形壳帽。

四、隔离剂

(1)隔离剂的种类和配置

隔离剂的种类和配置见表 7-23。

表 7-23　隔离剂的种类和配置

项目	内　容
油类隔离剂	(1)机柴油。用机油和柴油按 3∶7(体积比)配制而成 (2)乳化机油。先将乳化机油加热至 50℃～60℃,将磷质酸压碎倒入已加热的乳化机油中搅拌使其溶解,再将 60℃～80℃的水倒入,继续搅拌至乳白色为止,然后加入磷酸和苛性溶液,继续搅拌均匀 (3)妥乐油。用妥乐油∶煤油∶锭子油＝1∶7.5∶1.5 配制(体积比) (4)机油皂化油。用机油∶皂化油∶水＝1∶1∶6(体积比)混合,用蒸汽拌成乳化剂
水性隔离剂	水性隔离剂主要是海藻酸钠,其配制方法是用海藻酸钠∶滑石粉∶洗衣粉∶水＝1∶13.3∶1∶53.3(质量比)配合而成。先将海藻酸钠静置 2～3 天,再加滑石粉、洗衣粉和水,搅拌均匀即可使用,刷涂、喷涂均可
树脂类隔离剂	树脂类隔离剂为长效隔离剂,刷一次可用 6 次,如成膜好可用 10 次 甲基硅树脂用乙醇胺作固化剂,质量配合比为 1 000∶(3～5)。气温低或涂刷速度快时,可以多掺一些乙醇胺;反之,要少掺

(2)使用注意事项

1)油类隔离剂虽涂刷方便,脱模效果也好,但对结构构件表面有一定污染,影响装饰装修,因此应慎用。其中乳化机油,使用时按乳化机油:水＝1:5调配(体积比),搅拌均匀后涂刷,效果较好。

2)油类隔离剂可以在低温和负温时使用。

3)甲基硅树脂成膜固化后,透明、坚硬、耐磨、耐热和耐水性能都很好。涂在钢模面上,不仅起隔离作用,也能起防锈、保护作用。该材料无毒,喷、刷均可。配制时容器工具要干净,无锈蚀,不得混入杂质。工具用毕后,应用酒精洗刷干净晾干。由于加入了乙醇胺,易固化,不宜多配。故应根据用量配制,用多少配多少,当出现变稠或结胶现象时,应停止使用。甲基硅树脂与光、热、空气等物质接触都会加速聚合,应贮存在避光、阴凉的地方,每次用过后,必须将盖子盖严,防止潮气进入,贮存期不宜超过3个月。

在首次涂刷甲基硅树脂隔离剂前,应将板面彻底擦洗干净,打磨出金属光泽,擦去浮锈,然后用棉纱蘸酒精擦洗。板面处理越干净,则成模越牢固,周转使用次数越多。采用甲基硅树脂隔离剂,模板表面不准刷防锈漆。当钢模重刷隔离剂时,要趁拆模后板面潮湿,用扁铲、棕刷、棉丝将浮渣清理干净,否则,干涸后清理比较困难。

4)涂刷隔离剂可以采用喷涂或刷涂,操作要迅速。结膜后,不要回刷,以免起胶。涂层要薄而均匀,太厚反而容易剥落。

五、常用的连接器

1. 单根钢绞线连接器

(1)锚头连接器

锚头连接器设置在构件端部,用于锚固前段束,并连接后段束。后段束张拉时,连接器无位移,可减少连接器下局部应力和变形。

单根钢绞线锚头连接器是由带外螺纹的夹片锚具、挤压锚具与带内螺纹的套筒组成,如图7-37所示。前段筋采用带外螺纹的夹片锚具锚固,后段筋的挤压锚具穿在带内螺纹的套筒内,利用该套筒的内螺纹拧在夹片锚具的外螺纹上,达到连接作用。

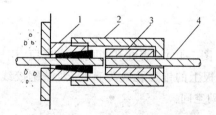

图 7-37 单根钢绞线锚头连接器
1—带外螺纹的锚环;2—带内螺纹的套筒;
3—挤压锚具;4—钢绞线

(2)接长连接器

单根钢绞线接长连接器是由两个带内螺纹的夹片锚具和一个带外螺纹的连接头组成,如图7-38所示。为了防止夹片松脱,在连接头与夹片之间装有弹簧。

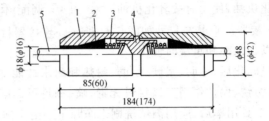

图 7-38　单根⌀ˢ15.2(⌀ˢ12.7)钢绞线接长连接器

1—带内螺纹的加长锚环;2—带外螺纹的连接头;

3—弹簧;4—夹片;5—钢绞线

注:括号内数字用于⌀ˢ12.7钢绞线。

2. 多根钢绞线连接器

（1）锚头连接器

多根钢绞线锚头连接器的构造如图 7-39 所示。其连接体是一块增大的锚板。锚板中部的锥形孔用于锚固前段束,锚板外周边的槽口用于挂后段束的挤压头。连接器外包喇叭形白铁护套,并沿连接体外围绕上打包钢条一圈,用打包机打紧钢条固定挤压头。

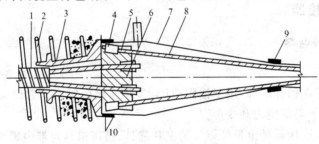

图 7-39　锚头连接器的构造

1—螺旋管;2—螺旋筋;3—铸铁喇叭管;4—挤压锚具;5—连接体;

6—夹片;7—白铁护套;8—钢绞线;9—钢环;10—打包钢条

（2）接长连接器

多根钢绞线接长连接器（图 7-40）设置在孔道的直线区段,用于接长钢绞线。接长连接器与锚头连接器的不同点是锚板上的锥形孔改为直孔,两端钢绞线的端部均用挤压锚具固定。张拉时连接器应有足够的活动空间。

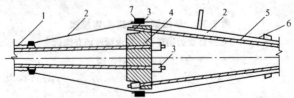

图 7-40　接长连接器的构造

1—螺旋管;2—白铁护套,3—挤压锚具;4—锚板;

5—钢绞线;6—钢环;7—打包钢条

3.精轧螺纹钢筋连接器

精轧螺纹钢筋连接器的形状与尺寸如图 7-41 所示。连接器材料、螺纹及加工工艺与精轧螺纹钢筋螺母相同。

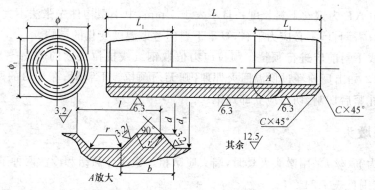

图 7-41　精轧螺纹钢筋连接器

六、预应力筋的制作

1.常态下料

对于钢筋较平直或对下料长度误差要求不高的预应力筋可直接下料,如果有局部弯曲,需先采用机械扳直后方能下料,对于粗钢筋要先调直,再下料。

2.应力下料

对长度要求较严的一些钢丝束,如镦头锚具钢丝束等,其下料宜采用应力下料的方法,即在预应力筋被拉紧的状态下,量出所需长度,然后放松,再进行断料,拉紧时的控制应力为 $300 \, N/mm^2$。此种方法还应考虑下料后的弹性回缩值,以免下料过短。钢丝束两端采用镦头锚具时,同一束中各根钢丝下料长度的相对差值,应不大于钢丝束长度的 1/5 000,且不得大于 5 mm。对于长度不大于 6 m 的先张法预应力构件,当钢丝成组张拉时,同组钢丝下料长度的相对差值不得大于 2 mm。

3.断料方法

钢丝、钢绞线、热处理钢筋及冷拉Ⅳ级钢筋宜采用砂轮锯或切断机切断,不得采用电弧切割,以免因打火烧伤钢筋及过高的温度造成钢筋强度降低。这是因为经冷加工和热处理,钢材的强度在温度影响下会发生变化:200℃时略有提高;450℃时稍有降低;700℃时恢复原力学性能。

对于较细的钢丝,一般可用手动断线钳或机动剪子断料。需要镦头时,切断面应力求平整且与母材垂直。

钢绞线下料前,应在切割口两侧各 5 cm 处用钢丝绑扎,切割后将切割口焊牢,以免钢绞线松散。

4.下料要求

(1)钢筋束的钢筋直径一般为 12 mm 左右,成盘供料,下料前应经开盘、冷拉、调直、镦粗(仅用于镦头锚具),下料时每根钢筋(同一钢丝束的钢丝)长度应一致,误差不超过 5 mm。

（2）钢丝下料前先调直，5 mm 大盘径钢丝用调直机调直后即可下料；小盘径钢丝应采用应力下料方法。用冷拉设备取下料时应力为 300 N/mm²，一次完成开盘、调直和在同一应力状态下量出需要的下料长度，然后放松切料。当用镦头锚具时，同束钢丝下料相对误差应控制在 $L/5\ 000$ 以内（L 为钢丝下料长度），且不大于 5 mm，中小型构件先张法不大于 2 mm；当用锥形锚具时，只需调直，不必应力下料，夏季下料应考虑温度变化的影响。

（3）钢绞线下料前应进行预拉。预拉应力值取钢绞线抗拉强度的 80%～85%，保持 5～10 min 再放松。如出厂前经过低温回火处理，则无须预拉。下料时，在切口的两侧各 5 cm 处用 20 号钢丝扎紧后切割，切口应立即焊牢。

七、钢筋镦头

（1）预应力筋（丝）采用镦头夹具时，端头应镦粗。镦头分热镦和冷镦两种工艺。常用镦头机具及适用范围见表 7-24。

表 7-24　钢筋（丝）镦头机具及方法和适用范围

项目		常用镦头机具及方法	适用范围
电热镦头法		UN1-75 型或 UN1-100 型手动对焊机，附装电极和顶头用的紫铜棒和夹钢筋用的紫铜模具	适用于 ϕ12～14 mm 钢筋镦头
冷镦法	机械镦头	SD5 型手动冷镦器，镦头次数 5～6 次/min，自重 31.5 kg	供预制厂在长线台座上冷冲镦粗冷拔低碳钢丝
		YD6 型移动式自动冷镦机，镦头次数 18 次/min，顶镦推杆行程 25 mm，电动机功率 1.1 kW，自重 91 kg，并附有切线装置	供预制厂在长线台座上使用，也可用于其他生产，冷镦 Φ^b4、Φ^b5 冷拔低碳钢线
		CD5 型固定式电动冷镦机，镦头次数 60 次/min，夹紧力 3 kN，顶锻力 20 kN，电动机功率 3 kW，自重 750 kg	适用于机组流水线生产，冷镦冷拔低碳钢丝液压镦头
	液压镦头	型号有 SLD -10 型，SLD -40 型及 YLD -45 型等	适用于 ϕ5 mm 高强钢丝和冷拔低碳钢丝及 ϕ8 调质钢筋、ϕ12 m 光圆或螺纹普通低含金钢筋

注：25 mm 以上粗钢筋用汽锤镦头。

（2）热镦时，应先经除锈（端头 15～20 cm 范围内）、矫直、端面磨平等工序，再夹入模具，并留出一定镦头留量（1.5～2d）。操作时使钢筋头与紫铜棒相接触，在一定压力下进行多次脉冲式通电加热，待端头发红变软时，即转入交替加热加压，直至预留的镦头留量完全压缩为止。镦头外径一般为 1.5～1.8d。Ⅳ级钢筋需冷却后，再夹持镦头进行通电 15～25 s 热处理。操作时要注意中心线对准，夹具要夹紧，加热应缓慢进行，通电时间要短，压力要小，防止成型不良或过热烧伤，同时避免骤冷。

（3）冷镦时，机械式镦头要调整好镦头锚具与夹具间的距离，使钢筋有一定的镦头留量，

Φ^P、Φ^H、Φ^I 钢丝的留量分别为 8～9 mm、10～11 mm、12～13 mm。液压式镦头留量为 1.5～2 d，要求下料长度一致。

八、预应力筋孔道留设

1. 一般要求

（1）金属波纹管或塑料波纹管安装前，应按设计要求在箍筋上标出预应力筋的曲线坐标位置，点焊钢筋支托。支托间距：圆形金属波纹管宜为 1.0～1.2 m，扁形金属波纹管和塑料波纹管宜为 0.8～1.0 m。波纹管安装后，应与钢筋支托可靠固定。

波纹管钢筋支托的间距与预应力筋重量和波纹管自身刚度有关。一般曲线预应力筋的关键点，如最高点、最低点和反弯点等，应直接点焊钢筋支托，其余点可按等间距布置支托。波纹管安装后应用钢丝与钢筋支托绑扎牢靠，必要时点焊压筋，拼成井字形钢筋支托，防止波纹管上浮。

（2）金属波纹管接长时，可采用大一号的同型波纹管作为接头管。接头管的长度宜取管径的 3～4 倍。接头管的两端应采用热塑管或粘胶带密封。塑料波纹管接长时，可采用塑料焊接机热熔焊接或采用专用连接管。

金属波纹管宜采用同一厂家生产的产品接长，以便与接头管波纹匹配。波高应满足规定要求，以免接头管处因波纹扁平而拉脱。扁波纹管的连接处应用多道胶带包缠封闭，以免漏浆。塑料波纹管在现场应少用接头甚至不用接头，直接整根预埋。必要时可采用塑料热熔焊接或采用专用连接管。

（3）灌浆管或泌水管与波纹管连接时，可在波纹管上开洞，覆盖海绵垫和塑料弧形压板并与波纹管扎牢，再用增强塑料管插在弧形压板的接口上，且伸出构件顶面不宜小于 500 mm。

金属波纹管上安装塑料弧形压板时，可先在波纹管上开孔；也可先安装塑料弧形压板，待混凝土浇筑后再凿孔进行灌浆。塑料波纹管可采用专用的防渗漏灌浆嘴。

（4）采用钢管或胶管抽芯成孔时，钢筋井字架的间距：钢管宜为 1.0～1.2 m，胶管宜为 0.6～0.8 m。浇筑混凝土后，应陆续转动钢管，并在混凝土初凝后、终凝前抽出。胶管内应预先充入压缩空气或压力水，使管径增大 2～3 mm，待混凝土初凝后放出压缩空气或压力水，管径缩小即可抽出。

（5）竖向预应力结构采用钢管成孔时应采用定位支架固定，每段钢管的长度应根据施工分层浇筑高度确定。钢管接头处宜高出混凝土浇筑面 500～800 mm，并用堵头临时封口。

竖向预应力孔道底部必须安装灌浆和防止回浆用的单向阀，钢管接长宜用螺纹连接。

（6）混凝土浇筑时，应采取有效措施，防止预应力筋孔道漏浆堵孔。当采用空管留孔时，为防止混凝土浇筑过程中波纹管漏浆堵孔，宜采用通孔器通孔；当采取穿筋留孔时，宜拉动预应力筋疏通孔道。对留孔质量严格把关，浇筑混凝土时得到有效保护，可免除通孔工序。

（7）钢管桁架中预应力筋用钢套管保护时，每隔 2～3 m 应采用定位支架或隔板居中固定。钢桁架在工厂分段制作时，应预先将钢套管安装在钢管弦杆内，再在现场的拼装台上用大一号同型钢套管连接或采用焊接接头。钢套管的灌浆孔可采用带内螺纹的接头管焊在套管上。

2. 预应力构件管芯埋设和抽管

(1)钢管抽芯法

这种方法通常用于留设直线孔道时,它是预先将钢管埋设在模板内的孔道位置处,钢管的固定如图 7-42 所示。钢管要平直,表面要光滑,每根长度最好不超过 15 m,钢管两端应各伸出构件约 500 mm。较长的构件可采用两根钢管,中间用套管连接,套管连接方式如图 7-43 所示。在混凝土浇筑过程中和混凝土初凝后,每隔一段时间慢慢转动钢管,使混凝土不与钢管粘牢,等到混凝土终凝前抽出钢管。抽管过早,会造成坍孔事故;太晚,则混凝土与钢管粘结牢固,抽管困难。常温下的抽管时间,约是混凝土浇灌后 3～6 小时。抽管顺序宜先上后下,抽管可用人工或用卷扬机,速度必须均匀,边抽边转,与孔道保持直线。抽管后应及时检查孔道情况,做好孔道清理工作。

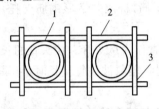

图 7-42　钢管(管芯)的固定

1—钢管或胶管芯;2—钢筋;3—点焊

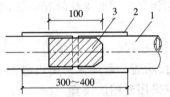

图 7-43　套管连接方式

1—钢管;2—镀锌薄钢板套管;3—硬木塞

(2)胶管抽芯法

此方法不仅可以留设直线孔道,亦可留设曲线孔道。胶管弹性好,便于弯曲,一般有五层或七层帆布胶管和钢丝网橡皮管两种,工程实践中通常用前一端密封,另一端接阀门充水或充气,如图 7-44 所示。胶管具有一定弹性,在拉力作用下,其断面能缩小,故在混凝土初凝后即可把胶管抽拔出来。帆布胶管质软,必须在管内充气或充水。在浇筑混凝土前,胶皮管中充入压力为 0.6～0.8 MPa 的压缩空气或压力水,此时胶皮管直径可增大 3 mm 左右,然后浇筑混凝土,待混凝土初凝后,放出压缩空气或压力水,胶管孔径变小,与混凝土脱离,随即抽出胶管,形成孔道。抽管顺序,一般应为先上后下,先曲后直。

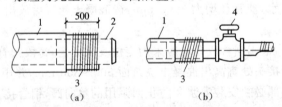

(a)　　　　　　(b)

图 7-44　胶管封端与连接

(a)胶管封端;(b)胶管与阀门连接

1—胶管;2—钢管堵头;3—20 号铅丝密缠;4—阀门

一般采用钢筋井字形网架固定管子在模内的位置,井字网架间距:钢管为 1～2 m;胶管直线段一般为 500 mm 左右,曲线段为 300～400 mm。

(3)预埋管法

预埋管采用的一种金属波纹软管是由镀锌薄钢带经波纹卷管机压波卷成,具有重量轻、刚度好、弯折方便、连接简单、与混凝土粘接较好等优点。波纹管的内径为 50～100 mm，管壁厚 0.25～0.3 mm。除圆形管外，另有新研制的扁形波纹管可用于板式结构中，扁管的长边长为短边长的 2.5～4.5 倍。这种孔道成型方法一般用于采用钢丝或钢绞线作为预应力筋的大型构件或结构中，可直接把下好料的钢丝、钢绞线在孔道成型前就穿入波纹管中，这样可以省掉穿束工序，亦可待孔道成型后再进行穿束。

连续结构中呈波浪状布置的曲线束，且高差较大时，应在孔道的每个峰顶处设置泌水孔；起伏较大的曲线孔道，应在弯曲的低点处设置泌水孔；对于较长的直线孔道，应每隔 12～15m 设置排气孔。泌水孔、排气孔必要时可考虑作为灌浆孔用。波纹管的连接可采用大一号的同型波纹管，接头管的长度为 200～250 mm，以密封胶带封口。

3. 曲线孔道留设

现浇整体预应力框架结构中，通常配置曲线预应力筋，因此在框架梁施工中必须留设曲线孔道。曲线孔道可采用白铁管或波形白铁管留孔，曲线白铁管的制作应在平直的工作台上借助于模具定位，利用液压弯管机进行弯曲成型，其弯曲部分的坐标按预应力筋的曲线方程计算确定，弯制成型后的坐标误差应控制在 2 mm 以内。曲线白铁管一般可制成数节，然后在现场安装成所需的曲线孔道，接头部分用 300 mm 长的白铁管套接。灌浆孔和泌水孔则在白铁管上打孔后用带嘴的弧形白铁（或塑料）压板形成，如图 7-45 所示。灌浆孔一般留设在曲线筋的最低部位，泌水孔设在曲线筋最高的拐点处。灌浆孔和泌水孔用 20 mm 塑料管连接，并伸出梁表面 50 mm 左右。

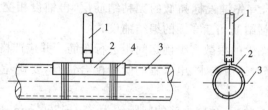

图 7-45　灌浆孔或泌水孔留设示意图

1—20 mm 塑料管；2—带嘴弧形白铁压板；3—白铁管；4—绑扎铅丝

九、预应力筋安装

1. 一般要求

(1)预应力筋可在浇筑混凝土前(先穿束法)或浇筑混凝土后(后穿束法)穿入孔道，采取的方法应根据结构特点、施工条件和工期要求等确定。

当钢筋密集，预应力筋多波曲线易使波纹管变形振瘪时宜采用先穿束法；当工期特别紧，波纹管曲线顺畅不易被振瘪时，可采用后穿束法。

(2)穿束的方法可采用人力、卷扬机或穿束机单根穿或整束穿。对超长束、特重束、多波曲线束等宜采用卷扬机整束穿，束的前端应装有穿束网套或特制的牵引头。穿束机适用于大批量的单根钢绞线，穿束时钢绞线前头宜套一个子弹头形壳帽。采用先穿束法穿多跨曲线束时，可在梁跨的中部处留设穿束助力段。

对于长度不大于 60 m，且不多于 3 跨的多波曲线束，可采用人力单根穿。长度大于 60 m 的超长束、多波束、特重束，宜采用卷扬机前拉后送分组穿或整束穿。当超长束需要人力穿束时,可在梁的跨度中间段受力钢筋相对较少的部位设置助力段,利用大一号波纹管移出 1.5 m 的空隙段,便于工人助力穿束;穿束完成后,将移出的波纹管复位。以上穿束方法应根据孔道波形、长度与孔径,以及预应力筋的表面状态、具体施工条件等灵活应用。对穿束困难的孔道,应适当增大预留孔道直径。

(3)预应力筋宜从内埋式固定端穿入。当固定端采用挤压锚具时,从孔道末端至锚垫板的距离应满足成组挤压锚具的安装要求;当固定端采用压花锚具时,从孔道末端至梨形头的直线锚固段不应小于设计值。预应力筋从张拉端穿出的长度应满足张拉设备的操作要求。

(4)竖向孔道的穿束,宜单根由上向下控制放盘速度穿入孔道,也可采用整束由下向上牵引的工艺。

(5)混凝土浇筑前穿入孔道的预应力筋,宜采取防锈蚀措施。孔道内若有浇筑混凝土时渗进的水或从喇叭管口流入的养护水、雨水等则会造成预应力筋锈蚀,因此应根据工程具体情况采取必要的防锈措施。

2. 布置原则

预应力筋的铺设布置因板的类型不同而有差异。单向板和单向连续板的预应力筋的铺设和非预应力钢筋相同,仅在支座处弯曲过梁支点,一般也形成曲线形。它的曲率可以通过垫铁马凳控制,铁马凳高度可根据设计要求的曲率坐标高度制作,铁马凳的间距为 1~2 m。铁马凳应与非预应力筋绑扎牢固,无粘结预应力筋要放在铁马凳上用钢丝扎牢,但不要扣得太紧。

在双向板及双向连续板的结构中,由于无粘结筋要配置两个方向的悬垂曲线,因此要计算两个方向点的坐标高度,宜先铺设标高低的无粘结筋层,再铺设相交叉而标高较高的无粘结筋。要避免两个方向无粘结筋相互穿插的编结铺设。

铺设布置应按施工图上的根数多少确定间距进行布筋。并应严格按设计要求的曲线形状就位,并固定牢固。布筋时还应与水、电工程的管线配合进行,要避免各种管线将预应力筋的竖向坐标抬高或压低。

一般均布荷载作用下的板,预应力筋的间距约为 250~500 mm,最大间距:单向板允许为板厚的 6 倍,双向板允许为板厚的 8 倍。允许安装偏差,矢高方向为 ±5 mm;水平方向为 ±30 mm。

无粘结预应力筋的混凝土保护层是根据结构耐火等级及暴露条件而定的,同时还需要考虑无粘结筋铺设时的竖向偏差。

根据耐火等级不同,保护层厚度:无约束的板为 20~40 mm,有约束的板为 20~25 mm。

浇筑混凝土前应对无粘结筋进行检查验收,如各控制点的矢高,塑料保护套有无脱落和歪斜,固定端镦头与锚板是否贴紧,无粘结筋涂层有无破损等。合格后方可浇筑混凝土。为保证长期的耐久性,特别是处于侵蚀性环境的情况下,采用密实优质的混凝土、足够的保护层、良好的施工作业过程和限制水溶性氯化物在混凝土中的用量,都是保护无粘结筋的必要措施。

3. 预应力框架梁布筋形式

(1)正反抛物线形布置

如图 7-46 所示,适用于支座弯矩与跨中弯矩基本相等的单跨框架梁。

(2)直线与抛物线相切布置

如图 7-47 所示,适用于支座弯矩较小的单跨框架梁或多跨框架梁的边跨梁外端,其优点是可以减少框架梁跨中及内支座处的摩擦损失。

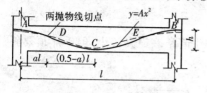

图7-46　正反抛物线形布置

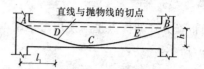

图7-47　直线与抛物线相切布置

（3）折线形布置

如图7-48所示，适用于集中荷载作用下的框架梁或开洞梁。其优点是可使预应力引起的等效荷载直接抵消部分垂直荷载并方便在梁腹中开洞，但不宜用于三跨及以上的预应力混凝土框架梁。

（4）正反抛物线与直线混合布置

如图7-49所示，适用于需要减少边柱弯矩的情况。梁内除布置有正反抛物线外形的预应力筋外，还在梁底部配有直线形预应力筋。这种混合布置方式可使预应力筋产生的次弯矩对边柱产生有利的影响。

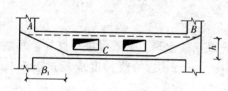

图7-48　折线形布置

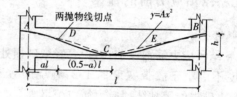

图7-49　正反抛物线与直线混合布置

（5）连续布置

如图7-50所示，适用于多跨连续梁。在垂直荷载作用下，框架内支座弯矩经边支座或边跨的弯矩约为非连续布置的2倍，内支座处宜采取加腋措施。

（6）连续与局部组合布置

如图7-51所示，适用于多跨连续梁，可使预应力筋的强度得到充分发挥。连续预应力筋可采用图7-50所示形状或折线形（但在内支座处应设置局部曲线段，以方便施工并减少摩擦损失），局部预应力筋可提高支座处的抗裂性能及抗弯承载能力。

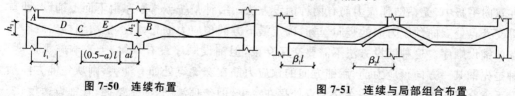

图7-50　连续布置　　　　　　　　　图7-51　连续与局部组合布置

4. 预应力框架柱布筋形式

（1）两段抛物线形布置

这种布置方式的优点是与使用弯矩较为吻合，施工也较方便，但孔道摩擦损失较大，实践中较为常用,如图 7-52(a)所示。

(2)斜直线形布置

这种布置方式的优点是与使用弯矩基本吻合,孔道摩擦损失较小,但千斤顶要斜放张拉如图 7-52(b)所示。

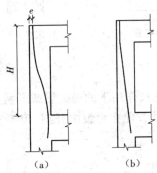

图 7-52　框架柱预应力筋布置方式

(a)两段抛物线式;(b)斜直线式

十、无粘结预应力筋的铺设

1. 一般要求

(1)无粘结预应力筋铺设前,对护套轻微破损处应采用防水聚乙烯胶带进行修补。每圈胶带搭接宽度不应小于胶带宽度的 1/2,缠绕层数不应少于 2 层,缠绕长度应超过破损长度 30 mm。严重破损的无粘结预应力筋应予报废。

(2)平板中无粘结预应力筋的曲线坐标宜采用钢筋马凳控制,间距不宜大于2.0 m。无粘结预应力筋铺设后应与马凳可靠固定。

板内控制无粘结预应力筋曲线坐标的统长马凳,通常可用 12 mm 钢筋制作,要避免施工时踩踏变位。

(3)平板中无粘结预应力筋带状布置时,应采取可靠的固定措施,保证同束中各根无粘结预应力筋具有相同的矢高。

(4)双向平板中,宜先铺设竖向坐标较低方向的无粘结预应力筋,后铺方向的无粘结预应力筋遇到部分竖向坐标低于先铺无粘结预应力筋时,应从其下方穿过。双向无粘结预应力筋的底层筋,在跨中处宜与底面双向钢筋的上层筋处在同一高度。

在双向平板中,无粘结预应力筋有两种铺设方法。一种是按编排顺序由下而上铺设,即首先计算交叉点处双向预应力筋的竖向坐标,确定最下方的预应力筋先铺设,依次编排出所有预应力筋的铺设顺序。这种铺设方法不需要交叉穿束,但铺设顺序没有规律,会影响施工进度。另一种是先铺某一方向预应力筋,后铺方向的预应力筋在交叉点处如有冲突,则从先铺方向预应力筋下方穿过。这种铺设方法在交叉点处存在穿束,但条理清晰,易于掌握,且铺设速度快。为保证双向板内曲线无粘结预应力筋的矢高,又兼顾防火要求,应在对无粘结预应力筋与板底和板面双向钢筋的交叉重叠关系确认后,定出合理的铺设方式。

(5)无粘结预应力筋张拉端的锚垫板可固定在端部模板上,或利用短钢筋与四周钢筋焊牢。锚垫板面应垂直于预应力筋。当张拉端采用凹入式做法时,可采用塑料穴模或其他穴模。

在无粘结预应力筋张拉端,如预应力筋与锚垫板不垂直,则易发生断丝。张拉端凹入混凝土端面时,采用塑料穴模的效果优于泡沫块或木盒等方法。

(6)无粘结预应力筋固定端的锚垫板应事先组装好,按设计要求的位置可靠固定。

无粘结预应力筋埋入混凝土内的固定端通常采用挤压锚。当混凝土截面不大、钢筋较密时,多个挤压锚宜错开锚固,避免重叠放置,影响混凝土浇筑密实度。

(7)梁中无粘结预应力筋集束布置时,应采用钢筋支托控制其位置,支托间距宜为1.0～1.5 m。同一束中的各根筋宜保持平行走向,防止相互扭绞。

(8)对竖向、环向或螺旋形布置的无粘结预应力筋,应有定位支架或其他构造措施控制位置。

(9)在板内,无粘结预应力筋绕过开洞处的铺设位置应符合有关的规定。

2. 无粘结铺设要点

(1)为保证无粘结筋的曲线矢高要求,无粘结筋应和同方向非预应力筋配置在同一水平位置(跨中和支座处)。

(2)铺放前,应设铁马凳以控制无粘结筋的曲率,一般每隔2m设一马凳,马凳的高度根据设计要求确定。跨中处可不设马凳,直接绑扎在底筋上。

(3)双向曲线配置时,还应注意筋的铺放顺序。由于筋的各点起伏高度不同,必然会出现两向配筋交错相压的情况。为避免铺放时穿筋,施工前必须进行编序。编序方法是:将各向无粘结筋的交叉点处的标高(从板底至无粘结筋上皮的高度)标出,对各交叉点相应的两个标高分别进行比较,若一个方向某一筋的各点标高均分别低于与其相交的各筋相应点标高,则此筋就可以先放置。按此规律找出铺放顺序,在非预应力筋底筋绑完后,将无粘结筋铺放在模板中。

(4)无粘结筋应铺设在电线管的下面,避免无粘结筋张拉产生向下分力,而导致电线管弯曲使其下面的混凝土破碎。

十一、波纹管安装

1. 安装准备

按设计图样中预应力筋的曲线坐标,以波纹管底边为准,在一侧模板上弹出曲线定出波纹管的位置;也可以梁底模板为基准,按预应力筋曲线上各点的坐标,在垫好底筋保护层垫块的箍筋肢上做标记(可用油漆点一下),定出波纹管的曲线位置。

2. 就位与固定

波纹管的固定,可用钢筋支架(间距为600 mm)焊在箍筋肢上,箍筋下面一定要把保护层垫块垫实、垫牢。波纹管就位后,在其上用短钢筋将波纹管绑扎在箍筋肢上,以防止浇混凝土时将管子浮起(先穿入预应力筋的情况稍好)而造成质量事故。曲线和支架形式如图7-53和图7-54所示。

3. 安装要点

波纹管安装就位过程中,要避免反复弯曲造成管壁开裂。支架等应事先焊好。安装完后,应检查曲线形状是否符合设计要求、波纹管的固定是否牢固、接头是否完好、管壁有无破损等。发现破损应及时用粘胶带绑补好。波纹管的安装与坐标点允许偏差:竖直向为±10 mm;水平向为±20 mm。

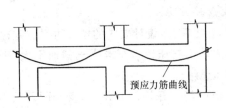

图 7-53　框架双框内预应力筋曲线位置

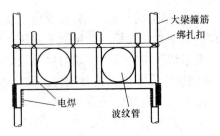

图 7-54　波纹管固定支架

十二、质量要求

1. 预应力筋的制作质量要求

(1) 当钢丝束两端采用镦头锚具时,同一束中钢丝长度的最大偏差不应大于钢丝长度的 1/5 000,且不得大于 5 mm;当按组张拉长度不大于 10 m 的钢丝时,同组钢丝长度的最大偏差不得大于 2 mm。

(2) 钢丝镦头尺寸不应小于规定值,头型应圆整端正;钢丝镦头的圆弧形周边出现纵向微小裂纹时,其裂纹长度不得延伸至钢丝母材,不得出现斜裂纹或水平裂纹。

(3) 钢绞线挤压锚具成型后,钢绞线外端应露出挤压头 1~5 mm。

(4) 钢绞线压花锚具的梨形头尺寸和直线锚固段长度不应小于设计值,其表面不得有污物。

2. 预应力筋的安装质量要求

(1) 预应力筋安装时,其品种、级别、规格与数量必须符合设计要求。

(2) 施工过程中应避免电火花损伤预应力筋;受损伤的预应力筋应予以更换。

(3) 预应力筋孔道的规格、数量、位置,灌浆孔、排气兼泌水管等应符合设计和施工要求。

(4) 锚固区埋件和加强筋应符合施工详图的要求。

(5) 预应力筋束形(孔道)控制点的竖向位置允许偏差应符合表 7-25 的规定,并做出检查记录。

表 7-25　预应力筋束形(孔道)控制点的竖向位置允许偏差

构件截面厚度或高度	$h \leqslant 300$	$300 < h \leqslant 1\ 500$	$h > 1\ 500$
允许偏差	±5	±10	±15

注:束形控制点的竖向位置偏差合格点率应达到 90%,且不得有超过表中数值 1.5 倍的尺寸偏差。

(6) 预应力筋孔道或无粘结预应力筋应铺设顺直,端部锚垫板应垂直于孔道中心线或无粘结预应力筋。

(7) 预应力筋孔道或无粘结预应力筋的定位应牢固,孔道接头应密封良好。

(8) 内埋式固定端的锚垫板不应重叠,锚具与锚垫板应贴紧。

(9) 波纹管或无粘结预应力筋保护套应完好;局部破损处应采用防水胶带修补。在锚口处无粘结预应力筋不得裸露。

(10) 先张法台座的台面隔离剂不得污染预应力筋。钢结构预应力筋孔道的钢套管接头应对齐满焊、不渗漏。

第五节 体外预应力施工

一、体外预应力体系的构成

（1）体外预应力体系由预应力筋、外套管、防腐蚀材料和锚固体系组成。主要体系有单根无粘结钢绞线体系、多根有粘结预应力筋体系、无粘结钢绞线束多层防腐蚀体系等，可根据结构特点、体外束作用、防腐蚀要求等选用。

（2）体外束的预应力筋应满足下列要求：

1）预应力筋的性能应符合设计要求。

2）折线预应力筋应按偏斜拉伸试验方法确定其力学性能。体外束预应力筋可选用镀锌预应力筋、无粘结钢绞线、环氧涂层钢绞线等。

（3）体外束的外套管应满足下列要求：

1）外套管和连接接头应完全密闭防水，在使用期内应有可靠的耐久性。

2）外套管应能抵抗运输、安装和使用过程中所受的各种作用力，不得损坏。

3）外套管应与预应力筋和防腐蚀材料具有兼容性。

4）在建筑工程中，应符合设计要求的耐火性。体外束的外套管，可选用高密度聚乙烯管（HDPE）或镀锌钢管。钢管壁厚度宜为管径的1/40，且不应小于2 mm。HDPE管壁厚：波纹管不宜小于2 mm，光圆管不宜小于5 mm。

（4）体外束的防腐蚀材料应满足下列要求。

1）水泥基灌浆料在施工过程中应填满外套管，连续包裹预应力筋全长，并使气泡含量最小；套管应能承受 1.0 N/mm² 的内压。

2）工厂制作的体外束防腐蚀材料，在加工制作、运输、安装和张拉等过程中，应能保持稳定性、柔性和无裂缝，并在所要求的温度范围内不流淌。

3）防腐蚀材料的耐久性能应与体外束所处的环境类别和相应的设计使用年限的要求相一致。

（5）体外束的锚固体系必须与束体的形式和组成相匹配，可采用常规后张锚固体系或体外束专用锚固体系，其性能应符合设计要求。对于有整体调束要求的钢绞线夹片锚固体系，可采用锚具外螺母支撑承力方式。对低应力状态下的体外束，其锚具夹片应装有防松装置。

二、体外预应力施工的构造要求

（1）体外束的锚固端宜设置在梁端隔板或腹板外凸块处，应保证传力可靠，且变形符合设计要求。

（2）体外束的转向块应能保证预应力可靠地传递给结构主体。在矩形、工字形或箱形截面混凝土梁中，可通过隔梁、肋梁或独立的转向块等形式实现转向。转向块处的钢套管鞍座应预先弯曲成型，并埋入混凝土中。

（3）对于不可更换的体外束，在锚固端和转向块处与结构相连的固定套管可与束体外套管合并为一个套管。对于可更换的体外束,在锚固端和转向块处与结构相连的鞍座套管应与束体的外套管分离且相对独立。

(4)混凝土梁加固用体外束的锚固端构造可采用下列做法:

1)采用钢板箍或钢板块直接将预应力传至框架柱上。

2)采用钢垫板先将预应力传至端横梁,再传至框架柱上;必要时可在端横梁内侧粘贴钢板并在其上焊接圆钢,使体外束由斜向转为水平向。

(5)混凝土梁加固用体外束的转向块构造可采用下列做法:

1)在梁底部横向设置双悬臂的短钢梁,并在钢梁底焊圆钢或带有圆弧曲面的转向垫块。

2)在梁两侧的次梁底部设置半圆形、U形钢卡。

(6)钢结构中的体外束锚固端构造可采用锚固盒、锚垫板和管壁加劲肋、半球形钢壳体等形式。体外束弯折处宜设置鞍座,在鞍座出口处应形成圆滑过渡。

三、束的布置

(1)根据结构设计需要,体外预应力束可选用直线、双折线或多折线布置方式。

(2)体外预应力束的锚固点,宜位于梁端的形心线以上。对多跨连续梁采用多折线多根体外束时,可在中间支座或其他部位增设锚固点。

(3)对于多折线体外束,弯折点宜位于距梁端 $1/4 \sim 1/3$ 跨度的范围内。体外束锚固点与转向块之间或两个转向块之间的自由段长度不宜大于 5m;超过该长度时宜设置防振动装置。

(4)体外预应力束布置应使结构对称受力,对于矩形或工字形梁,体外束应布置在梁腹板的两侧;对于箱形梁,体外束应布置在梁腹板的内侧;体外预应力束也可作为独立的受拉单元使用(如张弦梁等)。

(5)体外束在每个转向块处的弯折角不宜大于 15°,转向块鞍座处最小曲率半径宜按表7-26取用。体外束与鞍座的接触长度由设计计算确定。

(6)体外预应力束与转向块之间的摩擦系数 μ 可按表 7-27 取值。

表7-26 体外束最小曲率半径	
钢绞线束	最小曲率半径(m)
7 ϕ^s15.2	2.0
12 ϕ^s15.2	2.5
19 ϕ^s15.2	3.0
37 ϕ^s15.2	4.5

表7-27 转向块处摩擦系数 μ	
体外束套管	摩擦系数 μ
镀锌钢管	0.20～0.25
HDPE塑料管	0.15～0.20
无粘结预应力筋	0.08～0.12

四、施工和防护

(1)体外束的锚固区和转向块应与主体结构同时施工。预埋锚固件与管道的位置和方向应严格符合设计要求,混凝土必须精心振捣,保证密实。

(2)体外束的制作应保证束体的耐久性等要求,并能抵抗施工和使用中的各种外力作用。

当有防火要求时,应涂刷防火涂料或采取其他可靠的防火措施。

(3)体外束外套管的安装应保证连接平滑和完全密闭。束体线形和安装误差应符合设计和施工要求。在穿束过程中应防止束体护套受机械损伤。

(4)在混凝土梁加固工程中,体外束锚固端的孔道可采用静态开孔机成型。在箱梁底板加固工程中,体外束锚固块的做法是开凿底板、植入锚筋,绑焊钢筋和锚固件,再浇筑端块混凝土。

(5)在钢结构中,张拉端锚垫板应垂直于预应力筋中心线,与锚垫板接触的钢管与加劲肋端切口的角度应准确,表面应平整。锚固区的所有焊缝应符合现行国家标准《钢结构设计规范》(GB 50017—2003)的规定。

(6)钢结构中施加的体外预应力,应计算施工过程中的预应力作用,制定可靠的张拉工序,并经设计人员确认。

(7)体外束的张拉应保证构件对称均匀受力,必要时可采取分级循环张拉方式。在构件加固过程中,如果体外束的张拉力小,也可采取横向张拉或机械调节方式。

(8)体外束在使用过程中完全暴露于空气中,故应保证其耐久性。对于刚性外套管,应具有可靠的防腐蚀性能,在使用一定时期后应重新涂刷防腐蚀涂层;对于高密度聚乙烯等塑料外套管,应保证长期使用的耐老化性能,必要时应更换。

(9)体外束的锚具应设置全密封防护罩,对不可更换的体外束,可在防护罩内灌注水泥浆或其他防腐蚀材料;对可更换的体外束应保留必要的预应力筋长度,在防护罩内灌注油脂或其他可清洗的防腐蚀材料。

第六节 拉索预应力施工

一、拉索预应力施工的体系构造

(1)预应力拉索可采用钢丝拉索体系、钢绞线拉索体系或钢棒拉索体系。钢丝拉索、钢绞线拉索可用于不同长度、不同索力和不同工作环境条件下的拉索体系;单根防腐蚀钢绞线组成的群锚拉索适用于小型设备高空作业;钢棒拉索可用于室内或室外拉索体系。

(2)拉索体系由拉索体、两端锚固头、减振装置和传力节点等组成。

(3)钢丝拉索索体应由有良好防腐蚀涂层的钢丝 $\Phi^P 5$、$\Phi^P 7$ 一次扭绞成型,绞合角为 $2°\sim 4°$,索体上热挤高密度聚乙烯塑料等防护层,两端装铸锚索头并进行预拉,形成扭绞型平行钢丝拉索体系。

(4)钢绞线拉索索体应由有良好防腐蚀涂层的钢绞线 $\Phi^s 15.2$、$\Phi^s 12.7$ 制作而成。钢绞线拉索固定端可采用挤压锚;张拉端可采用夹片锚,锚板外应配螺母以便整体微调索力,夹片处应有特殊的防松装置。

(5)钢棒拉索可采用有镀层保护的优质碳素结构钢或不锈钢钢棒分段制成定长索体。每段钢棒两端配以螺纹,可与接长套筒或锚头连接。拉索的连接接头、端部锚固头可采用优质碳素钢制作后镀层或涂层保护,也可采用不锈钢制作。

(6)减振装置采用专用橡胶减振器制成,其性能应符合相应的产品标准;减振装置也可采用特殊阻尼索制成。减振装置的设置,应根据拉索的支座距离、疲劳荷载、风振影响等因素确定。

（7）拉索端部索头传力构造宜由建筑外观、结构受力、施工安装、索力的准确建立和调整、换索等多种因素确定。

（8）对要求准确建立索力值或大吨位索力值的拉索张拉端，宜选用双螺杆调节或螺母承压的索头形式；对要求大距离调节张拉引伸鼻的拉索张拉端，宜选用群锚夹片锚固和双螺杆调节索头形式；对固定在行人近距离视线范围内的拉索张拉端，或索力允许有一定偏差时，宜选用正反螺纹套筒双调节或单螺杆调节的单耳或双耳索头；对拉索的固定端，可选择铸锚固定索头或螺母承压铸锚索头。

（9）拉索中间传力构造应根据设计要求确定，可采用特制传力索夹。当索夹与索体有抗滑移要求时，应对索夹内表面做特殊处理，必要时应经试验确定。对室外用索夹，应注意防止索夹损伤索的防护套。

二、液压千斤顶的类型

1. 穿心式千斤顶

穿心式千斤顶是一种利用双液压缸张拉预应力筋和顶压锚具的双作用千斤顶。系列产品有 YC20D 型、YC60 型和 YC120 型，其技术性能见表 7-28。

表 7-28　YC 型穿心式千斤顶技术性能表

项目		YC20D 型	YC60 型	YC120 型
额定油压（MPa）		40	40	50
公称张拉力（kN）		200	600	1 200
张拉行程（mm）		200	150①	300
顶压行程（mm）		—	50	40
顶压活塞回程（mm）		—	弹簧	液压
穿心孔径（mm）		31	55	70②
外形尺寸	无撑脚（mm×mm）	φ116×360（不计附件）	φ195×425	φ250×910
	有撑脚（mm×mm）	19（不计附件）	φ195×760	φ250×1 250
重量	无撑脚（kg）	19	63	196
	有撑脚（kg）	不计附件	73	240
配套油泵		ZB0.8～500	ZB4～500 ZB0.8～500	ZBS4～500 （三油路）

注：（1）张拉行程改为 200 mm，型号为 YC60A 型。

（2）加撑脚后，穿心孔径改为 75 mm，型号为 YCL-120 型。

2. 前置内卡式千斤顶

前置内卡式千斤顶由外缸、活塞、内缸、工具锚、顶压器等组成，如图 7-55 所示。在高压油作用下，顶压器与活塞杆不动，油缸后退，工具锚夹片随即夹紧钢绞线。随着高压油不断作用，油缸继续后退,夹持钢绞线后退完成张拉工作。千斤顶张拉后,回油到底时工具锚夹片被顶开;千斤顶与工具锚一次退出。该千斤顶的技术性能见表7-29。

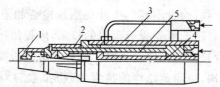

图7-55　前置内卡式千斤顶

1—顶压器;2—工具锚;3—外缸;4—活塞;5—内缸

表7-29　前置内卡式千斤顶技术性能

项　　目	单位	YCN.18	YCN.25
额定张拉力	kN	180	250
最大张拉力	kN	200	300
张拉行程	mm	160	160
工作油压	MPa	45	45
重量	kg	18	25
电动油泵型号		STDBO55×630	

3. 开口式双缸千斤顶

开口式双缸千斤顶是利用一对倒置的单活塞杆缸体将预应力筋卡在其间开口处的一种千斤顶。这种千斤顶主要用于单根超长钢绞线分段张拉。

开口式双缸千斤顶由活塞支架、油缸支架、活塞体、缸体、缸盖、夹片等组成,如图7-56所示。当油缸支架 A 油嘴进油、活塞支架 B 油嘴回油时,液压油分流到两侧缸体内,由于活塞支架不动,缸体支架后退带动预应力筋张拉。反之,B 油嘴进油,A 油嘴回油时,缸体支架复位。

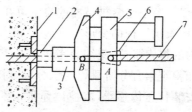

图7-56　开口式双缸千斤顶

1—埋件;2—工作锚;3—顶压器;4—活塞支架;
5—油缸支架;6—夹片;7—预应力筋;A、B—油嘴

开口式双缸千斤顶的公称张拉力为 180 kN,张拉行程为 150 mm,额定压力为 40 MPa,自重为 47 kg。

三、制作及安装

(1)拉索制作方式可分为工厂预制和现场制造。扭绞型平行钢丝拉索应采用工厂预制,其制作应符合相关产品标准的要求。钢绞线拉索和钢棒拉索可以预制,也可在现场组装制作,其索体材料和锚具应符合相关标准的规定。

(2)拉索进场前应进行验收,验收内容包括外观质量检查和力学性能检验,检验指标按相应的钢索和锚具标准执行。对用于承受疲劳荷载的拉索,应提供抗疲劳性能检测结果。

(3)工厂预制拉索的供货长度为无应力长度。计算无应力长度时,应扣除张拉情况下索体的弹性伸长值。对于索膜结构、空间钢结构的拉索,应将拉索与周边承力结构做整体计算,既要考虑边缘承力结构的变形,又要考虑拉索张拉伸长后确定的拉索供货长度。

(4)现场制索时,应根据上部结构的几何尺寸及索头形式确定拉索的初始长度。现场组装拉索时,应采取相应措施,保证拉索内各股预应力筋平行分布。

(5)拉索在整个制造和安装过程中,应预防腐蚀、受热、磨损和其他有害的影响。

(6)拉索安装前,拉索或其组装件的所有损伤都应进行鉴定和补救。损坏的钢绞线、钢棒或钢丝均应更换。受损的非承载部件应加以修补。

(7)拉索的安装应符合整体工程对拉索的安装程序要求,计算每根拉索的安装索力和伸长量。拉索安装程序中应包括拉索安装时考虑的实际施工荷载和受力条件。安装工艺应满足设计要求的该施工情况下的初始态索力。

(8)索夹安装时,应满足各施工阶段索夹拼装螺栓的拧紧力矩要求。

四、张拉和索力调整

(1)预制的拉索应进行整体张拉。由单根钢绞线组成的群锚拉索可逐根张拉。

(2)拉索可根据布置在结构中的不同形式、不同作用和不同位置采取不同的方式进行张拉。对拉索施加预应力可采用液压千斤顶直接张拉,也可采用结构局部下沉或抬高、支座位移等方式对拉索施加预应力,还可沿与拉索正交的横向牵拉或顶推对拉索施加预应力。

(3)预应力索拱结构的拉索张拉,应验算张拉过程中结构平面外的稳定性。平面索拱结构宜在单元结构安装到位和单元间联系杆件安装形成具有一定空间刚度的整体结构后,将拉索张拉至设计索力。倒三角形拱截面等空间索拱结构的拉索可在制作拼装台座上直接对索拱结构单元进行张拉。张拉中应监控索拱结构的变形。

(4)预应力索系和索网结构的拉索张拉,应综合考虑边缘支承构件、索力和索结构刚度间的相互影响和作用,对承重和稳定索宜分阶段、分批、分级,对称均匀地循环施加张拉力。必要时选择对称区间,在索头处安装拉压传感器,监控循环张拉索的相互影响,并作为调整索力的依据。

(5)空间钢网架和网壳结构的拉索张拉,应考虑多索分批张拉相互间的影响。单层网壳和厚度较小的双层网壳拉索张拉时,应注意防止整体或局部网壳失稳。

(6)吊挂结构的拉索张拉,应考虑塔、柱、刚架和拱架等支撑结构与被吊挂结构的变形协调和结构变形对索力的影响。必要时应做整体结构分析,决定索的张拉顺序和程序,每根索应施加不同的张拉力,并计算结构关键点的变形量,以此作为主要监控对象。

(7)其他新结构的拉索张拉,应考虑预应力拉索与新结构共同作用的整体结构有限元分析计算模型,采用模拟索张拉的虚拟拉索张拉技术,进行各种施工阶段和施工荷载条件下的组合施工情况分析,确定优化的拉索张拉顺序和程序,以及其他张拉控制的技术参数。

(8)拉索张拉时应计算各次张拉作业的拉力和伸长量。在张拉中,应建立以索力控制为主或结构变形控制为主的规定。对拉索的张拉,应规定索力和伸长量的允许偏差或结构变形的允许偏差。

(9)拉索张拉时可直接用千斤顶与配套校验的压力表监控拉索的张拉力。必要时,可用安装在索头处的拉压传感器或其他测力装置同步监控拉索的张拉力。

(10)每根拉索张拉时都应做好详细记录。记录内容应包括:测量记录、日期、时间和环境温度、索力、拉索伸长和结构变形的测量值。

(11)索力调整、位移标高或结构变形的调整应采用索力调整方法。

(12)索力、位移调整后,对钢绞线拉索夹片锚具应采取防松措施,使夹片在低应力动载荷下不松动。对钢丝拉索索端的铸锚连接螺纹、钢棒拉索索端的锚固螺纹,应检查螺母咬合螺纹的数量和螺母外侧螺纹长度是否满足设计要求,并应在螺纹上加装防松装置。

五、防护和监测

(1)对室外拉索体系应采取可靠的防腐蚀措施和耐老化措施,对室内拉索体系应采取可靠的防火措施和相应的防腐蚀措施。拉索体系防腐蚀包括索体防腐蚀、锚固区防腐蚀和传力节点防腐蚀。拉索索体根据所处的使用环境可组合选用下列防腐蚀方式:

1)钢丝镀层加整索挤塑护套。

2)单根钢绞线镀(涂)层。

3)单根钢绞线镀(涂)层加挤塑护套。

4)单根钢绞线镀(涂)层加整索高密度聚乙烯护套。

(2)锚固区锚头按机械零件标准采用镀层防腐蚀,对可换索锚头应灌注专用防腐蚀油脂防护,锚固区与索体应全长封闭。室外拉索的下锚固区应采取设置排水孔或在承压螺母上开设排水槽等排水措施。

(3)传力节点按机械零件标准采用镀层防腐蚀或定期涂刷防腐蚀涂料措施。

(4)当拉索体系中外露的塑料护套有耐老化要求时,应在制作时采用双层塑料,内层添加抗老化剂和抗紫外线成分,外层满足建筑色彩要求。

(5)当拉索体系中外露的塑料护套有防火要求时,应在塑料护套中添加阻燃材料或外涂满足塑料防火要求的特殊涂料。外露的索体、锚头和传力节点应涂刷防火涂料。

(6)对于作为结构主承重部件并可能影响到结构安全的拉索,应建立完整的拉索施工记录,加强使用阶段的维护和监测。

(7)拉索施工单位,宜在施工完成后将拉索体系使用阶段的维护、监测要求和建议提交给建设单位。在拉索使用一定时间后,宜由拉索施工单位协助进行拉索的安全性检查。

第八章

钢筋的质量验收评定标准

第一节 钢筋工程质量验收评定标准

一、钢筋工程原材料质量验收标准

1. 主控项目

(1)钢筋进场时,应当按照现行国家标准《钢筋混凝土用钢 第2部分热轧带肋钢筋》国家标准第1号修改单(GB 1499.2—2007/XG1—2009)等的规定抽取试件进行力学性能检验,其质量必须符合有关标准的规定。

检查数量:按进场的批次和产品的抽样检验方案确定。检验方法:检查产品合格证、出厂检验报告和进场复验报告。

钢筋对混凝土结构构件的承载力是最重要的力学性能,对其质量应当严格要求。普通钢筋应符合现行国家标准《钢筋混凝土用钢 第2部分热轧带肋钢筋》国家标准第1号修改单(GB 1499.2—2007/XG1—2009)、《钢筋混凝土用钢 第1部分热轧光圆钢筋》(GB 1499.1—2008)等的要求。在钢筋进场时,应检查产品合格证和出厂检验报告,并按有关规定进行抽样检验。

(2)对于有抗震设防要求的框架结构,其纵向受力钢筋的强度应满足设计要求;当设计无具体要求时,对于一、二级抗震等级,检验所得的强度实测值应符合下列规定:

1)钢筋的抗拉强度实测值与屈服强度实测值的比值应不小于1.25。

2)钢筋的屈服强度实测值与钢筋强度标准值的比值应不大于1.30。

检查数量:按进场的批次和产品的抽样检验方案确定。

检验方法:检查进场复验报告。

根据现行国家标准《混凝土结构设计规范》(GB 50010—2010)中的规定,按一、二级抗震等级设计的框架结构中的纵向受力钢筋,其强度实测值应满足本条的要求,其目的是为了保证在地震作用下,结构某些部位出现塑性铰以后,钢筋具有足够的变形能力。

(3)当发现钢筋脆断、焊接性能不良或力学性能显著不正常等现象时,应对该批钢筋进行化学成分检验或其他专项检验。

检验方法:检查化学成分等专项检验报告。

在钢筋分项工程的施工过程中,如果发现钢筋性能异常,应立即停止使用,并对同批钢筋进行专项检验。

2. 一般项目

钢筋应平直、无损伤,表面不得有裂纹、油污、颗粒状或片状老锈。

检查数量:进场时和使用前全数检查。

检验方法:观察。

为了加强对钢筋外观质量的控制,钢筋进场时和使用前均应对其外观质量进行检查。弯折的钢筋不得在敲击直后作为受力钢筋使用。钢筋表面不应有颗粒状或片状的老锈,以免影响钢筋强度和锚固性能。

二、钢筋工程中钢筋加工验收标准

1. 主控项目

(1)受力钢筋的弯钩和弯折应符合下列规定:

1)HPB235级钢筋的末端应做180°弯钩,其弯钩内直径不应小于钢筋直径的2.5倍,弯钩的平直部分长度不应小于钢筋直径的3倍。

2)当设计要求钢筋末端需要做135°弯钩时,HRB335级、HRB400级钢筋的弯弧内径不应小于钢筋直径的4.0倍,弯钩的平直部分长度应符合设计要求。

3)钢筋做不大于90°的弯折时,弯折处的弯弧内径不应小于钢筋直径的5.0倍。

检查数量:按每工作班同一类型钢筋、同一加工设备抽查不应少于3件。

检验方法:钢直尺检查。

(2)除焊接封闭环式箍筋外,箍筋的末端应做弯钩,弯钩的形式应符合设计要求;当设计中无具体要求时,应符合下列规定:

1)箍筋弯钩的弯弧内直径除应满足上面第(1)项的规定外,还应不小于受力钢筋的直径。

2)箍筋弯钩的弯折角度,对于一般结构,不应小于90°;对于有抗震要求的结构,应为135°。

3)箍筋弯折后的平直部分长度,对于一般结构,不宜小于箍筋直径的5倍;对于有抗震要求的结构,不应小于箍筋直径的10倍。

检查数量:按每工作班同一类型钢筋、同一加工设备抽查不应少于3件。

检验方法:钢直尺检查。

2. 一般项目

(1)钢筋加工宜采用机械方法,也可以采用冷拉方法。当采用冷拉方法调直钢筋时,HPB235级钢筋的冷拉率不宜大于4%,HRB335级、HRB400级和RRB400级钢筋的冷拉率不宜大于1%。

检查数量:按每工作班同一类型钢筋、同一加工设备抽查不应少于3件。

检验方法:观察,钢直尺检查。

盘条供应的钢筋在使用前需要进行调直。钢筋调直宜优先采用机械方法,以便有效地控制调直钢筋的质量;也可以采用冷拉的方法,但应控制钢筋的冷拉伸长率,以免影响钢筋的力学性能。

(2)钢筋加工的形状、尺寸应符合设计的要求,其偏差应符合表 8-1 中的规定。

检查数量:按每工作班同一类型钢筋、同一加工设备抽查不应少于 3 件。

检验方法:钢直尺检查。

表 8-1　钢筋加工的允许偏差

项目	允许偏差(mm)
受力钢筋顺长度方向全长的净尺寸	±10
弯起钢筋的弯折位置	±20
箍筋的内净尺寸	±5

三、钢筋工程中钢筋连接验收标准

1. 主控项目

(1)纵向受力钢筋的连接方式应符合设计要求。

检查数量:全数检查。

检验方法:观察。

(2)在施工现场按行业标准《钢筋机械连接技术规程(附条文说明)》(JGJ 107—2010)及《钢筋焊接及验收规程》(JGJ 18—2012)等的规定抽取钢筋机械连接试件、焊接接头试件做力学性能检验,其质量应符合有关规程的规定。

检查数量:按有关规程确定。

检验方法:检查产品合格证、接头力学性能试验报告。

我国行业标准《钢筋机械连接技术规程(附条文说明)》(JGJ 107—2010)和《钢筋焊接及验收规程》(JGJ 18—2012)中,对其应用、质量验收等都有明确的规定,验收时应严格执行。

2. 一般项目

(1)钢筋的接头应当设置在受力较小处。同一纵向受力钢筋不应设置两个或两个以上接头。接头末端至钢筋弯起点的距离不应小于钢筋直径的 10 倍。

检查数量:全数检查。

检验方法:观察,钢直尺检查。

受力钢筋的连接接头应设置在受力比较小的地方,同一钢筋在同一受力区段内不宜多次连接,以保证钢筋的承载安全、传递力的性能。

(2)在施工现场,应按国家行业标准《钢筋机械连接技术规程(附条文说明)》(JGJ 107—2010)及《钢筋焊接及验收规程》(JGJ 18—2012)中的规定,对钢筋机械连接接头、焊接接头的外观进行检查,其质量应符合有关规程的规定。

检查数量:全数检查。

检验方法:钢直尺检查。

对全数检查的项目,通常均采用观察检查的方法,但对观察难以判定的部位,可辅以量测方法加以检查。

（3）当受力钢筋采用机械连接接头或焊接接头时，设置在同一构件内的接头应当相互错开，不能集中在同一个截面上。

纵向受力钢筋机械连接接头及焊接接头连接区段的长度为 $35d$（d 为纵向受力钢筋的较大直径），且不小于 500 mm。凡接头中点位于该连接区段长度内的接头，均属于同一连接区段。同一连接区段内，纵向受力钢筋机械连接及焊接的接头面积百分率，为该区段内有接头的纵向受力钢筋截面面积与全部纵向受力钢筋截面面积的比值。

同一连接区段内，纵向受力钢筋的接头面积百分率应符合设计要求；当设计无具体要求时，应符合下列规定：

1)在受拉区内钢筋的接头面积百分率不应大于 50%。

2)钢筋的接头不宜设置在有抗震设防要求的框架梁端、柱端的箍筋加密区；如果无法避开时，对等强度、高质量机械连接接头，接头面积的百分率不应大于 50%。

3)直接承受动力荷载的结构构件，不宜采用焊接接头；当采用机械连接接头时，接头面积的百分率不应大于 50%。

检查数量：在同一检验批内，对梁、柱子和独立基础，应抽查构件数量的 10% 且不少于 3 件；对墙和板应按有代表性的自然间抽查 10% 且不少于 3 间；对于大空间结构，墙可按相邻轴线间距 5m 左右划分检查面，板可按纵横轴线划分检查且均不少于 3 间。

检验方法：观察，钢直尺检查。

（4）同一构件中相邻纵向受力钢筋的绑扎搭接接头应相互错开。绑扎搭接接头中钢筋的横向净距不应小于钢筋的直径，且不应小于 25 mm。

钢筋绑扎搭接接头连接区段的长度为 $1.3l_1$（l_1 为搭接长度），凡搭接接头中点位于该连接区段长度内的接头，均属于同一连接区段。同一连接区段内，纵向受力钢筋机械连接及焊接的接头面积百分率，为该区段内有接头的纵向受力钢筋截面面积与全部纵向受力钢筋截面面积的比值。

1)同一连接区段内，纵向受力钢筋的接头面积的百分率应符合设计要求；当设计无具体要求时，应符合下列规定：

①对梁、板类及墙体类构件，钢筋的接头面积的百分率不应大于 25%。

②对柱子类构件，钢筋的接头面积的百分率不应大于 50%。

③当工程中确有必要增大接头面积百分率时，对于梁构件不应大于 50%；对于其他构件，可根据实际情况放宽。

2)纵向受力钢筋绑扎搭接接头的最小搭接长度，应符合《混凝土结构工程施工质量验收规范》(GB 50204—2002)(2011 版)附录 B 中的规定。

①当纵向受拉钢筋的绑扎搭接接头面积百分率不大于 25% 时，其最小搭接长度应符合表 8-2 中的规定。

表 8-2　纵向受拉钢筋的绑扎搭接长度

钢筋类型		混凝土强度等级			
		C15	C20～C25	C30～C35	＞C40
光圆钢筋	HPB235 级	45d	35d	30d	25d
带肋钢筋	HRB335 级	55d	45d	35d	30d
	HRB400 级 RRB400 级	—	55d	40d	35d

注：d 为钢筋的直径。两根直径不同的钢筋，以较细钢筋的直径计算。

②当纵向受拉钢筋的绑扎搭接接头面积百分率大于 25％，但不大于 50％时，其最小搭接长度应按表 8-2 中的数值乘以 1.2 取值；当纵向受拉钢筋的绑扎搭接接头面积百分率大于 50％时，其最小搭接长度应按表 8-2 中的数值乘以 1.35 取值。

③在符合下列条件时，纵向受拉钢筋的绑扎搭接长度，应在根据①和②确定后，按下列规定进行修正：

a. 当带肋钢筋直径大于 25 mm 时，其最小搭接长度应按相应数值乘以 1.1 取用；

b. 对环氧树脂涂层的带肋钢筋，其最小搭接长度应按相应数值乘以 1.25 取用；

c. 当在混凝土凝固过程中受力钢筋易受扰动时（如滑动模板施工），其最小搭接长度应按相应数值乘以 1.1 取用；

d. 对末端采用机械锚固措施的带肋钢筋，其最小搭接长度应按相应数值乘以 0.7 取用；

e. 当带肋钢筋混凝土保护层厚度大于搭接钢筋直径的 3 倍且配有箍筋时，其最小搭接长度应按相应数值乘以 0.8 取用；

f. 对有抗裂性要求的结构构件，其受力钢筋的最小搭接长度对一、二级抗震等级，应按相应数值乘以系数 1.15 取用，对三级抗震等级应按相应数值乘以系数 1.05 取用。

④在任何情况下，受拉钢筋的搭接长度不得小于 300 mm。

⑤纵向受压钢筋搭接时，其最小搭接长度应在根据①和②规定确定的数值后，乘以系数 0.7 取用。受压钢筋的搭接长度不得小于 200 mm。

(5)在梁、柱子构件的纵向受力钢筋搭接长度范围内，应按设计要求配置箍筋；当设计无具体要求时，应符合下列规定：

1)箍筋的直径不应小于搭接钢筋较大直径的 0.25 倍。

2)受拉搭接区段的箍筋间距不应大于搭接钢筋较小直径的 5 倍，且不应大于 100 mm。

3)受压搭接区段的箍筋间距不应大于搭接钢筋较小直径的 10 倍，且不应大于 200 mm。

4)当柱子中纵向受力钢筋直径大于 25 mm 时，应在搭接接头两个端面外100 mm范围内各设置两个箍筋，其间距宜为 50 mm。

检查数量：在同一检验批内，对梁、柱子和独立基础，应抽查构件数量的 10％且不少于 3 件；对墙和板应按有代表性的自然间抽查 10％且不少于 3 间；对大空间结构，墙可按相邻轴线间距 5m 左右划分检查面，板可按纵横轴线划分检查且均不少于 3 间。

检验方法：观察，钢直尺检查。

四、钢筋工程中钢筋安装验收标准

1. 主控项目

钢筋安装时,受力钢筋的品种、级别、规格和数量必须符合设计的要求。

检查数量:全数检查。

检验方法:观察,钢直尺检查。

受力钢筋的品种、级别、规格和数量对结构构件的受力性能有重要的影响,因此必须符合设计的要求。

2. 一般项目

钢筋安装位置的偏差和检验方法应符合表8-3中的要求。

表 8-3　钢筋安装位置的允许偏差和检验方法

项目			允许偏差（mm）	检验方法
绑扎钢筋网	长、宽		±10	钢直尺检查
	网眼的尺寸		±20	钢直尺连续3档检查,取最大值
绑扎钢筋骨架	长		±10	钢直尺检查
	宽、高		±5	钢直尺量两端、中间各一点,取最大值
受力钢筋	间距		±10	钢直尺检查
	排距		±5	
	保护层厚度	基础	±10	钢直尺检查
		柱、梁	±5	钢直尺检查
		板、墙、壳	±3	钢直尺检查
绑扎箍筋、横向钢筋间距			±20	钢直尺连续3档检查,取最大值
钢筋弯起点位置			20	钢直尺检查
预埋件	中心线位置		5	钢直尺检查
	水平高差		+3,0	钢直尺和塞尺检查

注:(1)检查预埋件中心线的位置时,应沿纵、横两个方向测量,并取其中的较大值。

(2)表中梁类、板类构件上部纵向受力钢筋保护层厚度的合格率应达到90%以上,且不得有超过表中数值1.5倍的尺寸偏差。

表8-3规定了钢筋安装位置的允许偏差。梁和板类构件上部纵向受力钢筋的位置,对结构构件的承载能力和抗裂性能等有重要影响。由于上部纵向受力钢筋移位而引发的事故通常较为严重,应当加以避免。

五、钢筋工程中钢筋的其他验收标准

1. 基础工程钢筋验收标准

(1)主控项目

基础工程钢筋绑扎时,受力钢筋的品种、级别、规格和数量必须符合设计要求。

检查数量:全数检查。

检验方法:观察,钢直尺检查。

(2)一般项目

基础工程钢筋绑扎的允许偏差应符合表 8-4 中的规定。

检查数量:在同一检验批内,独立基础应抽查构件数量的 10%,且不少于 3 件;筏板形基础可以按纵、横轴线划分检查面,抽查 10%,且不少于 3 项。

2. 现浇框架结构钢筋验收标准

(1)主控项目

所采用钢筋的品种和质量,必须符合设计要求和现行有关标准的规定。

钢筋的表面必须清洁。带有颗粒状或片状老锈的钢筋、经过除锈后仍留有麻点的钢筋,严禁按照原规格使用。

钢筋的规格、形状、尺寸、数量、锚固长度、接头位置,必须符合设计要求和施工规范的规定。钢筋加工的允许偏差应符合表 8-2 中的要求。

钢筋焊接或机械连接接头的力学性能试验结果,必须符合钢筋焊接及机械连接验收的专门规定。

(2)一般项目

钢筋绑扎应牢固、完整,缺扣、绑扎扣松开的数量,不得超过绑扎扣数的 10%,且不应集中。

钢筋弯钩的朝向应当正确,绑扎接头应当符合施工规范的规定,搭接长度不小于现行规范中的规定值。

箍筋的间距、数量应符合设计要求,有抗震设防要求时,弯钩角度为 135°,且弯钩的平直段长度不小于 $10d$(d 为钢筋的较大直径)。在进行绑扎钢筋作业时,禁止碰动预埋件及洞口模板。

3. 剪力墙工程钢筋验收标准

(1)主控项目

钢筋、焊条的品种和性能以及接头中使用的钢板和型钢,必须符合设计要求和有关标准的规定。

钢筋的表面必须清洁。钢筋带有颗粒状或片状老锈的钢筋、经过除锈后仍留有麻点的钢筋,严禁按照原规格使用。

钢筋的规格、形状、尺寸、数量、锚固长度、接头位置,必须符合设计要求和施工规范的规定。

钢筋焊接接头力学性能的试验结果,必须符合焊接规程的规定。

（2）一般项目

1）钢筋网片和骨架的绑扎应牢固、完整，缺扣、绑扎扣松开的数量，不得超过绑扎扣数的10％，且不应集中。

2）钢筋焊接网片钢筋交叉点开焊的数量，不得超过整个网片交叉点总数的1％，且任一根钢筋开焊点数不得超过该根钢筋上交叉点总数的50％。焊接网最外边钢筋上的交叉点不得出现开焊。

3）钢筋弯钩的朝向应正确，绑扎接头应符合施工规范的规定，其中每个接头的搭接长度不小于规定值。

4）箍筋的数量、弯钩角度和平直段长度，应符合设计要求和施工规范的规定。

5）钢筋点焊焊点处熔化金属应均匀，无裂纹、气孔及烧伤等质量缺陷。焊点压入深度应符合钢筋焊接规程的规定。

对接接头：无横向裂纹和烧伤，焊包应均匀，接头弯折角不大于4°，轴线位移不大于$0.1d$，且不大于2 mm。

电弧焊接头：焊缝表面平整，无凹陷、焊瘤、裂纹、气孔、夹渣及咬边等缺陷，接头处弯折不大于4°，轴线位移不大于$0.1d$，且不大于3 mm，焊缝宽度不小于$0.1d$，长度不小于$0.5d$。钢筋绑扎的允许偏差应符合表8-4中的规定。

表8-4　基础钢筋绑扎的允许偏差和检验方法

项 目		允许偏差（mm）	检测频率和检测方法
受力钢筋	排距	±5	钢尺检查
	间距	±20	钢尺量两端、中间各检查一段面
	保护层厚度	±10	沿模板周边检查8处
绑扎钢筋骨架	长	±10	钢尺检查
	宽、高	±5	钢尺检查
绑扎箍筋、横向钢筋间距		±10	钢尺检查5～10个间距
预埋件	中心线位置	5	钢尺检查
	水平高差	+3,0	钢尺和塞尺检查
钢筋网	长、宽	±10	钢尺检查
	网眼尺寸	±10	钢尺抽查3个网眼
	对角线差	15	钢尺抽检3个网眼对角线
绑扎缺扣、松扣数量		不超过扣数的10％且不应集中	观察和手扳检查
弯钩和绑扎接头		弯钩朝向应正确，任意绑扎接头的搭接长度均应不小于规定值，且不应大于规定值的5％	观察和尺量检查
箍筋		数量符合设计要求，弯钩角度和平直长度符合规定	观察和尺量检查

4. 电渣压力焊接接头的质量验收标准

(1) 主控项目

1) 钢筋的牌号和质量,必须符合设计要求和有关标准的规定。进口钢筋需先经过化学成分检验和焊接试验,符合有关规定后方可焊接。

检验方法:检查出厂质量证明书和试验报告单。

2) 钢筋的规格、焊接接头的位置、同一区段内有焊接接头钢筋面积的百分率,必须符合设计要求和施工规范的规定。

检验方法:观察或尺量检查。

3) 电渣压力焊焊接接头的质量检验,应分批进行外观检查和力学性能检验,并应按下列规定作为一个检验批:在现浇钢筋混凝土结构中,应以 500 个同牌号钢筋焊接接头作为一批;在房屋结构中,应在不超过两楼层中 300 个同牌号钢筋焊接接头作为一批;当不足 300 个焊接接头时,仍应作为一批。

每批随机切取 3 个焊接接头进行拉伸试验,其结果应符合下列要求:

①3 个热轧钢筋焊接接头试件的抗拉强度,均不得小于该牌号钢筋规定的抗拉强度;HRB335 级钢筋焊接接头试件的抗拉强度不得小于 570 MPa。

②至少应有两个试件断于焊缝之外,并应呈延性断裂。

③当达到上述两项要求时,应评定该批焊接接头为抗拉强度合格。

当试验结果有两个试件的抗拉强度小于钢筋规定的抗拉强度,或 3 个试件都在焊缝或热影响区发生脆性断裂时,则以此判定该批焊接接头为不合格品。

当试验结果有 1 个试件的抗拉强度小于规定值,或两个试件在焊缝或热影响区发生脆性断裂,其抗拉强度都小于钢筋规定抗拉强度的 1.10 倍时,应当进行复检。

复验时应切取 6 个试件。复验结果,当仍有 1 个试件的抗拉强度小于钢筋的规定值,或 3 个试件都在焊缝或热影响区发生脆性断裂,其抗拉强度小于钢筋规定抗拉强度的 1.10 倍时,应判定该批焊接接头为不合格品。

检验方法:检查焊接试件试验报告单。

(2) 一般项目

电渣压力焊焊接接头应逐个进行外观检查,检查结果应符合下列要求:

1) 四周焊包凸出钢筋表面的高度不得小于 4 mm。

2) 钢筋与电极的接触处,应无烧伤缺陷。

3) 焊接接头处的弯折角不大于 3°。

4) 焊接接头的轴线偏移不得大于钢筋直径的 0.1 倍,且不得大于 2 mm。

检查数量:全数检查。

检验方法:目测或量测。

5. 带肋钢筋径向挤压接头的施工验收标准

(1) 主控项目

钢筋的品种和质量必须符合设计要求和有关标准中的规定。

钢套筒的材质、力学性能、规格尺寸必须符合钢套筒标准的规定,表面不得有裂缝、折叠等质量缺陷。钢套筒材料的力学性能、规格尺寸见表 8-5 和表 8-6,钢套筒尺寸允许偏差见表 8-7。

表 8-5 钢套筒材料的力学性能

项目	指标	项目	指标
屈服强度(MPa)	225～300	洛氏硬度(HRB) [或布氏硬度(HB)]	60～80 [102～133]
抗拉强度(MPa)	375～500		
断后伸长率 A(%)	≥20		

表 8-6 钢套筒的规格尺寸

钢套筒型号	钢套筒尺寸(mm)			挤压连接标志道数
	外径	壁厚	长度	
G40	79	12.0	240	8×2
G36	63	11.0	216	7×2
G32	56	10.0	192	6×2
G28	50	8.0	168	5×2
G25	45	7.5	150	4×2
G22	40	6.5	132	3×2
G20	36	6.0	120	3×2

表 8-7 钢套筒尺寸允许偏差 （单位：mm）

套筒外径 D	外径允许偏差	壁厚 t 允许偏差	长度允许偏差
≤50	±0.5	$+0.12t$ $-0.10t$	±2
>50	±0.01D	$+0.12t$ $-0.10t$	±2

在正式施工前,应进行现场施工条件下的挤压连接工艺试验。检验接头的数量应不少于 3 个。检验接头按质量验收规定检验合格后,方可进行施工。

钢筋挤压接头的现场检验应按照验收批进行。同一施工条件下采用同一批材料的同等级、同形式、同规格接头,以 500 个为一个验收批,进行检验与验收,不足 500 个也作为一个验收批。

对钢筋接头的每一验收批,均应按设计要求的接头性能等级,随机抽取 3 个接头试件做抗拉强度试验,并填写记录、作出评定。其抗拉强度应符合钢筋机械连接一般规定中的有关要求,若其中有一个试件不符合要求,应再取 6 个试件进行复检,复检中如果仍有 1 个试件的强度不符合要求,则该验收批判定为不合格。

（2）一般项目

1）钢筋接头压痕深度不够时应当进行补压。超压者应当切除重新再挤压。钢套筒压套的最小直径和总厚度，应符合钢套筒供应厂家提供的技术要求。

2）钢筋挤压接头的外观质量检验应符合下列要求：

①外形尺寸：挤压后套筒长度应为原套筒长度的 1.10～1.15 倍；或压痕处套筒的外径波动范围为原套筒外径的 0.80～0.90 倍。

②钢筋挤压接头的压痕道数应符合型式检验确定的道数。

③钢筋接头处弯折不得大于 3°。

④挤压后的套筒不得有肉眼可见的裂缝。

3）每一验收批中，应随机抽取 10% 的挤压接头做外观质量检验，如果外观质量不合格数超过抽检数的 10%，应对该批挤压接头逐个进行复检。外观质量不合格的钢筋接头应采取补救措施；不能进行补救的挤压接头应做标记，在外观质量不合格的接头中抽取 6 个试件做抗拉强度试验，若有一个试件的抗拉强度低于规定值，则该批外观质量不合格的挤压接头应知会设计单位，商定处理，并记录存档。

4）在现场连续检验 10 个验收批，抽样试件抗拉强度试验 1 次合格率为 100% 时，验收批接头数量可扩大一倍。

6. 钢筋接头普通螺纹连接施工验收标准

（1）主控项目

钢筋的品种、规格必须符合设计要求，其质量应符合国家标准《钢筋混凝土用钢 第 2 部分 热轧带肋钢筋》国家标准第 1 号修改单（GB 1499.2—2007/XG 1—2009）规定的要求。

套筒与锁母的材质应符合《优质碳素结构钢》（GB/T 699—1999）中的规定，且应有质量检验单和产品合格证，几何尺寸要符合设计要求。

在连接钢筋接头时，应检查螺纹加工检验记录，无检验记录和检验记录不合格的，不得用于钢筋接头。

钢筋接头型式检验。钢筋螺纹接头的型式检验应符合行业标准《钢筋机械连接技术规程（附条文说明）》（JGJ 107—2010）中的各项规定。

钢筋接头连接工程开始前及施工过程中，应对每批进场钢筋和接头进行工艺检验：每种规格的钢筋接头试件不应少于 3 根；钢筋母材抗拉强度试件不应少于 3 根，且应取自接头试件的同一根钢筋；接头试件应达到行业标准《钢筋机械连接技术规程（附条文说明）》（JGJ 107—2010）中相应等级的强度要求，计算钢筋实际抗拉强度时，应用钢筋的实际横截面积计算。

钢筋接头强度必须达到同类型钢材的强度值，接头的现场检验按照验收批进行，同一施工条件下，同一批材料的同等级、同形式、同规格接头，以 500 个接头为一个验收批检验与验收，不足 500 个也作为一个验收批。

（2）一般项目

1）加工质量检验。

螺纹丝头牙形的检验：牙形饱满，无断牙、秃牙缺陷，且与牙形规的牙形吻合，牙形表面光洁的为合格品。

套筒用专用塞规的检验:必须符合有关规范中的规定。

2)随机抽取同规格接头数的10%进行外观检查,要求应与钢筋连接套筒的规格相匹配,接头螺纹无完整的螺纹外露。

3)现场外观质量检验抽验的数量。梁和柱子构件按接头数的15%且每个构件的接头抽验数不得少于3个接头。基础和墙板构件,每100个接头作为一个验收批,不足100个也作为1个验收批,每批检验3个接头,抽检的接头应全部合格,如果有1个接头不合格,则应再检验3个接头,如果全部合格,则该批接头为合格;如果仍有1个接头不合格,则该验收批接头应逐个进行检查,对查出的不合格接头应进行补强,无法补强则应弃置不用,并填写钢筋直螺纹接头质量检查记录。

4)对于接头的抗拉强度试验,每验收批在工程结构中随机抽取3个接头试件进行抗拉强度试验。按设计要求的接头等级进行评定,如果有1个试件的强度不符合要求,应再抽取6个试件进行复检,复检中如果仍有1个试件的强度不符合要求,则该检验批评定为不合格,并填写钢筋直螺纹接头抗拉强度试验报告。

5)在施工现场对连续10个验收批抽样进行试件抗拉强度试验,1次合格率为100%时,验收批接头数量可扩大一倍。

第二节　预应力工程质量验收评定标准

一、预应力工程所用材料质量验收标准

1. 主控项目

(1)预应力筋进场时,应按现行国家标准《预应力混凝土用钢绞线》(GB/T 5224—2003/XG 1—2008)等的规定,抽取试件进行力学性能检验,其质量必须符合有关标准的规定。

检查数量:按进场的批次和产品的抽样检验方案确定。

检验方法:检查产品合格证、出厂检验报告和进场复验报告。

(2)无粘结预应力筋的包装质量应符合无粘结预应力筋钢绞线标准的规定。

检查数量:每60 t为一批,每批抽取一组试件。

检验方法:观察,检查产品合格证、出厂检验报告和进场复验报告。当有工程实践经验,并经观察认为质量有保证时,可不做油脂用量和护套厚度的进场复验。

(3)预应力筋用锚具、夹具和连接器应按设计要求采用,其性能应符合现行国家标准《预应力筋用锚具、夹具和连接器》(GB/T 14370—2007)的规定。

检查数量:按进场批次和产品的抽样检验方案确定。

检验方法:检查产品合格证、出厂检验报告和进场复验报告。对于锚具用量较少的一般工程,如果供货方提供有效的试验报告,可不做静载锚固性能试验。

(4)孔道灌浆用的水泥应采用普通硅酸盐水泥,其质量应符合《通用硅酸盐水泥》(GB 175—2007/XG1—2009)的规定。孔道灌浆用外加剂的质量应符合现行《混凝土结构工程施工质量验收规范》2011版(GB 50204—2002)的规定。

检查数量:按进场批次和产品的抽样检验方案确定。

检验方法:检查产品合格证、出厂检验报告和进场复验报告。对于孔道灌浆用的水泥和外加剂用量较少的一般工程,当有可靠依据时,可不做材料性能的进场复验。

2. 一般项目

(1)预应力筋使用前应进行外观检查,其质量应符合下列要求:

1)有粘结预应力筋展开后应平顺,不得有弯折,表面不应有裂缝、小刺、机械损伤、氧化铁皮和油污等。

2)无粘结预应力筋护套应光滑、无裂缝,无明显褶皱。

检查数量:全数检查。

检验方法:观察。对于无粘结预应力筋护套有轻微破损者,应外包防水塑料胶带予以修复,严重破损者不得使用。

(2)预应力筋用锚具、夹具和连接器使用前应进行外观检查,其表面应无污物、锈蚀、机械损伤和裂纹。

检查数量:全数检查。

检查方法:观察。

(3)预应力混凝土用金属螺旋管的尺寸和性能,应符合国家现行标准《预应力混凝土用金属波纹管》(JG 225—2007)的规定。

检查数量:按进场批次和产品的抽样检验方案确定。

检验方法:检查产品合格证、出厂检验报告和进场复验报告。对于金属螺旋管用量较少的一般工程,当有可靠依据时,可不做径向刚度、抗渗漏性能的进场复验。

(4)预应力混凝土用金属螺旋管在使用前应进行外观检查,其内外表面应清洁、无锈蚀,不应有油污、孔洞和不规则的褶皱,咬口不应有开裂或脱扣。

检查数量:全数检查。

检查方法:观察。

二、预应力工程制作与安装质量验收标准

1. 主控项目

(1)预应力筋安装时,其品种、级别、规格、数量必须符合设计要求。

检查数量:全数检查。

检查方法:观察,钢直尺检查。

(2)先张法预应力筋施工时,应选用非油质类模板隔离剂,并应避免粘污预应力筋。

检查数量:全数检查。

检查方法:观察。

(3)施工过程中应避免电火花损伤预应力筋,受损伤的预应力筋应予以更换。

检查数量:全数检查。

检查方法:观察。

2. 一般项目

(1)预应力筋下料应符合下列要求:

预应力筋应采用砂轮锯或切断机切断,不得采用电弧切割。

当钢丝束两端采用镦头锚具时,同一束中各根钢丝长度的极差不应大于钢丝长度的1/5 000,且不应大于 5 mm。当成组张拉长度不大于 10m 的钢丝时,同组钢丝长度的极差不得大于 2 mm。

检查数量:每工作班抽查预应力筋总数的 3%,且不少于 3 束。

检查方法:观察,钢直尺检查。

(2)预应力筋端部锚具的制作质量应符合下列要求:

挤压锚具制作时,液压压力计应符合操作说明书的规定,挤压后预应力筋外端应露出挤压套筒 1~5 mm。

钢绞线压花锚成型时,表面应清洁、无油污,梨形头尺寸和直线段长度应符合设计要求。

钢丝镦头的强度不得低于钢丝强度标准值的 98%。

检查数量:对挤压锚,每工作班抽查 5%,且不应少于 5 件;对压花锚,每工作班抽查 3 件;对钢丝镦头的强度,每批钢丝检查 6 个镦头的试件。

检查方法:观察,钢直尺检查,检查镦头强度试验报告。

(3)后张法有粘结预应力筋预留孔道的规格、数量、位置和形状,除应符合设计要求外,还应符合下列要求:

1)预留孔道的定位应牢固,浇筑混凝土时不应出现移位和变形。

2)孔道应平顺,端部的预埋锚垫板应垂直于孔道中心线。

3)成孔用管道应密封良好,接头应严密且不得漏浆。

4)灌浆孔的间距:预埋金属螺旋管不宜大于 30 m;抽芯成型孔道不宜大于 12 m。

5)在曲线孔道的曲线波峰部位,应设置排气兼泌水管,必要时可在最低点设置排水孔。

6)灌浆孔及泌水管的孔径应能保证浆液畅通。

检查数量:全数检查。

检查方法:观察,钢直尺检查。

(4)预应力筋束形控制点的竖向位置偏差应符合表 8-8 中的规定。

表 8-8　束形控制点的竖向位置允许偏差

截面高(厚)度(mm)	$h \leqslant 300$	$300 < h \leqslant 1\ 500$	$h > 1\ 500$
允许偏差(mm)	±5	±10	±15

检查数量:在同一检验批内,抽查各类型构件中预应力筋总数的 5%,且对各类型构件均不少于 5 束,每束不应少于 5 处。

检查方法:钢直尺检查。

(5)无粘结预应力筋的铺设除应符合上一条的规定外,还应符合下列要求:

1)无粘结预力筋的定位应牢固,浇筑混凝土时不应出现移位和变形。

2)端部的预埋锚垫板应垂直于预应力筋。

3)内埋式固定端垫板不应重叠,锚具与垫板应贴紧。

4)无粘结预应力筋成束布置时,应能保证混凝土密实并能裹住预应力筋。

5)无粘结预应力筋的护套应完整,局部破损处应采用防水胶带缠绕紧密。

检查数量：全数检查。

检查方法：观察。

(6)浇筑混凝土前穿入孔道的后张法有粘结预应力筋,宜采取防止锈蚀的措施。

检查数量：全数检查。

检查方法：观察。

三、预应力工程张拉和放张质量验收标准

1. 主控项目

(1)预应力筋张拉或放张时,混凝土的强度应符合设计要求;当设计无具体要求时,不应低于设计的混凝土立方体抗压强度标准值的 75%。

检查数量：全数检查。

检查方法：检查同条件养护试件的试验报告。

(2)预应力筋的张拉力、张拉或放张顺序及张拉工艺,应符合设计及施工技术方案的要求,并应符合下列要求：

1)当施工需要超张拉时,最大张拉力不应大于国家现行标准《混凝土结构设计规范》(GB 50010—2010)的规定。

2)张拉工艺应能保证同一束中各根预应力筋的应力均匀一致。

3)后张法施工中,当预应力筋是逐根或逐束进行张拉时,应保证各阶段不出现对结构不利的应力状态;同时宜考虑后批张拉预应力筋所产生的结构构件的弹性压缩对先批张拉预应力筋的影响,确定张拉力。

4)先张法预应力筋放张时,宜缓慢放松锚固装置,使各根预应力筋同时缓慢放松。

5)当采用应力控制方法张拉时,应校核预应力筋的伸长数值。实际伸长数值与设计计算理论伸长数值的相对允许偏差为 ±6%。

检查数量：全数检查。

检查方法：检查张拉记录。

(3)预应力筋张拉锚固后实际建立的预应力值,与工程设计规定检验值的相对允许偏差为 ±5%。

检查数量：对先张法施工工程,每工作班抽查预应力筋总数的 1%,且不少于 3 根;对后张法施工工程,在同一检验批内,抽查预应力筋总数的 3%,且不少于 5 束。

检验方法：对先张法施工工程,检查预应力筋应力检测记录;对后张法施工工程,检查见证张拉记录。

(4)张拉过程中应避免预应力筋断裂或滑脱;当发生断裂或滑脱时,必须符合下列规定：

1)对后张法预应力结构构件,断裂或滑脱的数量严禁超过同一截面预应力筋总根数的 3%,且每束钢丝不得超过一根;对多跨双向连续板,其同一截面应按每跨计算。

2)对先张法预应力结构构件,在浇筑混凝土前发生断裂或滑脱的预应力筋必须予以更换。

检查数量：全数检查。

检查方法：检查张拉记录。

2. 一般项目

(1)锚固阶段张拉端预应力筋的内缩量应符合设计要求；当设计无具体要求时，应符合表8-9中的规定。

检查数量：每个工作班应抽查预应力筋总数的3%，且不少于3束。

检查方法：钢直尺检查。

表 8-9　张拉端预应力筋的内缩量限制

锚具类型		内缩量限值(mm)
支承式锚具(镦头锚具等)	螺母缝隙	1
	每块后加垫板的缝隙	1
锥塞式锚具		5
夹片式锚具	有预压	5
	无预压	6～8

(2)先张法预应力筋张拉后与设计位置的偏差不得大于5 mm，且不得大于构件截面短边边长的4%。

检查数量：每工作班抽查预应力筋总数的3%，且不少于3束。

检查方法：钢直尺检查。

四、预应力工程灌浆及封锚质量验收标准

1. 主控项目

(1)后张法有粘结预应力筋张拉后应尽早进行孔道灌浆，孔道内水泥浆应饱满、密实。

检查数量：全数检查。

检查方法：观察，检查灌浆记录。

(2)锚具的封闭保护应符合设计要求，当设计无具体要求时，应符合下列规定：

1)应采取防止锚具腐蚀和遭受机械损伤的有效措施。

2)凸出式锚固端锚具的保护层厚度不应小于50 mm。

3)外露预应力筋的保护层厚度：处于正常环境时，不应小于20 mm；处于易受腐蚀的环境时，不应小于50 mm。

检查数量：在同一检验批内，抽查预应力筋总数的5%，且不少于5处。

检查方法：观察，钢直尺检查。

2. 一般项目

(1)后张法预应力筋锚固后的外露部分宜采用机械方法切割，其外露长度不宜小于预应力筋直径的1.5倍，且不宜小于30 mm。

检查数量：在同一检验批内，抽查预应力筋总数的3%，且不少于5束。

检查方法：观察，钢直尺检查。

(2)灌浆用水泥浆的水灰比不应大于0.45，搅拌后3小时泌水率不宜大于2%，最大不得超过3%。泌水应能在24小时内全部重新被水泥浆吸收。

检查数量:同一种配合比应检查一次。

检验方法:检查水泥浆性能试验报告。

(3)灌浆用水泥浆的抗压强度不应小于 30 N/mm²。

检查数量:每工作班留置一组边长为 70.7 mm 的立方体试件。

检验方法:检查水泥浆试件强度试验报告。一组试件由 6 个试件组成,试件应标准养护 28 天;抗压强度为一组试件的平均值,当一组试件中抗压强度最大值或最小值与平均值相差超过 20%时,应取中间 4 个试件强度的平均值。

参考文献

[1] 中华人民共和国国家质量监督检验检疫总局.预应力混凝土用螺纹钢筋(GB/T 20065—2006)[S].北京：中国标准出版社,2006.

[2] 中华人民共和国建设部、国家质量监督检验检疫总局.混凝土结构工程施工质量验收规范(GB 50204—2002)2011版[S].北京：中国建筑工业出版社,2003.

[3] 中国钢铁工业协会.冷轧带肋钢筋(GB 13788—2008)[S].北京：中国标准出版社,2008.

[4] 冶金工业部建筑研究总院.钢结构工程施工质量验收规范(GB 50205—2001)[S].北京：中国计划出版社,2001.

[5] 中华人民共和国国家质量监督检验检疫总局.钢筋混凝土用钢 第1部分热轧光圆钢筋(GB 1499.1—2008)[S].北京：中国标准出版社,2008.

[6] 杨司信,余志成,侯君伟.钢筋工程现场施工实用手册[M].北京：人民交通出版,2006.

[7] 赵永安.钢筋工程手册[M].太原：山西科学技术出版社,2005.

[8] 中华人民共和国住房和城乡建设部.钢筋焊接及验收规程(JGJ 18—2012)[S].北京：中国建筑工业出版社,2012.

[9] 中国建筑工程总公司.建筑工程施工工业标准[M].北京：中国建筑工业出版社,2003.

[10] 吴成材.钢筋连接技术手册[M].北京：中国建筑工业出版社,2005.

[11] 中华人民共和国国家质量监督检验检疫总局.预应力混凝土用钢丝(GB/T 5223—2002/XG2－2008)[S].北京：中国标准出版社,2008.

[12] 中华人民共和国国家质量监督检验检疫总局.预应力混凝土用钢绞线(GB/T 5224—2003/XG1－2008)[S].北京：中国标准出版社,2008.

中国建材工业出版社

China Building Materials Press

我 们 提 供

图书出版、图书广告宣传、企业/个人定向出版、设计业务、企业内刊等外包、代选代购图书、团体用书、会议、培训，其他深度合作等优质高效服务。

编 辑 部	图书广告	出版咨询	图书销售	设计业务
010-88386904	010-68361706	010-68343948	010-68001605	010-88376510转1008

邮箱：jccbs-zbs@163.com　　　网址：www.jccbs.com.cn

发展出版传媒　服务经济建设

传播科技进步　满足社会需求